Naturkräfte.

Neunundzwanzigster Band.

Wald, Klima und Wasser.

Von

Dr. Josef R. Ritter Lorenz von Liburnau,
k. k. Ministerialrath im Ackerbauministerium zu Wien.

Mit 25 Holzschnitten.

München.
Druck und Verlag von R. Oldenbourg.
1878.

Vorwort.

Obgleich es kaum einen Gegenstand gibt, der mir näher gelegen und sympathischer wäre, als die Frage, welche den Titel dieses Buches bildet, habe ich doch lange gezögert, der an mich ergangenen Aufforderung zu entsprechen und die Arbeit der Oeffentlichkeit zu übergeben, — und zwar darum, weil das Buch populär, für einen weiteren Leserkreis bestimmt sein soll. Den eigentlichen Fachkreisen gegenüber mag jeder Fachmann seine jeweiligen Forschungsresultate oder Ueberzeugungen unbedenklich darlegen, selbst über noch nicht abgeschlossene Fragen; es wird dabei zum Mindesten der Gegenstand in der Discussion erhalten und schon dadurch mittelbar gefördert. Dem größeren Leserpublikum hingegen soll man, wo möglich, nur völlig ausgetragene Resultate darbieten und am allerwenigsten blos Zweifel erregen, ohne Positives an die Stelle des Bezweifelten setzen zu können.

Die Wald- und Wasserfrage ist nun leider noch nicht völlig ausgetragen; auch hat man nach der Meinung Vieler Ursache, das Publikum eher in Respect vor dem Walde zu erhalten, als es auf die Spuren der Skepsis über die Bedeutung des Waldes zu führen. Wenn ich nun dennoch, und zwar nach einer im Grunde wissenschaftlichen Methode, die nie ohne Skepsis besteht, an diese populäre Arbeit gegangen bin, so war es, weil ich erwog, daß die Frage denn doch einmal ins Rollen gekommen ist, und daß es da besser sein dürfte, wenn das Publikum mit der richtigen Art über den Gegenstand nachzudenken und nachzuforschen bekannt gemacht wird, als wenn man dasselbe dem wechselnden Strome unerwiesener Behauptungen entgegengesetzter Parteien überläßt.

Die richtige Art aber, solche Fragen zu behandeln, kann zweifelsohne nur in der Anwendung der naturwissenschaftlichen Methode bestehen; diese ist allerdings nicht immer ganz einfach und unterhaltend. Wenn nun in Folge dessen mancher Leser finden mag, daß hier doch ziemlich weit gehende Unterscheidungen und Einzelnheiten vorkommen und die Sache nicht sehr einfach behandelt sei, so ist das gerade dasjenige, was ich gerne erzielen möchte: nämlich das richtige Gefühl, daß die Wald und Wasserfrage nicht zu denjenigen gehört, über die jedermann ohneweiters abzusprechen sich erlauben darf, daß vielmehr hiebei nur scharfe Beobachtung und ordentliche Sachkenntniß auf naturwissenschaftlicher Grundlage zum Mitsprechen berechtigen, und daß daher das große Publikum vor Allem zum Studiren und Nachdenken in dieser Sache, nicht aber zur blinden Parteinahme berufen sein kann.

Der Verfasser.

Inhalt.

	Seite
Einleitung	1
I. Wald und Klima	3
II. Worin bestehen und woher rühren die klimatischen Eigenthümlichkeiten einer Gegend überhaupt?	
1. Vorbegriffe über den Kreislauf des Wassers in der Natur	7
2. Ueber den Kreislauf der Luft und über die periodischen Erscheinungen des Klimas nach Zonen	25
3. Schwankungen innerhalb des Zonenklimas	31
4. Abhängigkeit der Witterung und dadurch Beeinflussung des Klimas von Seite der Cyklonenbewegung	39
5. Territoriale Abänderungsursachen (Modificatoren) für das Klima	47
6. Einfluß der Vegetationsflächen überhaupt und der bodenständigen Vegetation insbesondere auf das Klima . . .	60
III. Einfluß des Waldes auf das Klima.	
1. Vorbegriffe	93
2 Waldboden	98
3. Stämme und Aeste	115
4. Baumkronen	121
5. Das Klima des Waldinneren als Gesammtwirkung des Waldbodens, der Stämme und Kronen	124
6. Klimatische Folgen der Entwaldung für die früher bewaldeten Stellen	149

Seite

7. Einfluß des Waldes auf das Klima seiner näheren und weiteren Umgebung 154
8. Ueber die chronistische und touristische Behandlung der Wald- und Klimafrage 182

II. Wald und Wasserabfuhr 189

Quellen.

Natur und Arten der Quellen 191
Die Schwankungen im Gange der Quellen, ihre Ursachen und die Beziehungen des Waldes hiezu 200

Wald und offene Gerinne.

Natur und Arten der offenen Gerinne 219
Herkunft der Zuflüsse 220
Wasserabfuhr 225
Erhaltung der Wasserzuflüsse und Verhalten des Waldes hiezu 239
Gestaltungen und Veränderungen innerhalb der Gerinne und Einfluß des Waldes darauf 242
Der Chronistenstreit über die Wald- und Wasserfrage . 256

III. Folgerungen für die Forstgesetzgebung . . 269

Einleitung.

Im Haushalte der Natur wie des Menschen spielt der Wald eine wichtige und complicirte Rolle. So wie es aber im Schauspiel manche klassische Rolle gibt, die zwar vom Darsteller, nicht aber vom großen Publikum richtig aufgefaßt wird, ebenso ergeht es der Rolle des Waldes. Durch ihre Vielseitigkeit wird in der That die richtige Auffassung erschwert, und wer zur Aufklärung darüber beitragen will, muß vor Allem die Aufgabe in ihre Theile zerlegen, um eine Verwechselung der verschiedenen Fragen zu vermeiden.

Da finden wir denn zunächst die Frage vom Einflusse des Waldes auf das Klima, und zwar sowohl auf das Klima der Waldflächen selbst, als auf jenes ihrer näheren und weiteren Umgebung; eine andere Frage ist auf die unterirdische und oberirdische Abfuhr der Gewässer — auf das „Regime" der Quellen und Flüsse — gerichtet. Ein anderes Thema ist ferner die Bindung des Bodens durch den Wald und im Gegensatze dazu die Verschlechterung, Verödung, Verkarstung, Verwehung des Bodens durch unpassende Entwaldungen. Das sind gleichsam innere Angelegenheiten des Naturlebens. Dazu kämen dann noch die Angelegenheiten zwischen Wald und Menschheit; so z. B. unsere Versorgung mit Brenn-, Werk- und Nutzholz, mit Streu; die Lieferung von Waldfutter; die strategische Bedeutung des Waldes; dann seine Wirkung auf die Gesundheitszustände der menschlichen Gesellschaft u. s. w. Unsere Aufgabe beschränkt sich auf die Betrachtung des Einflusses, den der Wald auf das atmosphärische, wie auf das tellurische Wasser — also auf die Niederschläge und deren Abfuhr — hat. Da nun das Verhalten des atmosphärischen Wassers mit dem Klima überhaupt so innig zusammenhängt, daß man beide nie getrennt behandeln und verstehen kann, gliedert sich unser Stoff so, daß wir zunächst von „Wald und Klima", dann von „Wald und Wasserabfuhr" handeln, und jeden dieser beiden Hauptabschnitte in die seiner Natur entsprechenden Capitel theilen.

Dabei kann uns nur die naturwissenschaftliche Untersuchungsmethode leiten. Man hat leider diese Fragen zu oft vorwiegend nach statistischen, historischen und touristischen Gesichtspunkten behandelt, die aber hier, wo lediglich „Naturkräfte" in Betracht kommen, nicht zum Ziele führen und nur nebenbei zur Bestätigung oder zum Beibringen von Beispielen — nach recht sorgsamer Auswahl — dienen können.

I.

Wald und Klima.

Um zu ermessen, welche Wirkung der Wald auf das Klima habe, muß man vor Allem wissen, was das Klima überhaupt ist und von welchen Factoren es in verschiedenen Abstufungen der Wirksamkeit regiert wird; dadurch gelangt man zunächst zur Erkenntniß dessen, was nicht der Wald, sondern die zweifache Bewegung der Erdkugel, die Vertheilung von Wasser und Festland auf derselben, die Gestalt der Erdoberfläche u. s. w. bewirken, und weiset dann der Vegetation und insbesondere dem Walde die richtige Stellung unter jenen noch mächtigeren Regulatoren des Klimas an. Aus diesem Gedankengange erklärt sich im Vorhinein die Reihe der nun folgenden Capitel.

I.

Worin bestehen und woher rühren die klimatischen Eigenthümlichkeiten einer Gegend überhaupt?

1. Vorbegriffe über den Kreislauf des Wassers in der Natur.

Die atmosphärischen Erscheinungen, deren durchschnittliches Verhalten an einem Orte wir als das Klima dieses Ortes bezeichnen, lassen sich bei genauer Betrachtung zurückführen: auf Erscheinungen der Wärme, welche in meßbaren Graden nur von der Sonne ausgehen und von dem jeweiligen Stande derselben abhängen; dann auf den Wassergehalt der atmosphärischen Luft, von welchem die Feuchtigkeitszustände derselben, die Wolken und verschiedenen Niederschlagsformen wie Nebel, Regen, Thau sammt Hagel und Gewittern, abhängen und durch welche die Wärmeerscheinungen mannigfach abgeändert werden können; endlich drittens auf die Bewegungszustände der Luft, auf die Luftströmungen oder Winde, welche dadurch, daß sie die Wärme- und Feuchtigkeitszustände einer Gegend in eine andere Gegend führen, nothwendiger Weise die klimatischen Zustände der Gegenden, über und in welche sie kommen, vielfach beeinflussen müssen.

Ueber das erste Hauptelement des Klimas, über die Wärme, sind im Allgemeinen, wenigstens in den gebildeten Kreisen, die richtigen Vorstellungen verbreitet; anders aber verhält es sich bezüglich des Wassergehaltes der Atmosphäre; insbesondere über den Ursprung und die Quellen des Wassergehaltes herrschen ziemlich allgemein unrichtige Auffassungen. Man glaubt sehr häufig die Quellen des atmosphärischen Wasserdampfes ausschließlich an der Oberfläche der Erde suchen zu sollen und nimmt an, daß die Verdampfung aus dem Meere das erste Glied der Kette sei, deren weitere Glieder die Wolken, die Niederschläge aus denselben, die von den Niederschlägen genährte Vegetation und die Rückkehr des auf die Erde gefallenen Wassers in die Atmosphäre durch Verdampfung, Verwesung u. s. w. bilden.

Unsere jetzige Kenntniß von den früheren Zuständen der Erde lehrt uns jedoch, daß der Ursprung des atmosphärischen Wasserdampfes weiter zurückreicht als die Entstehung des Meeres. Die Forschungen der Geologie und der Astronomie führen übereinstimmend dahin, daß alle Substanzen, welche gegenwärtig den Erdkörper ausmachen, früher eine feuerig-flüssige Masse gebildet haben, welche von einer gasförmigen Hülle aller jener Substanzen umgeben war, die bei der hohen Temperatur der geschmolzenen Kugel nicht tropfbar-flüssig und noch weniger fest sein konnten. Es folgt daraus, daß beispielsweise aller Kohlenstoff, ebenso aber auch alles Wasser als Bestandtheile der damaligen Atmosphäre auftraten und nichts davon auf der flüssigen Kugel vorhanden sein konnte. Erst als durch Abkühlung im kalten Weltraume über der feuerig-flüssigen Masse eine minder gut leitende und immer dicker werdende Kruste sich gebildet hatte, durch welche die große Hitze des Erdinnern von der atmosphärischen Hülle theilweise abgehalten wurde, konnte die Temperatur über der Erdrinde nach und nach so niedrig werden, daß sie nicht mehr das gesammte Wassercapital, welches zum Erdkörper gehörte, als Dampf in der Atmosphäre aufgelöst erhalten konnte, daß also ein Theil davon in tropfbar-flüssiger Form, in Regenströmen, sich auf die Erdrinde niederschlug und in den zusammenhängenden Vertiefungen der letzteren sich ansammelnd den Ocean bildete. Je weiter die Abkühlung fortschritt, ein desto größerer Theil des Wassergehaltes mußte aus der Atmosphäre zur Erde niederfallen; so oft sich jedoch zu verschiedenen Zeiten oder an verschiedenen Orten, z. B. durch Einbrüche der noch dünnen Erdkruste und Ausbrechen oder größere Annäherung der feuerig-flüssigen Massen an die Oberfläche, die äußere Temperatur erhöhte, wurde sogleich wieder ein größerer oder geringerer Theil des schon niedergefallenen Wassers wieder in Dampf verwandelt und der Atmosphäre auf kürzere oder längere Zeit zurückgegeben. Der Antheil, den damals die Sonne an der Temperatur der Erde hatte, war im Verhältniß zu der großen eigenen Hitze der Erde verschwindend klein, wenngleich er an und für sich eben so groß war wie heutzutage. Endlich trat aber ein Zustand ein, in welchem die Temperatur der Erdkugel selbst vermöge der Dicke ihrer Rinde nicht mehr entscheidend war für die Wärmezustände der Lufthülle und wo nur mehr die Strahlen der Sonne es waren, welche durch ihre Wirkung auf die Erdoberfläche die Temperaturverhältnisse der Atmosphäre zu regieren begannen. Beim Beginne dieses Zustandes konnte jedoch keineswegs alles Wasser, welches ursprünglich als Dampf in der Atmosphäre schwebte, bereits auf die Erdoberfläche niedergefallen sein, so daß etwa die Atmosphäre damals keinen Wasserdampf enthalten hätte; es war eben von der ursprünglichen ungeheueren atmosphärischen Wassermasse so viel zur Erde gelangt, als bei der immer niedriger werdenden äußeren Temperatur nicht mehr dampfförmig bleiben konnte; für einen Theil des atmosphärischen Wassers aber reichte die vorhandene Wärme aus, um dasselbe in der Luft aufgelöst zu erhalten, so daß niemals ein Zeitpunkt eintrat, in welchem nicht mehr oder minder bedeutende Wassermassen zu den Bestandtheilen der Atmosphäre gehörten. Als an die Stelle der Eigenwärme der Erde die Sonnenwärme trat und der Zustand begann, unter welchem wir noch heutzutage leben, änderte sich der Hergang, den wir oben kurz bezeichnet haben, in seiner Wesenheit nicht; an keinem Punkte der Erde ist auch heutzutage die Temperatur eine so niedrige, daß die Atmosphäre dortselbst gar keinen Wasserdampf mehr enthielte, wenngleich in den äquatorialen und tropischen Gegenden vermöge ihrer hohen Temperatur der Wassergehalt der Luft weit höher ist als in den gemäßigten und kalten Zonen; und wie in den oben berührten Urzeiten jede Wiederkehr einer höheren Temperatur auf der Erdoberfläche eine Wiederkehr bedeutender Wassermassen in die Luft zur Folge haben mußte, so verdampft auch heutzutage bei jeder Wiederkehr größerer Erwärmung durch die Sonne eine größere Menge des auf der Erdoberfläche befindlichen Wassers und kehrt in die Luft zurück. Wir müssen also, wenn wir dem Ursprung der atmosphärischen Feuchtigkeit nachgehen, zweierlei Kategorien des atmosphärischen Wasserdampfes unterscheiden: erstens jene Menge von Wasserdampf, welche überhaupt niemals auf die Erde niedergefallen, sondern als Rest der ursprünglichen atmosphärischen Wassermassen immer noch in der Atmosphäre zurückgeblieben war; zweitens jene Wasserdämpfe, welche je nach dem Wechsel der Temperatur bald zur Erde niederfallen, bald wieder aufsteigen und im letzteren Falle den erstbezeichneten Vorrath an Wasser in der Atmosphäre zeitweise und örtlich vermehren, während zu anderen Zeiten oder an anderen Orten umgekehrt durch Temperaturerniedrigungen jener Vorrath vermindert wird. Wir haben also ein stehendes und ein umlaufendes Wassercapital; das letztere ist ursprünglich aus dem ersteren entnommen und wird in wechselnden Mengen dem ersteren wieder zugeführt oder abermals entnommen; immer jedoch muß festgehalten werden, daß die gesammten Wassercapitalien, über welche die Erde und ihre Lufthülle verfügen, eine zusammen unveränderliche Gesammtmasse bilden, die immer so groß war und so groß bleibt wie das ursprünglich dem Erdkörper als Dampfhülle zugetheilte Wasserquantum, daß also das Wasser in was immer für einer Form im Ganzen nicht mehr und nicht weniger werden kann und daß mit diesem fixen Quantum seit jeher und für immer nur eine verschiedentlich wechselnde Vertheilung vor sich ging und vor sich geht. Irrig ist also die Vorstellung: daß, wenn es keinen Ocean, keine Sümpfe, keine Wälder gäbe, auch kein Wasserdampf in der Luft wäre; im Gegentheil! der Ocean, die Sümpfe, die Wälder u. s. w. bestehen nur dadurch, daß der Atmosphäre ungeheuere Massen von Wasserdampf entzogen und in tellurisches und Vegetationswasser verwandelt wurden, wovon immer nur ein Theil vorübergehend und periodisch in die Luft als Wasserdampf zurückkehrt, um abermals in Gestalt von Niederschlägen zu den Wasserausbreitungen und in die Vegetation der Erde herabzukommen.

Um den Kreislauf des Wassers zwischen Himmel und Erde vollkommen einzusehen, mag es dienlich sein, von den denkbar einfachsten Fällen der Erdgestaltung auszugehen. Wäre die Erde ganz von Wasser bedeckt, so würden die Niederschläge, welche theils durch Abkühlung in der Höhe, theils durch die niedrigere Temperatur der höheren Breitegrade veranlaßt würden, nur wieder auf die schon vorhandene Wasserhülle der Erde zurückfallen, ohne daß irgend eine Fructificirung dabei herauskäme, da aus der Wasserhülle nur immer wieder Wasserdampf aufsteigen würde, um abermals herabgeregnet zu werden u. s. w. Wäre hingegen die Erdoberfläche durchaus Festland, nur allenfalls von Rinnsalen für die Niederschlagsmengen durchzogen (ein Zustand, der nur dann möglich wäre, wenn das der Erde überhaupt zugetheilte Wassercapital viel kleiner wäre, als es thatsächlich ist), so würde der Kreislauf des Wassers bedeutend complicirter und eine verschiedenartige Fructificirung des umlaufenden Wassercapitales ermöglicht. Da würden nämlich die herabgefallenen Niederschläge nicht einfach wieder direct in die Atmosphäre zurückkehren, sondern auf mannigfachen Umwegen durch den Boden und die Vegetation. Da nun nach der thatsächlichen Gestaltung unserer Erde die beiden hier vorausgesetzten einfachen Fälle mit einander combinirt sind, der größere Theil der Erdoberfläche vom Ocean, der kleinere vom Festlande eingenommen ist, so gestaltet sich der Kreislauf des Wassers in einer Weise, welche verwickelter ist, als man sich gewöhnlich vorstellt.

Die auf den Ocean fallenden Niederschläge bringen daselbst, wie schon oben gesagt, keine wesentliche Wirkung oder Neubildung hervor und kehren nur wieder in die Atmosphäre zurück. Die auf den Festboden gefallenen Niederschläge aber erfahren die mannigfachen Schicksale, welche jetzt geschildert werden sollen.

Erstens: es verdampft sogleich ein Theil, dessen Größe nach der Natur des Bodens und nach der Temperatur sehr verschieden ist, und kehrt in die Luft zurück, ohne einen anderen Effect hervorgebracht zu haben als die Bindung eines gewissen Quantums von Wärme, welche eben zur Verdampfung verbraucht wurde.

Zweitens: ein anderer Theil wird vom Festboden mechanisch absorbirt, d. h. nur dazu verwendet, um denselben anzufeuchten, gewisse Bodenarten, welche sich dazu eignen, plastisch zu machen (wie Lehm, Letten, Tegel, Mergel u. s. w.). Diese Wirkung ist jedoch nur eine vorübergehende; denn nach längerer oder kürzerer Zeit wird das in diesem Sinne aufgesogene Wasser bei herrschender größerer Wärme und Trockenheit der Luft wieder verdampft, der Boden trocknet aus und die Atmosphäre hat diesen Theil wieder zurückerhalten, um ihn nach längerer oder kürzerer Zeit abermals fallen zu lassen u. s. f.

Drittens: ein anderer Theil, und zwar nicht allein des tropfbar herabgefallenen, sondern auch des noch dampfförmig in der Luft vorhandenen Wassers, wird bei der Berührung mit verschiedenen Gesteinen chemisch gebunden als sogenanntes Hydratwasser; dieser Vorgang tritt ein bei der Verwitterung mehrerer Gruppen von Gesteinen, von denen mehrere sehr allgemein auf der Erde verbreitet sind und einen großen Antheil an der Bildung des vegetationsfähigen Bodens oder der fruchtbaren Erdkrume haben. Hieher gehören insbesondere Feldspate, Zeolithe, dann die zahlreichen Fälle, in denen das bei so vielen Mineralien und Ablagerungen vertretene Eisen, Eisenoxyd oder Eisenoxydul in Eisenoxyd-Hydrat verwandelt wird*). Die Natur einer chemischen

---

*) Zur näheren Erläuterung folgende Beispiele:

Anorthit, ein Kalkfeldspat der im Syenit, Granitit und Syenitgranit als wesentlicher Bestandtheil vorkommt, hat die Zusammensetzung: $Si_2 Al_2 Ca O_8$ und verwandelt sich durch Austritt von CaO (in Gegenwart von CO_2 oder H_2SO_4 leicht erklärbar) und Aufnahme von $2\,H_2O$ (Hydratisirung) in Kaolin $= Si_2 Al_2 H_4 O_9$, der dann in der Regel unverändert bleibt und sein Wasser nicht wieder abgibt.

Orthoklas, der neben Anorthit in den soeben genannten Gesteinen, dann aber vorwiegend in den so sehr verbreiteten Gneisen, Graniten, Quarzporphyren, Orthoklasporphyren und theilweise in Quarztrachyten constituirend vorkommt, hat die Zusammensetzung: $Si_6 Al_2 K_2 O_{16}$; bei seiner Verwitterung tritt K_2O und $4\,SiO_2$ aus, dagegen $2\,H_2O$ ein, und es entsteht abermals Kaolin ($Si_2 Al_2 H_4 O_9$).

Ganz analog geht es beim Albit, bei dem nur das Kalium des Orthoklases durch Natrium ersetzt ist. Die Bildung der mehr oder minder verunreinigten Thone, deren reinster eben das Kaolin ist, aus

Hydratbildung bringt es mit sich, daß das so gebundene Wasser nicht auf dem Wege der einfachen Verdampfung wieder in die Luft zurückkehren kann, sondern daß diese Rückkehr nur in Folge entgegengesetzter chemischer Processe möglich wird. Solche entwässernde Processe treten jedoch in Wirklichkeit nicht für alle derlei Hydratbildungen ein; wenn z. B. bei der Verwitterung des eisenoxydulhältigen Wienersandsteines zu Letten oder Tegel Wasser gebunden,

---

feldspathaltigen Gesteinen geht überhaupt in der eben angeführten Weise vor sich, d. h. unter Bindung von Hydratwasser.

Die Bildung von Zeolithen (stark wasserhaltenden Thonerde-Silicaten mit Kalk, Natron, Baryterde) geht ebenfalls unter bedeutender Hydratisirung vor sich, und sie sind überhaupt als hydrochemisch umgewandelte Feldspate anzusehen. Z. B. der Nephelin (Natrium-Anorthit), welcher zu den constituirenden Bestandtheilen der Phonolithe und der Nephelin-Basalte gehört, hat die Zusammensetzung: $Si_2 Al_2 Na_2 O_8$; durch die Aufnahme von SiO_2 und $2 H_2O$ verwandelt er sich in den zeolithischen Natrolith $= Si_3 Al_2 Na_2 H_4 O_{12}$. Ein anderer Zeolith, der Skolezit, $= Si_3 Al_2 Ca H_6 O_{13}$ entsteht aus Anorthit $= Si_2 Al_2 Ca O_8$ durch Aufnahme von SiO_2 und $3 H_2O$.

Die vielfach beobachtete Bildung von Speckstein (Talk) $= Si_4 Mg_3 H_2 O_{12}$ aus glimmerhältigen (daher auch magnesiahältigen) Quarz-Feldspatgesteinen scheint gleichfalls eine Hydratisirung zu sein.

Diese so häufige Bildung von Eisenoxyd-Hydrat ($F_2 O_6 H_6$) aus Eisenoxydulen und aus wasserfreien Eisenoxyden, die als Uebergemengtheile in außerordentlich vielen Gesteinen und Ablagerungen vorkommen, geht nach der Formel vor sich: Aus 2 Molekülen $2 FO$ (Eisenoxydul) und 3 Molekülen $+ 3 H_2O$ (Wasser) wird $F_2 O_6 H_6$ (Eisenoxyd-Hydrat). Hiebei wird also ebenfalls viel Wasser chemisch gebunden.

Die in salzführenden Formationen beobachtete Ueberführung von Anhydrit in Gyps geschieht unter reichlicher Wasseraufnahme, in Folge deren z. B. bei Hallstadt eine bedeutende Aufblähung, später sogar eine Berstung der darüber liegenden Schichten, eingetreten ist.

ein Theil dieses Lettens in die Donau abgeschwemmt und mit derselben ins Meer geführt wird, wo er schließlich am Grunde sich ablagert, ist dem in diesem Letten gebundenen Hydratwasser die Rückkehr in die Atmosphäre abgeschnitten.

Aus dieser Thatsache hat man sogar die Folgerung abgeleitet, daß durch die mit Hydratbildung verbundenen Verwitterungsprocesse der Erdrinde die Atmosphäre nach und nach ihren Wassergehalt verlieren und so trocken werden könnte wie die Atmosphäre des Mondes, in der bekanntlich Wasserdampf nicht nachgewiesen werden kann*).

Diese Wirkung wird jedoch, abgesehen davon, daß sie erst in unberechenbar langen Zeiträumen in der Atmosphäre nachweisbar und deutlich fühlbar werden dürfte, theilweise wieder paralysirt durch entgegengesetzte chemische Processe, welche Wasser aus den Hydraten in die Luft zurückführen.

Die verschiedenen Hydrate oder Hydroxyde geben nämlich mehr oder weniger leicht wieder Wasser ab; z. B. Eisenoxydhydrat schon bei geringer Erwärmung, Kieselsäurehydrat bei gewöhnlicher Temperatur. Bei der Aufeinanderwirkung von sauren Salzen auf basische Oxyde oder basische Salze tritt Wasser aus; z. B. wenn Aetznatrium ($NaHO$) auf doppeltkohlensaures Natron ($HNaCO_3$) wirkt, entsteht Soda (Na_2CO_3).

Nach Boussingault's und Liebig's gewichtiger Ansicht beruhen die Absorptionserscheinungen in den thonhältigen Bodenarten zum Theil auf abwechselnder Zeolithbildung (Hydratbildung) und Entwässerung dieser Hydrate. Zeolithe können sich nämlich unter Verlust von Wasser und

*) Zittel, Die Urwelt. M. L. Saemann, Sur l'unité des phénomènes géologiques etc. im Bull. de la Societé géologique de France, 1861, XVIII, p. 322.

Eintritt anderer Substanzen in Feldspate rückverwandeln. So entsteht Orthoklas ($Si_6 Al_2 K_2 O_{16}$) aus Saumontit ($Si_4 Al_2 Ca O_{20} H_8$) durch Eintritt von $2 Si O_2$ bei Austritt von $4 H_2 O$ und Austausch von Kalk gegen Kali oder aus Analcim ($Si_4 Al_2 Na_2 O_{14}$) durch Austritt von $2 H_2 O$ und Eintritt von $2 Si O_2$. H_4

Nicht unbedeutende Mengen von Hydratwasser werden aus den pflanzentragenden Erdschichten auch durch die Vegetation wieder in die Luft zurückgebracht; denn die Pflanzenwurzeln nehmen nicht nur das mechanisch zwischen den Bodentheilchen festgehaltene Wasser auf, sondern es gelangt in die Wurzelzellen auch jenes Hydratwasser, welches bei der Zersetzung der Bodensalze durch die organischen Säuren jener Zellen momentan frei, zugleich aber zur Verdünnung der neu entstandenen Salze verwendet, mit diesen in die Wurzelzellen aufgenommen und von da weiter geleitet wird. Auf diesem Wege tritt das ehemals im Boden gebannte Hydratwasser in den Saftlauf der Pflanze ein, der es schließlich der Luft zuführt, wie es sich im sechsten Punkte dargelegt findet.

Viertens: auf geneigtem Terrain fließt jener Theil des Niederschlages, welcher nicht augenblicklich wieder verdampft und vom Boden weder absorbirt wird, noch chemisch gebunden ist, nach dem Gesetze der Schwere abwärts, und wo das Gepräge der Gegend es zuläßt, vereinigen sich mehrere solche fließende Wasseradern zu immer größeren fließenden Massen, Bächen und Flüssen, welche man zusammen als „offene Gerinne" bezeichnen kann. Die große Mehrzahl derselben strömt schließlich dem Meere zu. Die Tümpel und Seen sind in der Regel nur als Zwischenstationen der streckenweise aufgehaltenen offenen Gerinne zu betrachten; ebenso Sümpfe und Moore, welche sich nur durch geringere Tiefe und Ausfüllung mit mehr oder minder dichter Vegetation unterscheiden. Das Wasser der offenen Gerinne kommt nun auf die mannigfaltigste Weise, theils unmittelbar, theils auf dem Umwege sehr wichtiger und einflußreicher Leistungen, wieder in die Atmosphäre zurück. Vor Allem ist es klar, daß die Oberfläche der offenen Gerinne fortwährend mehr oder minder direct durch Verdampfung in die Atmosphäre zurückkehrt; die Unterschiede, welche hiebei zwischen ruhigeren und bewegteren Strecken der Gerinne stattfinden, sind nicht besonders erheblich, und man kann im Allgemeinen annehmen, daß die Summe der Oberflächen aller offenen Gerinne zusammen in ebendemselben Maße verdampfe, wie eine gleichgroße Meeresfläche bei gleicher Temperatur und Luftbewegung verdampfen würde. Bei der Berührung des fließenden oder auch stellenweise stagnirenden Wassers mit den Ufern und dem Grunde erfolgen zunächst dieselben Wirkungen, welche schon oben an zweiter und dritter Stelle angedeutet sind; es wird nämlich ein wenn auch meistens relativ kleiner Theil des Wassers vom Boden, so lange er noch nicht gesättigt ist, absorbirt, besonders wenn beim Steigen der Gewässer dieselben vorher trockenen Boden überrinnen, und ebenso wird je nach der Natur des Bodens, mit welchem das Wasser auf seinem Wege zusammentrifft, ein Theil des letzteren zu Hydratbildungen gebunden. Die auf solche Weise festgehaltenen Wassermengen kehren wieder auf zweifache Weise in die Atmosphäre zurück, theils nämlich nach dem Zurücktreten des Wassers und nach der Bloslegung des früher benetzten Bodens in derselben Weise wie es schon oben im zweiten und dritten Punkte erwähnt wurde, theils aber auf dem Wege der Vegetation und des Thierlebens, wovon noch später beim sechsten und siebenten Punkte die Rede sein wird.

Fünftens: ein Theil des Niederschlagwassers, welcher weder unmittelbar wieder verdampft, noch von den obersten Erdschichten absorbirt, noch auch chemisch gebunden und auch nicht abgeführt wurde, dringt an solchen Stellen, wo der Boden klüftig ist, in größere Tiefen, wenn sich dort noch nicht von Wasser erfüllte Räume zu seiner Aufnahme geeignet vorfinden. Das Schicksal dieser tiefer gesunkenen Wassermassen ist ein sehr verschiedenes. Ein Theil davon verhält sich so wie die unter 2 und 3 behandelten Wasserantheile, da in tieferen Schichten der Erdrinde ebenfalls sowohl eine mechanische Absorption als auch chemische Bindung vor sich gehen kann und muß. Wo im Erdinneren größere Hohlräume in Gestalt von mehr oder minder flachen oder tiefen Becken, Höhlen u. s. w. sich finden, sammelt sich das eingedrungene Wasser, soweit es nicht absorbirt oder gebunden wurde, und bildet unterirdische Reservoirs oder unter bestimmten Bedingungen das sogenannte Grundwasser, wovon in einem späteren Abschnitte noch ausführlicher gehandelt werden soll. Hier sei nur bemerkt, daß das auf diese Art angesammelte Wasser nur zu einem Theile für die Atmosphäre verloren ist und auf verschiedenen Wegen in den Kreislauf zurückkehrt. Sehr viele dieser Hohlräume haben nämlich an verschiedenen Stellen offene Verbindungen mit freiliegenden Stellen der Erdoberfläche, indem verschiedene Spalten seitliche Ausführungsgänge darstellen.

Erreicht nun das angesammelte Wasser eine oder mehrere dieser seitlichen Ausflußstellen, so tritt das noch weiter nachrückende Wasser ganz oder theilweise durch diese Communicationen wieder an die Luft heraus, z. B. in Gestalt von Quellen, sogenannten Seefenstern, Seeaugen u. s. w. Die auf diese Art austretenden Theile der versunkenen Gewässer verhalten sich dann selbstverständlich so wie die offenen Gerinne, verdampfen also zum Theil während ihres weiteren Laufes und führen die nicht verdampften Antheile schließlich wieder dem Meere zu. Ein in höhlenreichen Kalk-

und Dolomitgebirgen nicht selten vorkommender Fall ist der folgende:

Die Schneeschmelze und die Regenfälle auf dem Plateau P liefern durch Spalten wie a, a', a'' Wasser zu den mit einander in Verbindung stehenden Höhlen A und B. Hat in A der Wasserspiegel die Höhe mn erreicht, so läuft Wasser nach der Höhle B über und vergrößert die dorthin von a' und a'' gelangten Wasservorräthe. Steht in B das Wasser nur bis zum Niveau p o, so fließt ein Theil davon durch die enge Spalte p q u. s. w. weiter ins Innere des Berges ab und tritt auf der rechten Seite irgendwo als schmale Wasserader oder Quelle zu Tage. Kommt aber durch m, a', a'' mehr Wasser in die Höhle B, als gleichzeitig durch

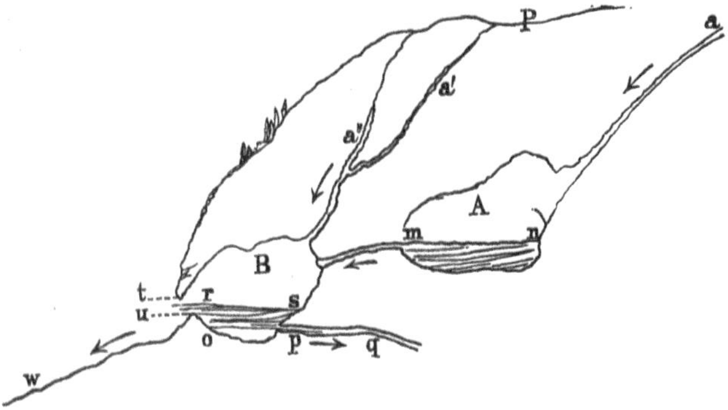

Fig. 1.

p q wieder abfließen kann, so steigt der Wasserspiegel daselbst, und wenn er das Niveau s r erreicht hat, entleert sich der Ueberschuß durch den Höhlenausgang zwischen t und u an den Tag und bildet etwa den Ursprung eines intermittirenden Baches. Füllt sich die Höhle B so rasch und mächtig, daß die Abflüsse bei p und r nicht genügen und das

Wasser den ganzen Raum bis zur Decke einnimmt, so erfolgt durch den Wasserdruck ein Sprengen der einschließenden Felsen, ein Einsturz mit plötzlichem Wassererguß über w hin u. s. w.

Es gibt aber auch noch einen anderen Gang des in den Boden eingedrungenen Wassers. Sehr viele Gesteine nämlich haben zahlreiche feine Spalten, deren obere mit den unteren, diese wieder mit weiter unten gelegenen communiciren, wodurch eingedrungenes Wasser immer tiefer nach abwärts geleitet wird, selbst dann, wenn unten keine Hohlräume zu größeren Ansammlungen vorhanden sind. Dieses feine Wassergeäder verbreitet sich in Gesteinen, welche eine capillare Structur haben auch von den erwähnten Spalten seitwärts, so daß manche mächtige Gesteinsschichten in größerer oder geringerer Tiefe reichlich Wasser enthalten. Es ist das die sogenannte Gebirgsfeuchtigkeit, deren Existenz den Bergleuten seit jeher bekannt ist und die oft so reichlich auftritt, daß man viel Mühe hat, ihre Nachtheile in den Bergwerken zu vermeiden. Diese Mengen unterirdischen Wassers kommen nur zufällig wieder mit der Atmosphäre in Berührung und dadurch zur theilweisen Wiederverdampfung, nämlich nur dann, wenn die menschlichen Arbeiten bis an solche Stellen vordringen und dieselben bloßlegen; da jedoch Grubenbauten nur einen verhältnißmäßig verschwindend kleinen Antheil der Erdrinde durchfahren, wird der weitaus größere Theil der sogenannten Gebirgsfeuchtigkeit der Wiederverdampfung und daher der Atmosphäre für immer entzogen. Es sind übrigens noch zwei Wege gegeben, auf welchen wenigstens ein Theil der Gebirgsfeuchtigkeit gelegentlich an die Oberfläche und zur Verdampfung gelangen kann. Der eine dieser Fälle tritt bei Schichten ein, welche noch nicht tief unter der Erdoberfläche liegen, und zwar dann, wenn zeitweise an der Erdoberfläche große Trockenheit herrscht, so daß die oberen Erdschichten stark ausdorren und eine capillare Structur erhalten, welche sich bis zur Gebirgsfeuchtigkeit fortsetzt, worauf dann ein Theil der letzteren capillarisch gehoben und den oberen Schichten zugeführt wird. Denselben Weg kann unter Umständen auch ein Theil der Höhlen- und Grundwässer einschlagen, indem von den ersteren die an der Decke condensirten, von den zweiten die mit den darüberliegenden lockeren Materialien in Berührung stehenden Wasserschichten auf capillarem Wege theilweise näher an die Oberfläche gehoben werden. Der andere Fall von mehr hypothetischer Natur wäre der, daß größere Mengen von Gebirgsfeuchtigkeit schließlich mit erhitzten Massen im Erdinnern zusammentreffen, wodurch zu Explosionen von vulkanischer Natur Anlaß gegeben werden kann, bei denen Wasserdampf in die Luft ausströmt.

Sechstens: ein Theil des Wassers, welches auf irgend einem der früher erwähnten Wege in die oberen Schichten des Bodens gelangt ist, wird von der Vegetation in Anspruch genommen, und zwar geschieht dieses auf zweifache Weise. Bei der Vegetation wird Wasser von den Wurzeln aufgenommen, sammt den darin gelösten Pflanzennährstoffen durch die Zellen geleitet und zum Theil in organische feste Substanzen innerhalb des Pflanzenkörpers verwendet, zum anderen und zwar weit größeren Theil durch die Transspiration wieder in die Luft zurückgeführt. Wir haben also in der lebenden Pflanze zweierlei Wasser zu unterscheiden: das blos durchlaufende und das im Holze, in Stärkemehl u. s. w., kurz in den festen Elementen des Pflanzenkörpers chemisch gebundene. Das erstere, das Transspirationswasser, kehrt nicht nur durch die Blätter während der Vegetation in die Atmosphäre zurück, sondern der in einer Pflanze zur Zeit ihrer Aberntung, Fällung u. s. w. eben noch vorhandene Antheil an solchem Wasser, welches beiläufig 50—90 %

des Pflanzenleibes ausmacht, verdampft, soweit die Temperatur und der Feuchtigkeits- und Bewegungszustand der Luft es gestattet, zu einem ansehnlichen Theile (sogenannte Lufttrocknung), und schließlich, wenn das lufttrockene Holz verbrannt wird, kehrt der noch darin verbliebene Rest von Wasser durch den Rauch in die Luft zurück. Langsamer vollzieht sich der Kreislauf des in den Pflanzenstoffen chemisch gebundenen Wassers; dieses wird der Atmosphäre erst bei der Zersetzung (Vermoderung, Fäulniß, Verwesung) der Pflanze zurückgegeben. Dieser Vorgang erfolgt in der Weise, daß aus den Pflanzenstoffen, welche aus Kohlenstoff (C), Wasserstoff (H) und Sauerstoff (O) zusammengesetzt sind, durch den Hinzutritt des atmosphärischen Sauerstoffes, welcher sich mit einem Theile des Wasserstoffes (H) verbindet, sowohl Wasser als Kohlensäure sich abscheiden, und zwar in dem Verhältnisse, daß auf zwei Theile Wasser ein Theil Kohlensäure aus der Verbindung austritt, während bei Fortsetzung dieser Subtraction immer kohlenstoffreichere Verbindungen zurückbleiben*). Da nun schließlich alles Holz vermodert oder verbrannt wird und alle sonstigen Pflanzentheile ebenfalls theils direct, theils auf dem Wege durch den thierischen Körper in Zersetzung übergehen, kehrt alles in der

*) Diese noch nicht über alle Controverse erhabene Erklärung nehmen Gay-Lussac und Liebig an; in chemischer Formel stellt sich der Vorgang so dar: Man geht beispielsweise von der Pflanzenfaser aus, deren Zusammensetzung ist $C_6H_{10}O_5$

Es tritt dazu aus der Luft . . .	$+O$
Nächstes Resultat	$C_6H_8O_5 + H_2O$
Es scheidet neben H_2O auch noch aus	$-CO_2$
Weiteres Resultat	$C_5H_8O_3$.

Bei weiterer Fortsetzung dieses Processes resultirt nach abermaligem Ausscheiden von H_2O und CO_2: C_4H_6O, weiterhin C_3H_4 also schon ein bloßer Kohlenwasserstoff ohne O, u. s. w.

Vegetation durch einige Zeit festgehaltene Wasser wieder in die Luft d. h. in den allgemeinen Kreislauf des Wassers zurück.

Siebtens: so wie das Vorhandensein und die nachhaltige Zu- und Durchfuhr eine Grundbedingung der Vegetation ist, ist es auch für das animale Leben unentbehrlich; jeder thierische Körper besteht zu einem großen Theile geradezu aus Wasser, und eine gewisse Menge von Wasser muß fortwährend durch den Organismus durchtreten, wenn seine Lebensfunctionen in normaler Weise vor sich gehen sollen. Die Luftathmung und die Excretionen sind die Wege, auf denen immer ein Theil des in den Organismus aufgenommenen Wassers wieder dem atmosphärischen Kreislauf zurückgegeben wird, und bei der Verwesung thierischer Körper bildet sich neben Kohlensäure und Ammoniak auch wieder Wasser, so daß schließlich auch der während des Lebens im Organismus verbleibende Grundstock von Wasser wieder in die Atmosphäre gelangt.

Wir sehen also, daß auf unserer Erde das Wasser in sehr verschiedenen Wegen circulirt und wenn auch Theile davon zeitweise in bestimmten Körpern der drei Naturreiche gebunden werden, doch schließlich der allgemeine Kreislauf des Wassers früher oder später alles wieder zurückerhält, nur mit der fraglichen Ausnahme eines verhältnißmäßig unbedeutenden Quantums von Wasser, welches auf unbestimmte Zeit als Hydratwasser gebunden oder im Inneren der Erde aufgespeichert bleibt.

Ueber das Maß des Wassergehaltes der Luft spricht man sich in der Physik und Meteorologie auf zweifache Weise aus, und da hievon später noch oftmals die Rede sein wird, soll sogleich hier die nothwendige Begriffsbestimmung vorausgeschickt werden.

Wenn die Luft in der einen Gegend, z. B. in Mitteleuropa, im Sommer nur ein Hunderttheil, im Winter gar nur ein Dreihunderttheil ihres Gewichtes, dagegen anderswo, z. B. in Madras, beinahe ein Dreißigstel Wasserdampf enthält, so wird man schon nach den allgemeinsten Begriffen von Viel und Wenig sagen: der Wassergehalt der Luft ist dort klein, hier aber groß. Diese Beurtheilung des Wassergehaltes eignet sich auch die Wissenschaft an, nennt aber den so aufgefaßten Wassergehalt „absolute Luftfeuchtigkeit“, oder auch „Dunstdruck“, letzteres darum, weil der Wasserdampf der Luft als ein Gas (daher auch „Wassergas“ zu nennen) ebenso wie die Luft selbst einen Druck ausübt, den man durch das Barometer mißt, und weil an dem durch dieses Instrument angezeigten Gesammtdruck natürlich der Wasserdampf um so größeren Antheil hat, je mehr Wasserdampf in der Luft ist.

Damit aber irgend ein bestimmtes Quantum Wasser sich als Dampf, also im unsichtbaren gasförmigen Zustande, in der Luft aufhalten könne, ist immer eine bestimmte Temperatur nöthig, und zwar eine desto höhere, je mehr Wasserdampf die Luft enthalten soll. So ist der große Wassergehalt in Madras nur dadurch möglich, daß dort eine sehr hohe Temperatur herrscht, und wenn bei uns in Mitteleuropa zehnmal weniger Wasserdampf in der Luft schwebt, rührt das davon her, daß die Temperatur viel geringer ist. Wenn nun die Luft genau so viel Wasserdampf enthält, als sie bei der eben herrschenden Temperatur enthalten kann, nennt man diesen Zustand „gesättigt“ und drückt ihn ziffermäßig aus durch 100, d. h. man sagt: die Luft enthält „100 Procent“ oder „das Ganze“ der eben möglichen Dampfmenge. Kühlt sich die Luft dann noch weiter ab, so fällt ein Theil des in ihr enthaltenen Wassers in Gestalt von Nebel, Regen, Thau, Schnee heraus, bis die noch zurückbleibende Menge atmosphärischen Wasserdampfes wieder der vorhandenen Temperatur entspricht. Ist also die Luft im Stande der Sättigung (Saturation) oder schon nahe daran, so bedarf es nur noch einer kleinen Abkühlung, um schon einen Niederschlag zu erzeugen. Wenn hingegen die Temperatur zunimmt, so entfernt sie sich immer mehr vom Sättigungspunkt; sie enthält dann nicht mehr 100 %, sondern weniger, z. B. nur 80, 60, ja selbst nur 20 % jener Dampfmenge, die sie bei dieser erhöhten Temperatur erhalten könnte, und nimmt auch wirklich weiteren Dampf auf, wenn ihr Wasser dargeboten wird. Das Verhältniß nun, in welchem der wirkliche Wassergehalt der Luft zu dem bei derselben Temperatur möglichen höchsten Wassergehalt steht, nennt man den relativen Feuchtigkeitsgrad der Luft und drückt es durch jene Procentzahlen aus. Die Luft hat eine „relativ große Feuchtigkeit“ heißt also nicht, daß sie viel Wasserdampf enthält, sondern nur: daß sie schon nahezu so viel enthält, als sie bei der jetzigen Temperatur enthalten kann.

2. Ueber den Kreislauf der Luft und über die periodischen Erscheinungen des Klimas nach Zonen.

So wie der Kreislauf des Wassers verlangt auch die Bewegung der Luft, welche ebenfalls zum großen Theile den Weg der Circulation einschlägt, eine kurze Darstellung für unsere Leser. Daß die Vertheilung der Temperatur auf der Erde von dem wechselnden Stande der Sonne hauptsächlich abhängt, daß hiedurch die Jahreszeiten regiert werden, daß der Charakter dieser Jahreszeiten sich verschieden gestaltet nach vier oder fünf Zonen — der äquatorialen, den beiden tropischen, den subtropischen, den gemäßigten und den polaren Zonen — muß als allgemein bekannt vorausgesetzt werden, und wäre Näheres darüber in dem 10. Bande der „Naturkräfte“ (Wind und Wetter von Prof. Dr. E. Lommel) zu finden. Hier soll nur darauf aufmerksam gemacht werden, wie in Folge dieser verschiedenen und wechselnden Wärmevertheilung auf der Erde eine großartige Luftcirculation eingeleitet wird. Ueberblicken wir das Verhältniß der verschiedenen Zonen zu einander, so finden wir, daß es eine Zone der größten und zwei Zonen der geringsten Wärmewirkung der Sonne gibt; die Lage jenes Gürtels aber, welcher jeweilig die größte Wärmewirkung der Sonne erfährt, ist nicht das ganze Jahr hindurch dieselbe, sondern verschiebt sich mit dem Stande der Sonne. Die Beobachtungen lehren, daß dieser Hitzegürtel jeweilig eine Breite von 10—15° auf jeder Seite jenes Parallelkreises einnimmt, über welchem eben die Sonne bei ihrem jährlichen scheinbaren Gange senkrecht steht. Da nun dieser Gang die Sonne 23 ½° südlich und ebensoweit nördlich vom Aequator führt, muß auch der die Sonne begleitende beiläufig 25° breite Hitzegürtel während des einen Halbjahres mehr nach Süden, in dem anderen mehr nach Norden wandern. Die hohe Temperatur dieses Gürtels bringt es mit sich, daß von den Stellen der Erde, welche eben innerhalb seiner Grenzen fallen, die verhältnißmäßig größten Mengen von Wasserdampf (der leichter ist als die trockene atmosphärische Luft) aufsteigen, ferner daß die von der Erdoberfläche her stark erwärmten unteren Luftschichten eine stärkere Expansionskraft erhalten, daher die über ihnen liegenden höheren Luftschichten höher heben, als es auf den weniger erhitzten Theilen der Erde möglich ist. Es entsteht also über dem Hitzegürtel gewissermaßen eine Aufbauchung, ein aufgeblähter Wall um die Erde, von dem aus in den oberen Schichten die daselbst kälter und schwerer gewordene Luft gegen die beiden Pole hin abfließt. Diese obere, vom Aequator nach den Polen gerichtete, an Wasserdampf reiche Strömung, Aequatorialströmung, oberer oder Antipassat genannt, drückt auf die unteren, dem Erdboden näheren Luftschichten der anderen Zonen und befördert dadurch das Abströmen derselben nach dem luftverdünnten Raume der Hitzezone, der schon durch diesen Zustand der Verdünnung Luft aus der Nachbarschaft an sich saugt. Zunächst zieht also, während in den oberen Regionen die Luft vom Aequator her nach den Polen abfließt, in den unteren Regionen Luft aus der tropischen, dann aus der subtropischen Zone in die Hitzezone ein; um diese abgeflossenen Luftmassen zu ersetzen, muß weiter Luft aus der gemäßigten und schließlich aus der kalten Zone nachrücken. Diese unteren Strömungen, welche von den höheren Breiten her, also auf unserer Halbkugel von Norden (durch die Erddrehung in die Richtung von Nordost gebracht) nach den äquatorialen Gegenden hinziehen, sind als unterer Passat bekannt. In der Hitzezone angelangt, ja schon auf dem Wege dahin in niedrigeren Breiten wird die Passatluft erwärmt, verdünnt, ihr Wasserdampf in die Höhe geführt, dadurch die vom Passat angestrebte Herstellung des Gleichgewichtes oder der Ausfüllung des luftverdünnten Raumes am Aequator nicht erreicht, so daß also unten das Hinströmen des Passates nach dem Aequator fortdauert, während oben ebenso dies Abströmen des Antipassates sich fortsetzt. Allerdings verläuft diese Circulation nicht so stetig wie ein Uhrwerk, sondern oft mehr oder weniger ruckweise, jedenfalls aber wird sie in den untersten, dem Erdboden nächsten Schichten, theilweise durch den Einfluß der Bodengestaltung, abgelenkt oder in Arme getheilt, nicht selten durch unperiodische Luftbewegungen gestört, die uns, weil wir stets in ihrem Bereiche leben, mehr auffallen als die große Circulation. Von der großen Circulationsströmung aber und insbesondere von ihrem Wassergehalte wird der Verlauf der Witterung und der Charakter der verschiedenen Jahreszeiten in den verschiedenen Zonen hauptsächlich beeinflußt, da hievon großentheils die

Bewölkungs- und Niederschlagsverhältnisse abhängen. In der heißen oder äquatorialen Zone, über welcher die Sonne zwar nicht immer genau, aber nahezu senkrecht steht und wo überdies vermöge der Vertheilung von Wasser und Land auf unserer Erde über mehr als zwei Drittheilen des Erdumfanges die oceanischen Gewässer sich ausbreiten, wird der reichlich aufgestiegene Wasserdampf, wenn er in höheren Regionen angelangt ist, in großen Mengen condensirt und fällt in beinahe täglichen, jedoch immer nur wenige Stunden dauernden heftigen Regengüssen wieder nieder, worauf dann die größere Zahl der Tagesstunden mit mehr oder minder Heiterkeit verläuft. Diese Zone kann also jene der häufigen aber kurz dauernden Niederschläge genannt werden. Durch diese Niederschläge wird jedoch keineswegs die ganze ungeheure Menge der äquatorialen Wasserdämpfe erschöpft, und ein Theil derselben wird mit der oberen Circulationsströmung (Antipassat) nach Norden und Süden, zunächst also in die oberen Regionen der tropischen Zonen weitergeführt, welche beiderseits auf die äquatoriale Zone folgen. In diesen beiden tropischen Zonen, deren jede (so wie die äquatoriale Zone, nur zu andern Zeitpunkten) zweimal im Jahre die Sonne über sich senkrecht stehen hat, während diese in der übrigen Zeit sich einmal weniger, das anderemal aber mehr als beim Aequator der Fall ist nach der entgegengesetzten Himmelsgegend hin entfernt, treten bekanntlich zwei Regenzeiten und zwei Trockenzeiten ein; die ersteren dann, wenn die Sonne nahezu ihren höchsten Stand erreicht hat und ein Maximum von Verdampfung und Niederschlägen mit sich bringt. Die von den betreffenden Punkten der tropischen Zone aufsteigenden Dünste vermehren noch die bedeutende Menge derjenigen, welche, wie eben gesagt, aus der äquatorialen Zone mit der oberen Circulationsströmung zunächst über den tropischen Zonen hinziehen, und durch diese vereinigten Dampfmassen entstehen die gewaltigen Niederschläge der Regenzeiten. Die hiemit verbundene starke Trübung des Himmels vermindert die Hitzewirkung, welche sonst bei dem hohen Stande der Sonne eintreten würde.

Die zwischen den zwei Regenzeiten liegenden Trockenzeiten haben wegen ihrer großen Heiterkeit ungeachtet des niedrigen Standes der Sonne höhere Wärmegrade auf der Erdoberfläche zur Folge als die Regenzeit. Alle von den Tropen gegen die Pole hin liegenden weiteren Zonen haben nur einmal im Jahre einen höchsten Stand der Sonne, d. h. also nur Einen Sommer, und folglich auch nur einmal ein Minimum der Sonnenhöhe, d. h. Einen Winter, während die zwei Zeiten zwischen Sommer und Winter als Frühling und Herbst bezeichnet werden. Die vier Jahreszeiten beginnen also erst außerhalb der Tropen. Der Gang der Niederschläge in diesen Zonen oder die Vertheilung der Regen auf die Jahreszeiten hängt von der großen Circulationsströmung in folgender Weise ab: Die Wasserdämpfe der oberen Circulaltionsströmung (Aequatorialströmung), soweit sie sich nicht schon in den beiden vorgenannten Zonen condensirt haben, werden mit jener Strömung weiter über die nächst daran gränzenden Zonen hingeführt, wobei sie über immer kältere Gegenden kommen; in kalter Umgebung aber condensirt sich dann wieder ein großer Theil jener Dämpfe, die in der wärmeren Umgebung der niedrigeren Breiten noch nicht niedergeschlagen waren, bis endlich der Aequatorialstrom so wasserarm geworden ist, daß er keine bedeutenden Niederschläge mehr erzeugen kann. So condensiren sich also immer in der nächsten Zone Wasserdämpfe, welche über die vorhergehende Zone (von der Hitzezone an gerechnet) noch in Luftform weggeführt wurden. Da nun der Hitzegürtel, welcher mit der Sonne jährlich zwischen den beiden Wendekreisen auf- und abrückt (z. B. nach unseren europäischen Jahreszeiten gerechnet im Frühling am Aequator, im Sommer am nördlichen Wendekreise liegt), hauptsächlich die großen Wasservorräthe der Atmosphäre liefert und da diese atmosphärischen Wassermassen, soweit sie nicht gleich in den höheren Regionen der äquatorialen und tropischen Zone sich condensirt haben, auf ihrem weiteren Wege erst dann wieder Niederschläge geben, wenn sie über entschieden kühlere Gegenden kommen, muß auch jede außertropische Zone zu einer anderen Zeit des Jahres ihre „Niederschläge der großen Circulationsströmung", d. h. also ihre periodischen Niederschläge haben. Wir wollen hier nur die nörliche Halbkugel der Erde im Auge behalten und finden da, wenn wir das eben erwähnte Gesetz festhalten, folgenden Hergang der periodischen Niederschläge: In den Gegenden, die zunächst nördlich vom Wendekreise des Krebses folgen, welche also im Monate Juni (zur Zeit der Sonnenwende) den Hitzegürtel ganz in ihrer Nähe haben, bietet eben diese Sommerszeit ungeachtet der nördlicheren Lage dieser Zone noch nicht eine solche Abkühlung, daß hiedurch eine Condensation der vom benachbarten Hitzegürtel herkommenden Wasserdämpfe bewirkt werden könnte. Erst im Winter, wenn der Hitzegürtel in der Gegend des entgegengesetzten (südlichen) Wendekreises sich befindet, bietet die nördliche subtropische Zone eine um so viel niedrigere Temperatur, daß nun daselbst die mit dem oberen Passat aus der äquatorialen Zone herkommenden Wasserdämpfe sich reichlicher niederschlagen müssen. Die subtropische Zone hat also ihre periodischen Niederschläge oder ihre einmalige Regenzeit im Winter und wird danach auch die „Zone der Winterregen" genannt.

Es folgt nun eine Zone, welche den Wasserdämpfen des Antipassates ähnliche Temperaturbedingungen wie die subtropische im Winter nur zu jenen Zeiten darbietet, wenn die Sonne bis zum Aequator herauf- oder auf ihrem herbstlichen Rückzug wieder hinuntergerückt ist, das heißt also im Frühling und Herbst oder zur Zeit der Aequinoctien; diese Gegenden haben daher die größte Regenmenge im Frühling und Herbst, während die Winter und Sommer trockener sind: es ist das die sogenante wärmere gemäßigte Zone, wozu in Europa die Uferländer des Mittelmeeres wie Spanien, Südfrankreich, Italien, Dalmatien, Griechenland gehören.

Die nächste Zone, die kältere gemäßigte, erhält, weil sie noch entfernter vom Hitzegürtel ist als die vorige, reichliche Reste der äquatorialen Wasserdämpfe auch erst zu einer Zeit, wo die Sonne vom Aeqator noch weiter gegen den Pol vorgerückt ist, also nur einmal im Jahre und zwar um die Sommerszeit, kann daher als die Zone der Sommerregen bezeichnet werden.

Für die letzte, die Polarzone, würde zwar derselbe Grund gelten wie für die kältere gemäßigte Zone, daß nämlich zur Zeit des höchsten Sonnenstandes ein Rest von äquatorialen Wasserdämpfen in Gestalt von Sommerregen zur Condensation gelangen müßte; da jedoch durch die Sommerregen der gemäßigten Zone die Wasservorräthe der oberen Circulationsströmung bedeutend vermindert oder nahezu erschöpft sind, bringt der Sommer der Polarzone nur wenig Regen; dagegen treten im Winter um so häufiger die unperiodischen Niederschläge ein, von denen später die Rede sein wird, und wir finden daher in den Polargegenden wieder eine Zone der vorwiegend winterlichen Niederschläge, welche selbstverständlich meistens nur in Schnee bestehen.

3. Schwankungen innerhalb des Zonenklimas.

In der jahrzeitweisen Vertheilung der Bewölkung und der Niederschläge über die verschiedenen klimatischen Zonen der Erde treten jedoch nichtperiodische oder wenigstens als periodisch bisher nicht sicher erkannte Abwechselungen ein. Nicht nur die Erinnerung alter Leute und die nicht immer verläßlichen alten Chroniken, sondern auch vertrauenswürdige fachliche Aufzeichnungen sagen uns, daß die jeder Zone theoretisch zukommende Zeit der vorwiegenden Regen nicht in jedem Jahre eingehalten wird, daß vielmehr bald der Eintritt, bald das Ende sich verschiebt, daß die Menge der Niederschläge in den einzelnen Jahren sehr ungleich ist, und zwar nicht nur in dem überhaupt sehr unsteten Mitteleuropa, sondern auch in den tropischen Gegenden, besonders in dem Bereiche der Monsuns, wo Ueberfluß oder gänzliches Mißrathen der Feldfrüchte von dem Verlaufe der Regenzeit abhängt und ein Zurückbleiben der Niederschlagsmenge unter dem normalen Maße Hungersnoth zur Folge zu haben pflegt. Diese Unstetigkeit im Verlaufe der Jahreszeiten und besonders der Niederschläge ist um so auffallender, da die bekannten Ursachen der Jahreszeiten und die Niederschlagsvertheilung von Jahr zu Jahr dieselben bleiben und sich nicht verrücken; denn die Sonne weicht in jedem Jahre genau gleich weit, genau zur selben Zeit vom Aequator nördlich oder südlich ab, die Vertheilung von Wasser und Land wechselt nicht von Jahr zu Jahr, die großen Meeresströmungen behalten ihre Bahnen bei, und demnach sollte, da alljährlich dieselbe Kraft (die Sonne) unter gleichen Umständen auf dasselbe Object (Land und Wasser in gleichbleibender Vertheilung) wirkt, auch alljährlich der Gang und der Wassergehalt der Luftströmungen und die davon abhängige Temperaturvertheilung gleich bleiben.

Da nun letzteres dennoch nicht der Fall ist, hat sich die Meteorologie an die Astronomie gewendet und dorther die Andeutung erhalten, daß die Sonne, ein verbrennender Körper, je nach dem Gange ihres Verbrennungsprocesses möglicherweise bald mehr, bald weniger Hitze entwickle und daher nicht, wie man sonst meinte, stets dieselbe Menge und Art von Wärmestrahlen der Erde zusenden könne. Die Sonnenflecken sind wohl nur Stellen einer weniger intensiven Wärmeausstrahlung; nun hat man schon längst festgestellt, daß die Menge der Sonnenflecken in einer Periode von 11 Jahren wechselt; daß also, wenn etwa heuer ein Maximum der Sonnenflecken wäre, ihre Menge durch 5—6 Jahre abnehmen, im 5. oder 6. Jahre ein Minimum eintreten und dann wieder eine Zunahme folgen würde, bis im 11. Jahre wieder ein Maximum vorhanden wäre u. s. w.

Nun hat man weiter gefunden, daß in tropischen Gegenden, wo die Intensität der Sonnenwirkung am auffallendsten wirkt, in den Jahren mit wenig Sonnenflecken das Festland mehr austrocknet und das Meer reichlichere Wassermengen verdampft als in den Jahren mit viel Sonnenflecken; daß also jene Gegenden Indiens, deren Fruchtbarkeit hauptsächlich von der Vermeidung excessiver Hitze und Trockenheit des **Sommers** abhängt (Südindien), ihre Mißjahre in den Minimaljahren der Sonnenflecken; — daß dagegen jene Landstriche, für deren Fruchtbarkeit die **Reichlichkeit** der **Winterregen** entscheidend ist (Nordindien), zur selben Zeit ihre **günstigsten** Ernteverhältnisse haben; letzteres deshalb, weil Nordindien seine Winterregen von dem herabsteigenden Antipassat erhält, der desto reicher an Wasser ist, je mehr Wasser die Sonne aus dem indischen Ocean aufgenommen hat, d. h. also je intensiver ihre Wärmewirkung in der Hitzezone (in der Nordindien nicht mehr liegt) sich geltend macht*).

---

*) Näheres hierüber in der „Zeitschrift der österr. Gesellschaft für Meteorologie", 12. Band (1877) Nr. 21, S. 391, entnommen aus der englischen Zeitschrift „Nature" vom 23. August und 6. September 1877.

In den deutschen Weingegenden, wo es auf warme Sommer und Herbste ankommt, um gute Weine zu erzielen, hat man gefunden, daß die notorisch guten Weinjahre mit den Jahren der Sonnenflecken-Minima nahezu zusammenfallen, wie folgende Zusammenstellung zeigt:

Jahre der Sonnenflecken-Minima:

1784 1810 1823 1833 1844 1856 1867

Gute Weinjahre in Deutschland:

1784 1811 1822 1834 1846 1856 u. 1857 1868

Dieser Gegenstand wird eben jetzt mit besonderer Aufmerksamkeit von Meteorologen und Astronomen verfolgt; wahrscheinlich liegt hier eine wesentliche Ursache, die ihren Sitz *außerhalb* unserer Erde hat, für den wechselnden Charakter der Jahrgänge und insbesondere der Niederschläge auf unserer Erde vor.

Wir stehen hier überhaupt vor einer Frage, über die jeder im Reinen sein soll, der darüber urtheilen will, ob Aenderungen des Klimas durch locale Aenderungen auf der Erdoberfläche, z. B. durch Bewaldung oder Entwaldung, hervorgebracht werden, nämlich vor der Frage: liegen in den kosmischen Verhältnissen der Erde, in ihrer Materie, ihrer Gestalt, in der Vertheilung des Festen und Flüssigen auf dem Erdkörper, in der Gestalt der Erdbahn und in ihrer jeweiligen Lage zur Sonne solche Momente, aus denen Aenderungen des Klimas in längeren oder kürzeren Zeiträumen hervorgehen können oder müssen? Gibt es nämlich solche sogenannte „säculäre" Aenderungen des Klimas, so besteht die logische Gefahr, daß man dem Walde oder der Entwaldung fälschlich jene Aenderungen zuschreibe, die doch ganz oder theilweise in den soeben angeführten kosmischen Verhältnissen begründet sind.

Da die Gränzen dieses Buches es nicht zulassen, hier die umfangreichen und werthvollen Untersuchungen zu recapituliren, welche von Männern wie La Place, Fourier, Martius, Meech, Schouw, Arago, Leverrier u. a. über diese Frage angestellt wurden, müssen wir uns damit begnügen, auf die eingehende Behandlung in Dr. E. E. Schmid's „Lehrbuch der Meteorologie" (Leipzig 1860) zu verweisen und nur die Hauptresultate daraus unseren Lesern vorzuführen. Diese Resultate lassen sich in folgende Sätze fassen:

1. Obgleich das Innere der Erde noch in einem entweder feurigflüssigen oder doch jedenfalls in einem Zustand bedeutend hoher Eigentemperatur sich befindet, welche auch auf die bewohnte Erdrinde noch erwärmend wirkt, aber durch die von Außen nach Innen vorschreitende Abkühlung vermindert werden kann, ist doch diese Eigenwärme des Erdinneren gegenüber der dicken Erdrinde schon so irrelevant, daß, wenn die erstere ganz wegfiele, die mittlere Temperatur der Erdoberfläche nur um etwa $^{1}/_{70}$ bis $^{1}/_{40}$ ° C. geringer werden könnte, als sie jetzt ist.

2. Dieser Zustand, welcher bereits vor mehreren Jahrtausenden eingetreten ist, bringt es mit sich, daß die Temperaturverhältnisse der Erde in meßbarem Grade nur mehr von der Bestrahlung durch die Sonne einerseits und von der Ausstrahlung gegen den kalten Weltraum andrerseits abhängen.

3. Die Wirkung der Sonnenstrahlung (Insolation), als der einzigen Quelle meßbarer Erwärmung der Erdoberfläche, erleidet zwar, theoretisch betrachtet, durch die Aenderungen, welche an der Excentricität der Erdbahn und an der Neigung ihrer Ebene zur Ebene des Aequators in sehr langen Perioden von je vielen Tausenden, ja Hunderttausenden von Jahren vor sich gehen, eine sogenannte säculäre Aenderung in eben so langen Zeiträumen; allein die dadurch hervor-

gerufenen Temperaturänderungen betragen viel zu wenig, um an unseren Thermometern bemerkt zu werden*).

4. Da die Wirkung der erwärmenden Insolation sowie der erkältenden Ausstrahlung verschieden ausfällt, je nachdem sie am Festlande, welches wenig Wärme bindet, oder am Wasser, welches mehr Wärme bindet, vor sich geht, kann ungeachtet der an sich gleichbleibenden Sonnenstrahlung doch eine Aenderung in der Wärmevertheilung auf der Erde dann hervorgebracht werden, wenn die Vertheilung von Land und Wasser sich ändert.

Eine solche Veränderung, z. B. derart, daß abwechselnd nach vielen Hunderttausenden von Jahren die eine und dann die andere Halbkugel der Erde mehr vom Wasser bedeckt wird, kann theoretisch als wahrscheinlich oder doch annehmbar bezeichnet werden; aber auch diese Veränderung, wenn sie stattfindet, geschieht in so langen Zeiträumen und so allmälig, daß immer erst nach vielen Zehntausenden von Jahren die Wirkung meßbar werden könnte und jedenfalls die Verrückung der Ufer des Oceans vorher schon deutlich sichtbar werden müßte.

5. Nach den unter 1—4 angeführten Verhältnissen ist es begreiflich, daß von den ältesten bis auf die neuesten Chroniken keine stetig in einer und derselben Richtung fortschreitende Aenderung des Klimas der Erde oder einer ihrer Hemisphären, also kein fortwährendes Kälterwerden, kein Ab- oder Zunehmen der Niederschläge u. s. w. constatirt wird.

6. Dagegen lehrt die Vergleichung langjähriger Aufzeichnungen (die leider in meteorologischer Beziehung vertrauenswürdige Ziffern erst für sehr wenige Punkte seit etwa hundert Jahren liefern), daß Schwankungen in

*) Meech, On the relative intensity of the heat and light of the sun. Smithsonian institution. Washington 1856.

Bezug auf Temperatur und Niederschläge überall und immer vorkommen, indem bald längere, bald kürzere Reihen von Jahren entweder größere Wärme und Trockenheit oder größere Kälte und Regenmenge u. s. w. zeigen. Wie viel hiebei der früher erwähnte Wechsel in den Sonnenflecken wirkt, ist eben so wenig bekannt, als ob und welche andere letzte Ursachen — kosmische oder tellurische oder beide zugleich — den Schwankungen zum Grunde liegen; nur die Thatsache muß constatirt werden, daß derlei Schwankungen über großen Gebieten der Erde bestehen, daß jene Schwankungen, wenn sie die Continente wie die Meere und Inseln, die hohen wie die niedrigen Gegenden, die cultivirten wie die wüsten, die bewaldeten wie die unbewaldeten Landstriche im gleichen Sinne (wenn auch nicht immer im gleichen Grade) betreffen, nicht von den localen Einflüssen der Cultur, wie: Bewässerung, Entwässerung, Bewaldung, Entwaldung u. s. w., herrühren können, obgleich sie durch diese Einflüsse bis zu einem gewissen Grade abgeändert — verstärkt oder geschwächt — werden mögen*).

Die nun abgehandelten sechs Punkte beziehen sich auf solche Schwankungen, die wenigstens einigermaßen den Charakter des „Periodischen" an sich tragen, d. h. keine raschen

*) Diejenigen, welche den Einfluß der Cultur, oder der Wälder u. s. w. auf das Klima gänzlich läugnen, suchen dieses gewöhnlich durch die Aufzählung von Beispielen zu beweisen, aus denen erhellt, daß zu allen Zeiten klimatische Schwankungen bestanden haben, sowohl während der Zeit der unangetasteten Wälder als nach der Rodung großer Waldcomplexe und abermals nach Wiederbewaldungen. Diese Beispiele beweisen aber blos, daß jene Schwankungen nicht von den Waldverhältnissen ausgehen; sie entscheiden aber nicht über die Frage, ob und in welchem Grade solche Schwankungen durch die Waldverhältnisse modificirt und mehr oder weniger empfindlich für Menschheit und Cultur werden.

Sprünge machen, sondern durch eine Reihe von Jahren in demselben Sinne sich fortsetzen und erst nach einem längeren Zeitraume sich nach der entgegengesetzten Seite wenden, auf welcher sie dann abermals durch längere Jahrreihen fortschreiten. Diese Schwankungen sind aber nicht zu vermengen mit dem ganz und gar nicht periodischen, sondern in ganz unregelmäßiger Weise vor sich gehenden Wechsel im Witterungscharakter der einzelnen Jahre und Jahreszeiten; einer Unstetigkeit, die insbesondere in Mittel- und Nordeuropa sehr auffallend und culturstörend auftritt. Es gibt bei uns in manchen Jahren Winter, die nicht strenger sind als in anderen Jahren der Erstfrühling, und mancher Sommer läßt sich durch ewige kühle Regen ganz herbstlich an; oft stellt der Frühling eine ewige Recidive in den Winter dar, oder der Herbst bewahrt noch lange den sommerlichen Charakter; mitten in einer Reihe fruchtbarer d. h. hinreichend feuchter und warmer Jahre tritt ein Jahrgang mit großer Sommerdürre oder auch ein solcher mit extremer Winterkälte ein; bald haben wir schneereiche Winter, bald solche mit nacktgefrorenem Boden u. s. w. Von auffallenden historischen Daten dieser Art mögen aufgeführt werden: daß im Jahre 829 n. Chr. der Nil in Aegypten gefror, 860, 1234, 1594 das Meer bei Venedig mit Eis bedeckt war und im Winter 1621—1622 daselbst die Flotte einfror, 1493 der Hafen von Genua, 1594 und 1638 der Hafen von Marseille, 1709 die Häfen von Marseille, Genua und Cette gefroren waren, Paris 1407 (vom November an) eine so große Kälte hatte, daß (nach Champion) der Notar des Parlamentes die Beschlüsse nicht notiren konnte, weil die Tinte in der Feder gefror, 1468 in Flandern, 1544 in Frankreich der Wein mit Hacken ausgetheilt wurde, 1684 und 1716 die Themse bei London fast fußdickes Eis hatte u. s. w. Diese oft sprungweise auftretende Veränderlichkeit der Witterung, welche innerhalb des periodischen Ganges der Jahreszeiten und innerhalb der wahrscheinlichen säculären und kurzperiodischen Schwankungen des Gesammtklimas sich geltend macht und weite Landstriche mit der verschiedensten Terraingestaltung, Bewaldung, Bewässerung u. s. w. gleichzeitig betrifft und seit jeher betroffen hat, kann ebenfalls nicht den localen Verhältnissen der einzelnen Gegenden zugeschrieben werden; aber auch hier muß man zugeben, daß, wenigstens in vielen Fällen, durch locale Verhältnisse die extreme Wirkung gemildert werden könnte.

4. Abhängigkeit der Witterung und dadurch Beeinflussung des Klimas von Seite der Cyklonenbewegung.

Von den Ursachen der eben erwähnten nichtperiodischen Veränderlichkeit der Witterung ist uns mehr bekannt als von den Ursachen der früher erwähnten periodischen oder annähernd periodischen Schwankungen. Wir wissen nämlich jetzt, daß die nichtperiodischen Veränderungen der Witterung hauptsächlich von gewissen jeweilig herrschenden Luftströmungen abhängen, daß daher die große Unbeständigkeit des Wetters in Mittel- und Nordeuropa von dem häufigen Wechsel der Luftströmungen abhängt, während die große Stetigkeit des Wetters in der tropischen Passatzone eben der Beständigkeit des Passates zu danken ist. Unter unsern wechselnden Luftströmungen dürfen wir uns aber nicht die schon erwähnten zwei großen Circulationsströmungen (Passat und Antipassat, oder Polar- und Aequatorialströmung) vorstellen, welche im Ganzen und Großen ihre Bahnen jahraus jahrein verfolgen, sondern es sind das Luftströmungen unter und neben jenen zwei Hauptströmungen, gleichsam untergeordnete Grundströmungen, die nur nahe am Boden des Luftmeeres ihr Spiel treiben, uns Menschen aber sehr stark beeinflussen, weil wir gerade innerhalb dieser Bodenströmungen auf der Erdoberfläche hausen.

Diese Luftbewegungen nun hängen hauptsächlich und zunächst von der Vertheilung des Luftdruckes über einem größeren Theile der Erdoberfläche ab. Wie auf diesem Wege meist spiralige oder cyklonenartige Luftströmungen zu Stande kommen, ist bereits im 10. Bande der „Naturkräfte", welcher Wind und Wetter behandelt, durch Prof. Lommel eingehend dargestellt*).

Wir wollen jedoch auch hier in Kürze die Hauptpunkte dieser Theorie und zwar in etwas anderer Darstellungsweise recapituliren, weil der Leser, welcher den Einfluß des Waldes auf das Klima beurtheilen lernen will, vorher wissen muß, von welchen Factoren überhaupt der Gang der Witterung beeinflußt wird, damit er nicht dem Walde Wirkungen zuschreibe, die von ganz anderen Ursachen herrühren.

Die nun schon seit einer Reihe von Jahren bekannte und bestätigt gefundene Beziehung zwischen Luftdruck und Windrichtung wird aus der folgenden kurzen Darstellung ersichtlich sein.

Wenn man sich die Barometerstände, d. h. also die Zahlen, welche die Größe des Luftdruckes ausdrücken, welcher an einer möglichst großen Anzahl von Orten gleichzeitig

*) Hierüber wären auch nachzulesen: Köppen, Ueber die Abhängigkeit des klimatischen Charakters der Winde von ihrem Ursprung. Repertor. f. Meteorologie. Petersburg 1874. — Mohn, Grundzüge der Meteorologie. Berlin 1875. — Weilenmann, Ueber die Luftströmungen, insbesondere die Stürme Europas. Zürich 1876. (Neujahrsblatt der naturforschenden Gesellschaft in Zürich auf das Jahr 1876.) — Hann, Bemerkungen über die Entstehung der Cyklonen (Zeitschrift der österr. Gesellschaft f. Meteorologie, 12. Band, 1877).

geherrscht hat, in Karten einträgt und dann die Punkte aufsucht, wo ein hoher und wo ein niederer Druck stattfand, zeigt sich, daß die höheren und die niedrigeren Zahlen nicht unregelmäßig durch einander auf der Karte verstreut sind, sondern sich in bestimmten Gruppen und Zonen folgender Art zusammenhalten.

Der häufigst vorkommende Stand ist der, daß die niedrigsten Barometerstände auf einem größeren oder kleineren Fleck des Festlandes oder des Meeres nahe an einander liegen;

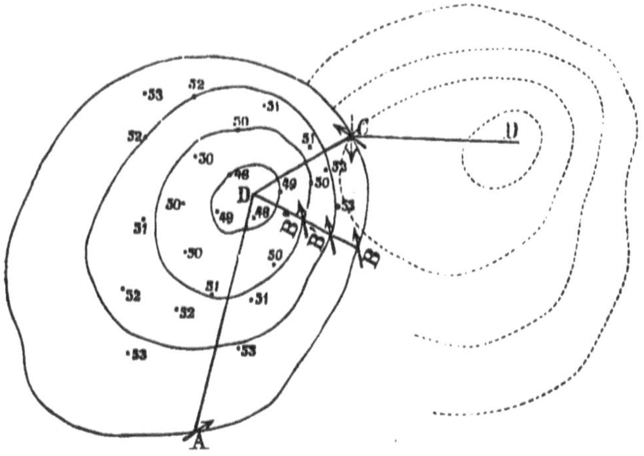

Fig. 2.

man nennt die Gegend dieser tiefsten Barometerstände das Depressionscentrum. Um diese Stelle herum liegen dann meist die höheren Barometerstände stufenweise in mehr oder minder deutlich concentrischen oder parallelen Zonen herum, bis in größerer Entfernung vom Centrum die Regelmäßigkeit weniger deutlich wird. Verbindet man die Punkte, welche beiläufig den gleichen Barometerstand zu gleicher Zeit haben, durch Linien — man nennt dieselben Isobaren oder Linien gleichen Luftdruckes —, so erscheint diese gesetzmäßige Vertheilung auf der Karte sehr deutlich. Figur 2 versinnlicht dieses. Bei D ist das Depressionscentrnm mit einem Barometerstande von circa 748 mm, und die um dasselbe laufenden Linien sind die Isobaren von 751, 753, 755 mm. Wir bemerken, daß in der Richtung von D nach C hin die Isobaren viel näher an einander liegen als nach den übrigen Seiten hin, d. h. in Worten ausgedrückt, daß der Luftdruck von D gegen C hin schon auf kürzere Distanzen stufenweise höher wird als nach den anderen Richtungen. Der Grad der rascheren oder weniger raschen Zunahme des Luftdruckes vom Centrum nach auswärts wird mit dem Ausdrucke Gradient (Anstieg) bezeichnet. Diese ganze Vertheilung des Luftdruckes oder Lagerung der Isobaren heißt eine cyklonische Anlage. Dieselbe bleibt erfahrungsgemäß selten lange an derselben Stelle, sondern das Depressionscentrum sammt seinem ganzen Gefolge von herumliegenden Isobaren rückt wenigstens in Europa gewöhnlich rascher oder langsamer gegen O, ONO oder NO vor, so daß also das ganze Liniensystem nach einem oder einigen Tagen beispielsweise von D nach D' vorgerückt erscheint, weshalb man die Seite BC, welche beim Vorrücken voran ist, die Stirnseite der Cyklone nennt. Zwischen dieser Anlage und der Windrichtung sowie der Windstärke finden nun folgende gesetzmäßige Beziehungen statt. An jedem Punkte eines Landstriches auf der nördlichen Halbkugel der Erde kommt der Wind aus jener Richtung, welche nahezu senkrecht auf einem Radius steht, der von dem fraglichen Punkte links hin zum Mittelpunkte des Depressionscentrums gezogen wird. Diese Richtung ist insofern nur eine beiläufige, als die Spitze des

Windpfeiles, welche für einen Punkt gilt, nicht genau in der Richtung der Tangente dieses Punktes, sondern etwas mehr nach einwärts gegen das Centrum hin gerichtet ist, und zwar desto mehr, je näher der fragliche Punkt an dem Depressionscentrum liegt. Der physikalische Vorgang, welcher durch diese graphische Darstellung seinen Ausdruck findet, ist kein anderer, als daß die Luft von den Stellen höheren Druckes zu der Stelle des niedrigsten Luftdruckes hin in spiraligen Bahnen, wie sie Fig. 3 darstellt, sich bewegt, um den luftverdünnten Raum auszufüllen, welcher im Depressionscentrum und dessen nächster Nähe sich befindet.

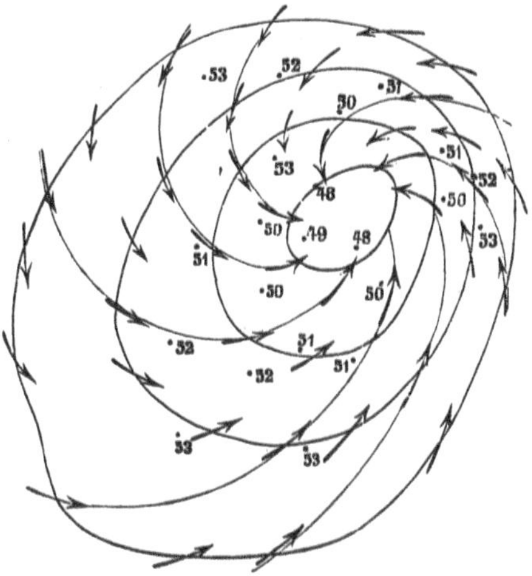

Fig. 3.

Während von der Gestalt der Isobaren sich auf die Richtung des Windes schließen läßt, kann man aus dem Gradienten auf die Stärke des Windes schließen; diese letztere ist nämlich desto größer, je steiler der Gradient, d. h. je näher die Iso=

baren an einander liegen. In unserem Beispiele Fig. 2 ist demnach die größte Windstärke in den Punkten zwischen C und dem Depressionscentrum, also auf der Stirnseite der Cyklone zu erwarten. Aus den spiraligen Bahnen, in welchen die Winde sich dem Depressionscentrum nähern, erklären sich die Witterungsverhältnisse, welche jeder dieser Winde für einen bestimmten Punkt mit sich bringt. Betrachten wir mehrere Punkte an der Stirnseite der Cyklone, z. B. B B' B" in Fig. 2, so sehen wir, daß an diesen Punkten südliche Winde wehen, welche jedoch eigentlich aus SW oder W sich ursprünglich in Bewegung gesetzt haben; und da nun im Süden und Südwesten Europas das Meer liegt, welches der Luft größere Feuchtigkeit verleiht und dieselbe zugleich im Sommer kühler, im Winter wärmer macht, als es über dem Festlande der Fall wäre, so erklärt sich die große Feuchtigkeit und die eigenthümliche Temperatur der Südwinde, welche an der Stirnseite einer Cyklone auf ihrem Wege durch Mitteleuropa wehen. Da solche Winde selbstverständlich mehr als die trockenen zur Erzeugung von Niederschlägen geneigt sind, und zwar um so mehr, als sie aus südlicher gelegenen, also wärmeren Gegenden in nördlicher gelegene also kältere Gegenden kommen, folgt von selbst, daß an der Stirnseite einer Cyklone häufig starke Niederschläge zu erwarten sind. Das Umgekehrte findet an der entgegengesetzten Seite einer Cyklone statt; da wehen nämlich vorwiegend nördliche Winde, welche eigentlich auf krummem Wege aus Osten kommen, daher trockener sind, und im Sommer Heiterkeit und folglich auch bei dem hohen Sonnenstande Erwärmung, im Winter ebenfalls Heiterkeit, aber bei dem unwirksamen niedrigen Stande der Sonne und bei den langen Nächten große Kälte im Gefolge haben. Man hat früher diesen Gang der Luftströmungen um ein Depressionscentrum herum nur in solchen Fällen deutlich erkannt, wo die Depression sehr tief und der Gradient sehr steil war, so daß heftige und rasch vorwärtsschreitende Stürme daraus hervorgingen, die man eben **Wirbelstürme** oder **Cyklonen** (in China Teifune) nannte. Gegenwärtig hat man jedoch erkannt, daß überhaupt die Vertheilung der Winde nach dem gleichen Gesetze erfolgt, nur desto weniger ausgesprochen, je geringer die Unterschiede im Luftdrucke sind, und es beruht auf dieser Erkenntniß die in mehreren Staaten bereits üblich gewordene Voranzeige der Witterung (Witterungsprognose). Uebrigens kann nicht allein das Vorhandensein eines entschiedenen Depressionscentrums, sondern auch das Vorhandensein einer Centralstelle des größten Luftdruckes, eines sog. Maximums, den Gang der Luftströmungen und folglich der Witterung in der Umgebung bestimmen. Sei in Fig. 4 M die Gegend eines solchen Maximums, so strömt

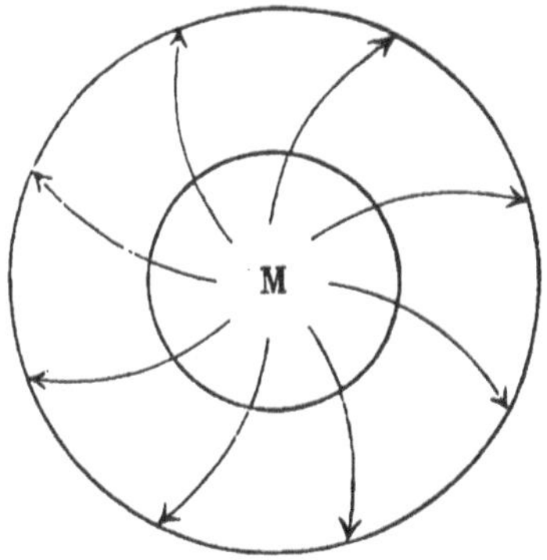

Fig. 4.

aus derselben die dort gleichsam bergartig angehäufte Luft nach den umliegenden Gegenden des geringeren Druckes, also gleichsam in die Thalgegend, ebenfalls in spiraligen Bahnen hinunter; jedoch pflegt sich diese Wirkung eines Maximums nicht so weit zu erstrecken als jene eines Depressionscentrums, und man hat ein entschiedenes Fortschreiten des Maximums nicht so wie beim Depressionscentrum bemerkt. Fragen wir um die letzten Ursachen, aus welchen die Maxima oder Minima, von denen alles Weitere abhängt, hervorgehen, so muß zugegeben werden, daß man über diese letzten Ursachen noch nicht völlig im Klaren ist. Jedenfalls trägt große Wärme, durch welche die Luft verdünnter wird, zur Bildung eines Minimums oder Depressionscentrums — und große Kälte, durch welche die Luft verdichtet wird, zur Bildung eines Maximums bei. Für unseren gegenwärtigen Zweck ist es aber genügend, constatirt zu haben, daß der wechselnde Stand unserer Witterung in Europa von den eben geschilderten Verhältnissen regiert wird und daß unsere unstäte und nach Jahrgängen sehr wechselnde Witterung von dem bald reichlicheren, bald spärlicheren Auftreten mehr oder minder entschiedener Cyklonen abhängt.

Es ist begreiflich, daß der Gang dieser mehr oder minder ausgesprochenen Cyklonen einen großen Einfluß auf die Witterung jener Gegenden üben muß, in welchen solche häufiger auftreten, und daß hiedurch die Vertheilung der Niederschläge, wie sie eigentlich nach der Zonenlage normal eintreten sollte, vielfach durchkreuzt und abgeändert wird. So kommt es, daß Gegenden, welche in der Zone der Sommerregen liegen, in manchen Jahren die größte Menge von Niederschlägen doch nicht im Sommer, sondern zu einer andern Jahreszeit erhalten und daß überhaupt Mittel- und Nordeuropa, welche sehr unter dem Einflusse häufiger Cyklonen stehen, eine sehr unstäte und nach Jahrgängen wechselnde Witterung haben. Wenn nun, was erfahrungsgemäß öfter geschieht, einige Jahre hinter einander eine größere Anzahl stark entwickelter Cyklonen mit mächtigen

Niederschlägen, oder umgekehrt auffallend wenige Cyklonen bringen, entsteht im ersteren Falle der Schein, als wende sich das Klima überhaupt zur größeren Feuchtigkeit, und im zweiten Falle meint das uneingeweihte Publikum alsbald, das Klima sei nun auf dem Wege, immer trockener zu werden. Ueberblickt man aber den Gang der Witterung durch ein halbes oder ganzes Jahrhundert, so zeigt sich, daß in den klimatischen Differenzen zwischen den einzelnen Jahren nur weitere oder engere Sprünge nach der einen oder anderen Seite, aber keine Spuren von Periodicität oder Gesetzmäßigkeit liegen.

5. Territoriale Abänderungsursachen (Modificatoren) für das Klima.

So wie nun in der wechselnden Erscheinung der Cyklonen eine sehr bedeutende Abänderung des reinen Zonenklimas nach Jahrgängen, also eine zeitliche Abänderung gelegen ist, gibt es auch in der Natur der verschiedenen Welttheile und Länder noch andere Ursachen, aus denen das Klima örtliche Abänderungen oder Modificationen erleidet; wir wollen diese Ursachen „Modificatoren“ des Klimas nennen. Dieselben haben eine sehr verschiedene Tragweite, indem einige im Stande sind, das Klima großer Welttheile, wenn auch nicht völlig umzuändern, doch wenigstens sehr deutlich zu beeinflussen, während andere ihre Wirkung nur auf kleinere Landstriche oder gar nur auf sehr eng begrenzte Punkte erstrecken. Obwohl man in der Tragweite der Modificatoren unendlich viele Abstufungen unterscheiden könnte, ist es doch im Allgemeinen für die richtige Auffassung der klimatischen Erscheinungen hinreichend, nach den eben angedeuteten Graden der Wirkungsweite drei Abstufungen zu unterscheiden: Modificatoren der ersten, zweiten und dritten Ordnung. Die ersten, welche das

Klima ganzer Welttheile beeinflussen, sind insbesondere: die Größe und Gestalt des Festlandes gegenüber dem umgebenden und mehr oder weniger ins Festland einschneidenden Meere, dann die großen Meeresströmungen, wenn solche die Küsten der Welttheile bespülen.

Je größer ein Welttheil im Verhältnisse zum umgebenden Meere und je weniger gegliedert und eingeschnitten seine Küstengestaltung ist, desto größer und ausgeprägter ist in seinem Inneren ein Centralgebiet großer Trockenheit (hervorgebracht dadurch, daß die vom Meere landeinwärts wehenden feuchten Winde nach und nach ihren Wassergehalt an verschiedenen condensirenden Festlandsobjecten, wie Bergreihen, Wäldern u. s. w., abgesetzt haben) und bedeutendere Extreme in der Temperatur (hervorgebracht durch die größere Seltenheit der Wolkendecke, welche einerseits die Wärmewirkung der Sonne, andererseits die erkältende Wirkung der nächtlichen Ausstrahlung verhindern würde). Das Innere von Asien und von Australien, dann im kleineren Maßstabe das ungarische Tiefland geben Beispiele hiefür. Ein auf diese Art bedingtes Klima wird bekanntlich ein continentales genannt. Unter den Meeresströmungen, welche auf das Klima großer Welttheile Einfluß haben, sind die bekanntesten: die Golfströmung, welche aus dem Gebiete der Antillen in der Richtung gegen den Nordwesten Europas, gegen Irland und Norwegen hinzieht und durch ihr wärmeres Wasser, welches zwischen kälterem fließt, für ganz Westeuropa bis tief in das Innere dieses Welttheils hinein verhältnißmäßig warme und feuchte Luft, in Folge davon reichliche Bewölkung und daher Verminderung der Temperaturextreme mit sich bringt, so daß dieser Theil Europas von den Nachtheilen des continentalen Klimas befreit ist, welches erst im Innern Rußlands und weiterhin in Asien voll entwickelt ist. Eine andere Strömung von entgegen=

gesetzter Wirkung ist die kalte Polarströmung, welche längs der Ostküste von Nordamerika hinfließt und vermöge ihrer niedrigeren Temperatur eine geringe Verdampfung erleidet, weshalb das Klima der östlichen Küstenstriche Nordamerikas trockener und kälter und im Ganzen excessiver ist als das Klima der unter gleicher Breite liegenden Theile von Europa. Eine andere sehr bekannte Meeresströmung ist diejenige, welche an der Westküste von Südamerika aus den kälteren, dem Südpole näher gelegenen Theilen des stillen Oceans nordwärts strömt und den dortigen Küsten, welche sonst ein viel heißeres Klima hätten, eine gedeihliche Kühlung bringt.

Unter den Modificatoren der zweiten Ordnung, welche größere Landstriche beeinflussen, sind hauptsächlich hervorzuheben: die Plastik oder das Gepräge des Bodens (Ebene, Hügelland, Gebirge), die Exposition, dann das Wassernetz eines Landes, endlich die Vegetationsdecke mit Inbegriff des Waldes. Diese vier Bestimmungsstücke können aber auch zu den Modificatoren der dritten Ordnung gehören — nämlich dann, wenn wir sie nicht für ganze große Ländergebiete, sondern für kleine engbegrenzte Oertlichkeiten oder gar einzelne Standorte betrachten. Es kommt dabei eben auf den Standpunkt des Beurtheilers an; denn an und für sich hat eine kleine Gemeinde, eine einzelne Waldparzelle, ja ein einzelnes Acker- oder Gartenbeet ebenso seine specielle Plastik, Exposition, Wasserführung und Vegetationsvertheilung wie ein ganzes Land. Wir können also hier die Modificatoren der zweiten und jeder anderen weiter ins Kleine gehenden Ordnung mit einander betrachten.

Es würde die Grenzen dieses Werkchens überschreiten, wenn wir alle Details der Abänderungen, welche durch diese Factoren am Klima größerer oder kleinerer Landstriche oder Standörtlichkeiten hervorgebracht werden, in das Einzelne verfolgen und eingehend begründen wollten; der Leser muß in dieser Beziehung auf das Studium specieller Werke über physikalische Geographie und Klimatologie verwiesen werden, und hier wollen wir nur die Hauptresultate kurz skizziren.

Eine ausgedehnte Ebene bringt schon dadurch, daß sie eben ist, eine Neigung zu bedeutenden aber nicht sehr rasch wechselnden Extremen der Temperatur (größere Hitze im Sommer und bei Tage, größere Kälte im Winter und bei der Nacht) hervor, befördert dagegen eine größere Gleichförmigkeit in den Feuchtigkeitszuständen der darüber lagernden Luft.

Wellenland und Hügelland bewirkt durch die verschiedene Exposition und Neigung der verschiedenen Hügelseiten gegen die erwärmende Sonne sowie gegen den nächtlich erkältenden Weltraum eine große Abwechselung der gleichzeitig herrschenden Temperaturen, und zwar selbst an nahe gelegenen Punkten; hiedurch wird eine große Häufigkeit kleiner localer Luftströmungen hervorgerufen, welche die Temperatur und den Wassergehalt der verschiedenen neben einander liegenden Terrains mehr ausgleichen. Oftmaliger Wechsel in der Temperatur und in den Feuchtigkeitszuständen der Luft, jedoch immer nur in kleinem Maßstabe, dabei Vermeidung großer Extreme in Feuchtigkeit und Temperatur, gehören zum Charakter des Hügellandes als solchen.

Im Gebirge wird schon dadurch, daß dasselbe seinem Begriffe nach in jene höheren Luftschichten hineinragt, wo an und für sich eine niedrigere Temperatur und dagegen größere Sättigung der Luft mit Wasserdämpfen stattfindet, im Allgemeinen eine Erniedrigung der Temperatur und Vermehrung der Wolkenbedeckung und der Niederschläge bewirkt. Ueberdies bringen die verschiedenen Gestaltungen, wie z. B. frei aufragende Gipfel und Kuppen, andererseits wieder ausgedehnte Plateaux, mehr oder minder ausgedehnte Thalsenkungen u. s. w., specifische Wirkungen innerhalb des Gesammtgebirges hervor. Freie Gipfel verstärken die Wirkung der nächtlichen Ausstrahlung, erhöhen dagegen viel weniger bedeutend die Erwärmung bei Sonnenschein, theils wegen der reichlichen Wolkenbildung, theils wegen der umtreibenden Winde, durch welche die erwärmte Luft rasch wieder weggeführt wird; solche Punkte sind also im Allgemeinen kälter und wolkenreicher, als dieselben Punkte wären, wenn sie sich blos im freien Luftraume ohne feste Substanz befänden. Plateaulagen bringen zwar ebenfalls eine starke Abkühlung durch Ausstrahlung bei Nacht und im Winter, dagegen aber eine wirksamere Erwärmung bei Tag und im Sommer mit sich, als dies bei freien Gipfeln der Fall ist; die Extreme sind daher in solchen Lagen größer, im Ganzen sind diese aber weniger kalt als die Gipfellagen. Schneelager und Gletscher, welche auch den Sommer über dauern, bilden continuirliche Kältequellen nicht nur für die Punkte, auf denen sie liegen, sondern auch für ihre Umgebung. Die Thalsenkungen, in denen sich zur Nacht und im Winter die schwere, gleichsam nach unten abfließende kalte Luft sammelt, haben hiedurch oft bedeutendere und länger dauernde Kälteperioden als die höher liegenden Gehänge und Plateaux, dagegen im Sommer und bei Tage wegen ihrer geringeren Elevation selbstverständlich eine viel bedeutendere Wärme.

Es gibt also in gewisser Beziehung kein bestimmtes Klima des Gebirges als solchen, sondern nur eine Summe verschiedener klimatischer Eigenthümlichkeiten in verschiedenem Grade, welche jedoch im Ganzen das gemeinsam haben, daß im Gebirge die Anzahl der Niederschläge eine größere wird, als wenn an derselben Stelle Flachland oder Hügelland wäre. Je ausgedehnter und massenhafter ein Gebirge ist, desto weiter und entschiedener wirkt es auch auf seine Umgebung, und zwar durch Luftströmungen, welche theils vom Gebirge selbst ausgehen, theils wenigstens durch dasselbe wesentlich abgeändert werden. In erster Beziehung ist es bekannt, daß Luftschichten, welche durch die Wirkung des Gebirges, also insbesondere durch die im Verhältnisse zur freien Luft raschere Abkühlung der kahlen Gesteine, durch die Temperaturerniedrigung beim Verdampfen der reichlichen Niederschläge aus dem Boden oder aus der Vegetation in der verdünnten Atmosphäre der höheren Lagen, durch Schneelager und Gletscher, bedeutend abgekühlt sind, vermöge ihrer größeren Dichtigkeit nach unten abströmen und, obgleich sie nach bekannten Gesetzen beim Abwärtsströmen erwärmt werden, doch immer noch einen Ueberschuß von Kälte auch in die benachbarten Gegenden mitbringen. Solche kalte Bergwinde wehen um so häufiger und entschiedener in das Gebirgsvorland hinab, je mehr über diesem letzteren die Luft durch vorhergegangene Erwärmung verdünnt ist; solche Gegenden erlangen daher durch die Nähe des Gebirges einen öfteren und bedeutenderen Wechsel der Temperatur.

Um den Einfluß des Wassernetzes auf das Klima einer Gegend richtig zu ermessen, muß man zwischen dem Klima der Wasserflächen selbst und demjenigen ihrer Umgebung unterscheiden. Wasser hat eine größere Wärmecapacität als der Festboden, d. h. es bedarf größerer Wärmemengen, um sich zu erwärmen, als der Festboden, erwärmt sich also z. B. bei gleicher Besonnung bedeutend weniger als gleichzeitig in derselben Lage der Festboden; ebenso aber geht es mit der Abkühlung, die gleichfalls im Wasser langsamer fortschreitet als im Festboden. Es folgt daraus, daß am Tage und in der Sommerhälfte des Jahres oder überhaupt während der Zeit, wo von außen Wärmewirkungen auf das Wasser geübt werden, sich die Wasserausbreitungen, seien sie nun fließend oder stehend, langsamer und nie so hoch erwärmen wie gleichzeitig der Festboden, und daß sie ebenso während der Zeit, wo Kältewirkungen von außen auf das Wasser geübt werden, also bei nächtlicher Ausstrahlung und im Winter, langsamer und weniger erkalten. Die Luft, welche unmittelbar über Wasserflächen lagert, wird also im Sommer kühler und, so lange das Wasser noch einen Rest der Sommerwärme bewahrt, während das Festland schon gänzlich erkaltet ist, auch innerhalb der kalten Zeit etwas wärmer sein als die unmittelbar über dem nackten Festboden liegende Luft; ist das Wasser einmal gefroren, dann hört allerdings dieser Unterschied auf. Außer diesen Eigenthümlichkeiten der Temperatur bringt die Oberfläche des Wassers auch noch eine Veränderung der Luft insofern hervor, als aus jener fortwährend je nach der höheren oder niedrigeren Temperatur mehr oder weniger Wasser verdampft und dadurch in die Atmosphäre zurückkehrt; ein Proceß, der selbst bei gefrorenen Wasserflächen, wenn auch im geringeren Maße, fortdauert. Die Haupteigenthümlichkeit der Luft über dem Wasser läßt sich also dahin zusammenfassen: daß diese eine gleichmäßigere Temperatur und einen größeren Wassergehalt besitzt.

Fragen wir nun um die Wirkung, welche durch Wasserflächen auf ihre nähere und entferntere Umgebung hervorgebracht wird, so müssen wir auch hier wieder festhalten, daß eine solche Wirkung nur durch Luftströmungen ausgeübt werden kann, welche entweder vom Wasser ausgehend in die Nachbarschaft wehen oder welche vom Festlande her über das Wasser streichend durch dasselbe verändert werden. Die Wasserwinde der ersten Art bringen selbstverständlich ihre Eigenthümlichkeiten, die wir oben angedeutet haben, vom Wasser her in jene Gegenden, in welche sie kommen, also zunächst in die Ufergegenden, bewirken also, daß daselbst die Luft gleichmäßiger temperirt, insbesondere im Sommer durchschnittlich weniger heiß, dagegen feuchter ist, als wenn an

Stelle der Wasserfläche Festland wäre. Es gehen aber von Wasserflächen, wenn sie nur einigermaßen bedeutend sind, bestimmte regelmäßige Circulationsströmungen aus, durch welche das benachbarte Festland beeinflußt wird. Diese Strömungen sind verschieden nach den Tages- und Jahreszeiten, und man muß diese Unterscheidung nothwendiger Weise machen, um die Rolle der Wasserflächen gegenüber dem

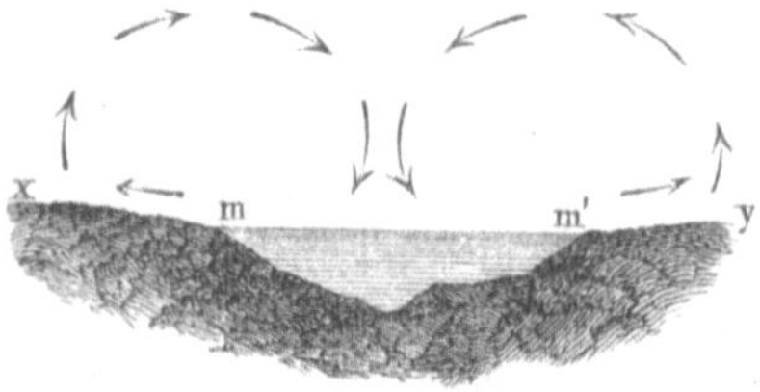

Fig. 5.

Festlande richtig zu ermessen. Figur 5 stellt dar, wie sich die Luft über der Wasserfläche mm' gegenüber den anliegenden Ufern mx, m'y zu jenen Zeiten verhält, wo erwärmende Wirkungen von oben her auf Wasser und Land stattfinden, also insbesondere bei Sonnenschein und vorwiegend während der Sommerhälfte des Jahres; wir wollen der Kürze wegen diese Zeiten als die „Erwärmungszeiten" bezeichnen und die entgegengesetzten, also insbesondere die Nacht- und die Winterszeiten, „Erkältungszeiten" nennen. Während der Erwärmungszeit bleibt, wie schon oben gesagt, die Temperatur der Wasserfläche hinter jener des umgebenden Festlandes zurück, die Wasserluft ist also kühler und folglich auch dichter oder schwerer als die über dem umgebenden Lande befindliche, welche in Folge der größeren Erwärmung sich verdünnt und aufsteigt, wie die über mx und m'y sich nach aufwärts krümmenden Pfeile andeuten.

In den hiedurch entstandenen luftverdünnten Raum dringt nun die dichtere, kältere Luft vom Wasser her ein, wie die beiden horizontal liegenden Pfeile andeuten; es entsteht also ein Wasserwind gegen das Land hin, welcher seine niedrigere Temperatur und größere Feuchtigkeit ins Land bringt. Die vom Lande aufgestiegene Luft verdichtet sich, wenn sie in größere Höhen gekommen ist, durch die dort herrschende

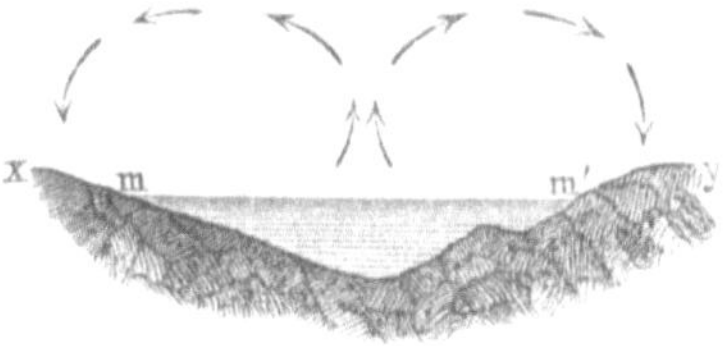

Fig. 6.

niedere Temperatur und sinkt, wenn sie nicht durch eine allgemeine Luftbewegung, wie sie allerdings sehr häufig herrscht, irgendwohin weitergeführt wird, wieder gegen das Wasser hinunter, um jene Luft zu ersetzen, welche vom Wasser gegen das Land hin geflossen war. Hiedurch schließt sich die locale Luftcirculation zwischen einer Wasserfläche und dem umgebenden Festlande während der Erwärmungszeiten.

Zu den Erkältungszeiten kehrt sich die Circulation um, wie Figur 6 zeigt; denn das umgebende Land erkaltet rascher und bedeutender als die Wasserfläche, die noch durch längere Zeit einen Vorrath der zur warmen Zeit erhaltenen höheren Temperatur behält; dadurch wird ein Drängen der kälteren Festlandsluft nach der wärmeren Wasserluft hin bewirkt, folglich über der Wasserfläche eine größere Abkühlung und geringere Feuchtigkeit erzeugt, als sonst an und für sich über dem Wasser herrschen würde. Ist aber endlich das Wasser so weit abgekühlt wir das Festland, was nur bei nicht allzutiefen Gewässern und insbesondere bei solchen, welche gefrieren, der Fall ist, so hört der Unterschied in den Temperaturen und folglich die Circulation auf. Die vom Wasser ausgehenden Luftströmungen haben also auf ihre Umgebung den Einfluß, daß sie die Extreme der Wärme und Kälte mehr ausgleichen, jedoch mehr auf die Abkühlung im Sommer als auf die Erwärmung im Winter wirken, so daß daher im Ganzen die Jahrestemperatur einigermaßen erniedrigt wird.

Betrachten wir nun jene Veränderungen, welche durch Wasserflächen an solchen Winden hervorgebracht werden, die auf ihrer von außen her bestimmten Bahn und unabhängig von der localen Circulationsströmung, wie wir sie eben skizzirt haben, über Wasserflächen geführt werden. Hier machen nicht nur die Erwärmungs- und Erkältungszeiten, sondern auch die Temperatur und der Feuchtigkeitsgehalt, welche solchen Luftströmungen schon vor ihrem Eintreffen am Gewässer eigen sind, einen bedeutenden Unterschied. Nehmen wir vorerst die Erwärmungszeiten, also insbesondere das Sommerhalbjahr, an. Kommt zu dieser Zeit eine warme und trockene Luftströmung am Wasser an, so nimmt sie daselbst Wasserdampf auf und wird kühler, und wenn sie jenseits des Wassers angekommen ist, erscheint sie mit geringerer Wärme und Trockenheit, als sie ursprünglich besaß. Wenn zur selben Zeit eine kalte und zugleich trockene Luftströmnng über dasselbe Wasser wehte, würde sie weniger Dampf aufnehmen und auch eine geringere Veränderung ihrer Temperatur erleiden, also nahezu unverändert bleiben. Wenn ferner, ebenfalls noch zur Erwärmungszeit, eine warme und zugleich feuchte Luftströmung ans Wasser gelangt, so wird sie, wenn sie nicht schon vorher mit Wasser vollständig gesättigt war, vermöge ihrer höheren Temperatur ihre unteren Schichten mit Wasserdampf sättigen, daher jenseits des Wassers noch feuchter ankommen, als sie vorher war; hatte sie jedoch schon beim Ankommen an der Wasserfläche ihren Sättigungspunkt erreicht, so wird sie bei der Berührung mit den kälteren Wasserschichten einen Theil ihres Wassergehaltes condensiren zu Nebel oder localem Regen. Eine kalte und zugleich feuchte Luftströmung wird auf ihrem Wege über die Wasserfläche fast gar nicht verändert, da sie weder Dampf aus dem Wasser aufnehmen wird, noch auch einen Anlaß zur Condensation findet. Während der Erwärmungszeiten werden also im Ganzen genommen nur die trockenen und zugleich warmen Luftströmungen durch das Ueberwehen von Wasserflächen wesentlich verändert; diese Strömungen sind es nämlich allein, welche dem Wasser größere Mengen von Dampf entführen und diese über Gegenden bringen, die sonst von trockener Luft bestrichen worden wären.

Betrachten wir nun die Vorgänge während der Erkaltungszeiten. Zu den trockenen Luftströmungen, seien sie kälter oder wärmer, verhält sich die Wasserfläche ähnlich wie im Sommer, nämlich sie bereichert dieselben an Wasserdampf, selbstverständlich die warmen mehr als die kalten. Feuchte Winde werden insbesondere dann, wenn die Wasserfläche schon gefroren ist, beim Zusammentreffen mit der Eisdecke der Condensation näher gebracht oder auch zu Niederschlägen veranlaßt, und zwar die warmen mehr als die kalten; im Ganzen kommen sie am jenseitigen Ufer nur weniger verändert an, als dies zu den Erwärmungszeiten der Fall wäre. Wasserflächen wirken also regulirend oder ausgleichend auf den Wassergehalt der Luftströmungen, insofern sie den trockenen Winden zu jeder Jahreszeit mehr Feuchtigkeit verleihen, während die feuchten nur unbedeutend verändert werden. Wie weit in die Höhe und wie weit in horizontaler Richtung diese Wirkung der Gewässer auf das Klima der

Nachbarschaft reicht, ist nicht genau ziffermäßig festgestellt; aber so viel ist gewiß, daß ein einzelner Bach, ein mäßig breiter Fluß, ja selbst ein ziemlich großer Landsee nur einem Uferstreifen von einigen Metern bis zu höchstens einem oder einigen wenigen Kilometern die größere sommerliche Kühlung und Feuchtigkeit und die geringeren Extreme des Wasserklimas verleiht. Erst dann, wenn ein ausgedehntes und enges Netz von Bächen, Flüssen, Kanälen, Seen, Meeresarmen ein Land durchzieht, wird die Gesammtwirkung eine ausgedehntere und bedeutendere. In diesem Falle werden nicht nur unmittelbar an den Ufern, sondern auch in dem betreffenden Lande überhaupt häufiger Nebel bei jeder ruhigen Abkühlung (insbesondere zwischen Abend und Morgen) entstehen, es werden beim Eintreffen von schon ziemlich feuchten Winden die Wasserdämpfe derselben theils noch vermehrt, theils leichter zur Condensation gebracht werden als in sonst gleichgelegenen wasserarmen Gegenden, über denen oft Niederschläge entstehen, die schon während des Herabfallens noch in der Luft wieder verdampfen, bevor sie den Boden erreicht haben. Fallen nämlich Regentropfen durch die über wasserreichen Gegenden befindlichen sehr feuchten Luftschichten, so nehmen die ersteren an Größe oder Gewicht mehr zu, als wenn sie durch minder feuchte Schichten fallen; denn die an der Oberfläche jedes Tropfens stattfindende Erkaltung, hervorgebracht durch die Verdampfung während des Fallens, bewirkt bei der Berührung mit schon stark feuchter, der Sättigung naher Luft eine Ablagerung von Wasser aus dieser Luft an die Oberfläche der Tropfen, und diese Anlagerung wird leicht größer als der Verlust, den durch die vorangegangene Verdampfung der Tropfen erlitten hat. Es kommt also bei solchem Fallen durch sehr feuchte Luftschichten an tieferen, dem Boden näheren Stellen, oder am Boden selbst, eine größere Menge Regenwasser an als an höheren Stellen über demselben Punkte.

Es werden ferner durch die vielen Nebel und häufigen Wolkendecken die Temperaturextreme einer solchen Gegend geringer werden, die Sommer werden im Allgemeinen kühler sein, die Spät- und Frühfröste werden aus demselben Grunde seltener, die Jahrestemperaturen im Ganzen etwas niedriger sein, und die von weiter her ankommenden Winde werden aus solchen Landstrichen Wasserdampf mitnehmen und in entferntere Gegenden tragen, wo sie dann, vermehrt durch noch andere hinzukommende, oder abgekühlt durch die dort herrschende niedrigere Temperatur, zur Erzeugung von reichlicheren Niederschlägen beitragen können. Solche Länder sind beispielsweise England, Holland, Belgien, ein Theil von Frankreich; es ist übrigens unmöglich, den Antheil festzustellen, welchen speciell das Süßwassernetz auf das Klima dieser Länder ausübt, weil überdies die benachbarte Nordsee einen sehr bedeutenden Einfluß in demselben Sinne ausübt. Als Beispiel für die Fernwirkung von Wasserausbreitungen können etwa folgende bekanntere dienen: der atlantische Ocean mit der Nordsee wirkt im mittleren und nördlichen Europa noch sehr deutlich bis in die Mitte von Deutschland und Oesterreich und noch wenigstens einigermaßen nachweisbar bis gegen Rußland hin; das schmale adriatische Meer hat nicht genug Einfluß, um den steilen Küsten im Osten ein entschieden maritimes Klima aufzuprägen; nur die Inseln und die flacheren italienischen Ufer nehmen daran theil; selbst das Mittelmeer hat nur einen schmalen Küstensaum mit entschieden maritimem Klima; die vielen Meereseinschnitte der Nordküste von Amerika genügen, um die kälteste Region dieses Welttheils mehr in das Innere von Nordamerika zu rücken, u. s. w.

6. Einfluß der Vegetationsflächen überhaupt und der bodenständigen Vegetation insbesondere auf das Klima.

Um den Einfluß der Vegetation auf die Veränderung des Klimas zu verstehen, muß man die folgenden Gesichtspunkte festhalten. Die Pflanzen beschatten und beschirmen, je nachdem sie mehr oder weniger dicht stehen, den Boden mehr oder weniger, sie lassen also den Boden weder bei der Besonnung so heiß, noch bei der nächtlichen oder winterlichen Ausstrahlung so kalt werden, als wenn die Pflanzendecke nicht vorhanden wäre; und da, wie bekannt, die Atmosphäre ihre Temperatur hauptsächlich vom Boden erhält, wird schon durch die beschirmende Wirkung allein eine Verminderung der Temperaturextreme bewirkt. Natürlich kann diese Wirkung deutlich werden nur bei einer möglichst geschlossenen und dichten Vegetation, also bei Wiesenflächen, dichtem Gebüsch und geschlossenem Walde. Ueber diesen Gegenstand liegen neuere interessante Versuche von Prof. Wollny*) in München vor.

Vorerst suchte er zu ermitteln, inwiefern die Beschattung durch eine Vegetationsdecke anders wirke als die Beschattung durch sonstige nicht vegetirende Bedeckungsmittel. Er beschattete also gleichgroße Flächen auf gleichem Boden einmal durch angebauten Bokharaklee, das anderemal durch Holzlatten mit 1,5 cm weiten Zwischenräumen, wodurch eine ähnliche Beschattung wie durch den Klee hervorgebracht, die Aufnahme des Regens in den Boden aber nicht abgehalten wurde, da jede Latte dachförmig gestaltet war. Der Versuch wurde in der warmen Jahreszeit, vom 30. Mai bis

*) Der Einfluß der Pflanzendecke und Beschattung auf die physikalischen Eigenschaften und die Fruchtbarkeit des Bodens. Von Dr. E. Wollny, Prof. der Landwirthschaft. Berlin 1877.

15. Juli, vorgenommen, und sowohl die Kleefläche als die mit Latten beschirmte Fläche wurden ihrer Temperatur nach mit daneben liegenden unbeschatteten kahlen Bodenflächen verglichen. Das Resultat war:

Mittlere Temperatur des Bodens in ° C.		Mithin der beschattete Boden kälter als der kahle um
unter dem Klee	17,74°	4,4 ° C.
auf der kahlen Vergleichsfläche	22,14	
unter den Latten	18,94	3,98° C.
auf der kahlen Vergleichsfläche	22,92	

Der Klee hatte also um 4,40 — 3,98 = 0,42 oder rund um etwa ½ ° C. mehr abkühlend auf den Boden gewirkt als die Latten.

Weitere Versuche, wobei ebenfalls im Sommer eine Grasfläche und unbeschatteter Boden mit einander verglichen wurden, gaben folgendes Durchschnittsresultat:

Temperatur in ° C.

Durch Gras beschatteter Boden:		Unbeschatteter Boden:	
Oberfläche	In 10 cm Tiefe	Oberfläche	In 10 cm Tiefe
18,29	18,09	20,34	19,73
Unterschied: 0,2		Unterschied: 0,61	

Die Grasbeschattung bewirkte also, daß durchschnittlich sowohl die Oberfläche als die tiefere Schichte von 10 cm kühler war als bei unbeschattetem Boden und daß der Temperaturunterschied zwischen Oberfläche und tieferer Schichte bei der Grasfläche bedeutend kleiner war als bei den andern.

Das Eingehen in die Details dieser Versuche zeigte: daß, wenn nach andauernd warmer Witterung die Lufttemperatur plötzlich sinkt, der begraste Boden länger warm bleibt oder langsamer und weniger abkühlt als der unbedeckte. Auch ergab sich, daß die kühlende Wirkung der

Grasnarbe auf den Boden gerade zur Zeit der höchsten Tagestemperatur am auffallendsten war und daß umgekehrt in den kältesten Stunden der beschattete Boden meist weniger abgekühlt war als der nackte, daß also die Vegetationsdecke auf Verminderung des raschen Wechsels und der Extreme der Bodentemperatur wirkte.

Um endlich das Verhalten zu allen Jahreszeiten zu ersehen, wurden 1½ Jahre lang Versuche fortgesetzt, welche ergaben:

Jahreszeit:		Temperatur in °C. Begraster Boden:	Kahler Boden:
October — December	1873	4,67	4,32
Januar — März	1874	0,58	0,57
April — Juni	„	13,04	13,21
Juli — September	„	17,90	18,83
October — December	„	4,73	4,45
Januar — März	1875	0,95	0,90

Der beschattete Boden war also im Winter wärmer, im Sommer kälter als der kahle. Bei diesen Versuchen ersieht man allerdings nicht, wie viel von der Wirkung auf die Beschattung allein und wie viel auf die Wasserbewegung und Verdampfung bei der vertirenden Grasfläche zu rechnen sei.

Die Beschirmung hat auch zweitens die weitere Folge, daß die in den obersten Bodenschichten über dem Wurzelgeflecht enthaltene Feuchtigkeit bei Sonnenschein weniger rasch verdampft; diese Wirkung wird jedoch gewöhnlich bedeutend überschätzt, indem man übersieht, daß die Pflanzen ihre Beschirmung nicht spenden können, ohne zugleich durch ihre Wurzeln dem Boden das zur Vegetation nothwendige Wasser zu entziehen; und da dieser Wasserbedarf nicht selten weit größer ist als die Ersparniß an Verdampfung aus der alleroberſten

Erdschichte, kommt es häufig vor, daß der durch Pflanzen beschattete Boden rascher in größere Tiefen austrocknet als der freiliegende. So z. B. beobachtet man in den regenarmen Gegenden Ungarns nicht selten, daß jene Maisfelder, wo die Pflanzen in dichtem Schlusse stehen, weit eher die Wirkung der Dürre erkennen lassen als jene, auf denen die Pflanzen so weit aus einander stehen, daß zwischen ihnen die Sonne den Boden bescheinen kann. Die Ursache ist, daß das dichte Wurzelgeflecht der ganz nahe an einander gedrängten Pflanzen dem Boden selbst bis in größeren Tiefen, wohin die Wurzeln noch reichen, ja wegen des capillaren Aufsteigens auch noch aus größeren Tiefen rasch das Wasser entzieht, während zwischen den entfernter stehenden Pflanzen unter der obersten Bodenkruste, die allerdings rasch ausdorrt, in tieferen Schichten sich noch feuchtere Stellen erhalten, aus denen die Wurzeln bei ihrem weiteren Vordringen wieder Wasser einsaugen können.

Auch über diesen Gegenstand hat Wollny Versuche angestellt. Es wurden verschiedene Blatt- und Graspflanzen (wie Erbsen, Kartoffeln, Rüben, Mais, Buchweizen, dann Klee, Raps, Gerste, Lein) auf gleich großen Flächen theils dicht, theils dünn gebaut und gezogen, und es ergab sich, übereinstimmend mit der soeben aus dem Maisbau in Ungarn geschöpften Erfahrung, daß der Boden absolut um so mehr an Wasser erschöpft wird, je dichter die Pflanzen stehen, daß aber diese Wassererschöpfung des Bodens nicht proportional der Dichte des Pflanzenstandes sei, d. h. daß z. B. bei doppelt so dichtem Stande der Pflanzen nicht auch die doppelte, bei dreifach so dichtem Stande nicht die dreifache Wassermenge u. s. f. dem Boden entzogen werde.

Die Tabellen, welche dieses zeigen, sind folgende:

Pflanzenarten und Datum der Beobachtung	Wassergehalt des Bodens in Procenten	
	bei dichtem Stande	bei dünnem Stande
Bokharaklee.		
10. Juli 1874	15,47	18,90
27. „	27,20	27,38
2. September	18,45	21,12
18. „	27,72	29,21
Raps.		
2 September	18,77	21,11
18. „	22,92	26,63
Incarnatklee.		
2. September	20,28	24,23
18. „	27,76	31,53
Gerste.		
2. September	21,21	22,09
18. „	27,55	28,60
Luzerne.		
17. Juni 1875	10,30	11,06
Lein.		
16. Juli 1876	8,98	9,53

Drittens: da das Vegetiren der Landpflanzen mit einer stetigen Aufnahme von Wasser und im Wasser aufgelösten Nahrungsstoffen aus dem Boden, dann mit der Weiterleitung der Säfte bis in die Blätter und der schließlichen Ausscheidung eines Theiles des Vegetationswassers aus den Blättern verbunden ist, da also die frische Pflanze, ob klein oder groß, immer reich an Wasser ist, so stellt jede einzelne Pflanze, und noch mehr eine dichte Vegetationsdecke, gleichsam eine Mittelform zwischen Festboden und Wasser dar; es verhält sich daher eine vegetirende Fläche annähernd wie eine Wasserfläche. Vermöge ihres Wassergehaltes nehmen die Pflanzen, ähnlich wie Wasser, die Wärme langsamer auf, verlieren aber die einmal aufgenommene Wärme auch wieder langsamer als die meisten Bodenarten. Da auch die festen Gewebstheile der Pflanzen schlechte Wärmeleiter sind, wird dieses Verhalten durch dieselben nicht alterirt.

Viertens: die Aehnlichkeit von Vegetationsflächen mit Wasserflächen besteht nicht allein in dem reichlichen Wassergehalte, der sich zwischen den festen Bestandtheilen jeder frischen Pflanze befindet, sondern auch in der reichlichen Transspiration dieses Wassers aus den Zellen, ferner in der reichlichen Wiederverdampfung der Niederschläge von den Blattflächen weg.

Erst durch die genaue Betrachtung dieser Functionen wird die Rolle der Vegetation für das Klima noch klarer, weshalb wir hier näher darauf eingehen müssen.

Der Gang des Wassers und der dasselbe begleitenden Pflanzennährstoffe durch ein frisch vegetirendes Gewächs, sei es nun holzig oder krautartig oder Gras, ist kurz zusammengefaßt folgender. Die Vegetation unserer Breiten hat jährlich zwei verschiedene Phasen: eine active, die sogenannte Vegetationsperiode, und eine passive — die Ruhezeit. Die erstere nun beruht darauf, daß das durch die Wurzeln eingetretene, mit aufgelösten Nährstoffen versehene Bodenwasser durch die über einander stehenden Pflanzenzellen bis in die Blätter wandert, wo ein übriggebliebener Theil des Wassers wieder transspirirt, nachdem unterwegs die mitgeführten Nährstoffe abgesetzt, gewisse Antheile des Wassers als solches von den Zellen festgehalten und andere Theile zur Bildung der festen, halbfesten und flüssigen Bestandtheile des Pflanzenleibes, also der Holzfaser, des Chlorophylls, Stärkemehles, der Proteïnsubstanzen u. s. w., verwendet wurden*).

*) Verfolgen wir mehr im Detail den Gang dieser Saftwanderung vom Beginn ihres Eintrittes im Frühjahr, so geschieht das am zweckmäßigsten an einer ausdauernden (holzbildenden) Pflanze, da diese am meisten entwickelten Pflanzen den ganzen Vegetationsproceß in der weitesten Entfaltung zeigen, und niedrigere Pflanzen der Hauptsache nach den gleichen Gang einhalten, nur daß oft mehrere Stufen zusammengezogen sind, oder anstatt mehrerer getrennter Organe nur ein einziges für mehrere Functionen vorhanden ist. Wir betrachten also hier hauptsächlich Dikotyledonen-Bäume.

Jedermann ist bekannt, daß unsere deutschen Laubhölzer im Laufe des Jahres zwei Perioden erkennen lassen; in der einen sind sie belaubt und in der anderen blattlos. Sowohl in dem einen, wie in dem anderen Zustande sind sie beständigen Wasserverlusten ausgesetzt, was sehr natürlich ist, da sie ja zum größten Theile aus Wasser bestehen. Der Wassergehalt der meisten Pflanzen übersteigt 60%, und er kann bis 96% des Lebendgewichtes steigen. Außerdem haben die Pflanzen im Gegensatze zu den Thieren eine sehr große äußere Oberflächenentwicklung, welche den Wasserverlust bedeutend steigern muß. Es wäre daher schon von vorneherein zu gewärtigen, daß die Pflanze beständig Wasserdampf exhalirt. Die ausgehauchten Wassermengen aber sind je nach dem Zustande der Pflanze, ob belaubt oder kahl, außerordentlich verschieden, und während dieselbe im Winter im Freien, wo die Pflanze fast beständig äußerlich befeuchtet oder gefroren ist, nur sehr gering sein kann, übersteigt sie im Sommer, bei voller Belaubung und günstigen äußeren Verhältnissen, schon nach kurzer Zeit das Gewicht der Pflanze selbst.

Nichtsdestoweniger sehen wir, daß die Pflanze dabei nicht vertrocknet, und lehrt auch die directe Wassergehaltsbestimmung, daß die Wassermenge der lebhaft transspirirenden Pflanze nie unter ein gewisses Minimum, von etwa 50—60% des Lebendgewichtes, fällt. Es muß daher das verlorene Wasser von unten her beständig wieder

Wie die Abdunstung von einer freien Wasserfläche hängt auch die Transspiration hauptsächlich von der Temperatur

---

ersetzt werden. Die Frage aber, wie dieser beständige Ersatz geschieht, erfordert eine eingehende Erörterung.

Man kann die höheren Pflanzen nach der Art der Thätigkeit ihrer Wurzeln in zwei Gruppen eintheilen: in solche, welche eine sog. Wurzelkraft (Wurzeldruck) aufweisen, und solche, wo diese fehlt. Bei den ersteren wird durch die Wurzeln beständig, so lange dieselben überhaupt thätig sind, und je höher die Temperatur bis zu einem bestimmten Optimum steigt, desto mehr, Wasser mit großer Kraft aufgenommen und den Stamm hinauf gepreßt. Der Druck, unter welchem dieses geschieht, kann bis zu zwei Atmosphären und darüber steigen. Schneidet man z. B. eine Maispflanze, einen Weinstock oder eine Hainbuche, Birke &c. dicht über dem Boden ab und setzt auf den Stumpf eine entsprechende Glasröhre, so bemerkt man, wie nach kurzer Zeit aus dem Stumpfe Flüssigkeit austritt und allmälig das ganze Rohr erfüllt; bei dem Weinstocke und der Birke kann diese Flüssigkeit bis 50 und mehr Fuß Höhe steigen, sie wird daher unter eben diesem Drucke von den Wurzeln aus in den Stamm gepreßt. Es ist zwar klar, daß diese Flüssigkeitsmengen bei der Transspiration verbraucht werden *können*; es wäre aber — da die Menge des von den Wurzeln (bei den in Rede stehenden Pflanzen) in den Stamm gepreßten Wassers von ganz anderen Factoren abhängig ist als die Transspiration — ein reiner Zufall, wenn jene Mengen gerade das Wasserbedürfniß der Pflanzen decken würden, und ist vielmehr schon von vorneherein sicher, daß der Wurzeldruck bald zu viel, bald zu wenig Wasser in die Pflanze schaffen wird. Im ersteren Falle wird die überschüssige Flüssigkeit z. B. während der Nacht, wo die Pflanze weniger Wasser verbraucht, in Form von klaren Tropfen an bestimmten Stellen der Pflanze (Wasserspalten) ausgeschieden. Im zweiten Falle reicht das Wurzeldruckwasser nicht aus, um die Transspirationsverluste zu decken, und müssen andere Kräfte ins Spiel treten, um die Pflanze vor dem Welken und dem Tode zu retten.

Diese Kräfte sind es auch, welche allein bei jenen Pflanzen, die keinen Wurzeldruck besitzen, die Bewegung des Transspirationswassers

und dem schon vorhandenen Sättigungsgrade der Luft ab; außerdem ist sie bedingt durch die Wirkung des Lichtes

---

durch die in wechselvoller Aufeinanderfolge den Pflanzenkörper zusammensetzenden Gewebe bewirken. So z. B. bei Syringa vulgaris (Flieder), den Coniferen rc.

Diese Kräfte sind osmotische (Diffusion), Saug- und Druckkräfte (Imbibition und Capillarität). In verschiedenen Geweben und in verschiedenen Wassergehaltszuständen sind verschiedene dieser Kräfte thätig.

In den jüngsten, wasseraufnehmenden Theilen der Wurzeln, sowie in der jüngeren, primären Wurzelrinde, ferner in den grünen Blättern ist die Bewegung des Transspirationswassers wahrscheinlich ausschließlich eine Diffusionsbewegung. Denkt man sich nämlich z. B. ein Blatt, das lebhaft transspirirt, so werden jene Zellen des Blattes, welche nach außen oder an Intercellularräume gränzen, zunächst einen Wasserverlust erleiden, d. h. ihre Zellflüssigkeit wird concentrirter, also osmotisch wirksamer werden. Damit haben sie aber die Fähigkeit erlangt, Wasser aus den tiefer gelegenen Zellen an sich zu reißen und so diese letzteren zu derselben Thätigkeit zu veranlassen. Ob dieser Vorgang genügend rasch ist, um den ganzen Transspirationsverlust zu decken, ist nicht zu entscheiden, sicher ist es aber, daß er existirt und in der bezeichneten Weise wirkt. Ebenso ist es sicher, daß die feinsten Wurzelfasern und in erster Linie die Wurzelhaare das Wasser durch Osmose aufnehmen. Der ganze Boden, namentlich aber dessen organische Bestandtheile, sind mit Flüssigkeit von sehr geringer Concentration getränkt, und wenn der Boden feucht ist, so zeigen die feinsten Bodentheile sogar eine Wasserhülle, die sich unmittelbar in die der Wurzelhaare fortsetzt. Zwischen dieser Wasserhülle und dem Inhalte der oberflächlichen Wurzelzellen findet ein beständiger osmotischer Wasser- und Stoffaustausch statt, der die Pflanze mit dem Nöthigen versorgt.

Wie aber bewegt sich nun das Wasser im Stamme? Die Antwort auf diese Frage fällt je nach dem Objecte, dem der Stamm angehört, und nach der Jahreszeit verschieden aus. In kleinen ganz krautigen

(im Finstern, ja schon in der Dämmerung, hört sie auf); sie ist auch verschieden je nach der Natur der Pflanzen und nach deren Alter.

Pflanzen ohne geschlossenen Holzkörper ist die Wasserbewegung im Stengel jedenfalls auch der Hauptsache nach eine osmotische. Unsere Bäume und Sträucher, welche einen mächtig entwickelten Holzkörper besitzen, lassen das zu transspirirende Wasser sich vornehmlich eben im Holzkörper bewegen, wobei die Transspiration selbst der Hebel, das motorische Agens ist, das die Raschheit und den Gang überhaupt jener Wasserströmung durch den Holzkörper regulirt.

Der Holzkörper unserer Bäume besteht aus Elementen zweierlei Art: aus lebenden und todten. Zu den ersteren gehört das Holzparenchym, das Markstrahlparenchym, die Ersatzfasern und Faserzellen; zu den letzteren die Gefäße, Tracheïden und Libriform- oder Holzfasern. Die Hauptmasse des ganzen Gewebes bilden die todten Formelemente. Die Gefäße bilden lange, den ganzen Pflanzenkörper senkrecht durchziehende gerade Röhren, oft von großer Weite; die Tracheïden aber und Holzfasern sind allseitig geschlossene Zellen.

Untersucht man nun z. B. einen Eichenzweig im Frühjahre, kurz nachdem die Blätter ausgebrochen sind und die Transspiration begonnen hat, so findet man, daß Gefäße und Holzfasern und Tracheïden, welche, wie erwähnt, todte Gebilde sind und daher keine complicirten unerklärlichen Lebenserscheinungen, sondern nur einfache physikalische Phänomene bieten können, fast ganz mit wässeriger Flüssigkeit erfüllt sind, indem sich in jedem dieser Elemente nebst Flüssigkeit nur noch kleine Luftbläschen befinden. Es läßt sich nachweisen, daß der Luftdruck jener Bläschenluft geringer als der Atmosphärendruck und oft nur sehr gering ist. Jedes dieser todten Elemente wird sich daher in einem saugenden Zustande befinden, und nur dadurch, daß alle vollkommen gleich stark saugen, wird der vollkommene Ruhezustand des Wassers im Holzkörper, wenn Transspiration fehlt, ermöglicht. Grenzt nun an eine solche Holzfaser oder an ein Gefäß eine lebende Parenchymzelle, welche durch Transspiration Wasser verliert, so wird diese jenen osmotisch Wasser entziehen und dadurch bewirken,

In dieser letzteren Beziehung ist bekannt, daß die Transspiration, wenigstens bei Gräsern und Blattgewächsen, im Ganzen bis zur Blüthezeit zunimmt, dann bis zur völligen Reife und Trocknung der Pflanzen abnimmt, worüber später noch Näheres. Die Transspiration richtet sich endlich unter sonst gleichen Umständen auch nach der Zufuhr an Wasser,

---

daß jene, durch den Wasserverlust noch stärker saugend gemacht, den nächstfolgenden Fasern und Gefäßen Wasser entnehmen.

So pflanzt sich die Saugung nach unten fort. Die osmotische wasserentziehende Wirkung der Parenchymzellen der transspirirenden Organe wirkt aber den ganzen Sommer hindurch fort, und zwar so energisch, daß die Wurzelthätigkeit nicht hinreicht, um dem Wasserverbrauche zu genügen; es muß daher der Holzkörper, der sich im Winter mit Wasser angepumpt hatte, seines Wassers beraubt werden. Die Gefäße und Fasern und Tracheïden müssen vollständig leer werden, nicht nur ganz wasserleer, sondern auch fast ganz luftleer. Schneidet man im Juli einen Eichenzweig unter Quecksilber ab, so injicirt er sich bis über 40 cm weit hinauf von selbst mit dem flüssigen Metalle, was das Gesagte beweist.

Nun kann sich das Wasser wahrscheinlich nur mehr durch Imbibition und Diffusion im Holzkörper bewegen; durch erstere in den Wandungen der todten Elemente, durch letztere in den Parenchymzellen und Faserzellen. Auch diese Bewegungen werden in ähnlicher Weise wie oben geschildert durch die Transspiration regulirt.

Außer dieser Wasserströmung, welche das Gesagte in ihren Hauptphasen kurz charakterisirt, kommen freilich in der Pflanze noch andere Flüssigkeitsbewegungen vor, die mit dem Aufbau, Wachsthume, den organischen Lebensprocessen 2c. im Zusammenhange stehen, lediglich alle durch Osmose bedingt und nur durch den jeweiligen Verbrauch bestimmt werden, aber mit der Wasserströmung der Transspiration nichts zu thun haben.

Trotzdem, wie oben gezeigt, die Transspiration so mächtig auf die Flüssigkeitsbewegung in der Pflanze einwirkt, ist sie doch wesentlich

d. h. führt man einer Pflanze viel Wasser zu, so transspirirt sie auch mehr, und beschränkt man die Wasserzufuhr, so wird auch die Transspiration geringer.

Uns interessiren nun insbesondere die Mengen von Wasser, welche auf dem Wege der Transspiration in die Luft zurückgelangen (nachdem sie vorher aus der Luft in den Boden und aus diesem in die Pflanzen gelangt waren).

In dieser Beziehung sind bereits viele Versuche angestellt worden, die aber meistens für unsere Frage nicht vollwerthig sind, weil sie unter constanter reichlicher Wasserzufuhr stattfanden und nicht unter den Verhältnissen schwankender Menge und Vertheilung des Wassers, wie sie in der Natur gewöhnlich vorkommen. Solche Versuche konnten also nur zeigen, welche ungeheuer große Menge von Wasser eine Vegetationsdecke an die Atmosphäre abzugeben im Stande ist, wenn man der ersteren vorher ungewöhnlich viel Wasser zugeführt hat*).

---

ein rein physikalischer Verdunstungsproceß, der allerdings vielfach von organischen Eigenthümlichkeiten der Pflanze beeinflußt wird, ohne aber deßhalb aufzuhören ein so einfacher Proceß dem Wesen nach zu sein.

*) Zu den älteren Versuchen dieser Art gehören jene von Prof. Unger in Wien (Sitzungsberichte der kais. Akademie Bd. XLIV, wo man auch die noch ältere Literatur citirt findet).

Unger beruft sich dabei auf einige noch ältere Arbeiten, z. B. von Schübler, bei denen ein Grasrasen von Poa annua von 1 □ Fuß Oberfläche durch 11 Sommertage beobachtet wurde, mit dem Resultate, daß er mehr als das Doppelte von jener Wassermenge verdampfte die aus einer gleich großen freien Wasserfläche verdampft wäre, und zwar so viel, daß es pro Hektar fast 9 Millionen Kilo ausmachen würde. Auch Versuche von J. B. Lawes werden citirt, nach denen 1 Hektar mit Weizen oder Gerste in den 5 Vegetationsmonaten

Die älteren Versuche dieser Art haben meistens ergeben, daß die Pflanzendecke eines Hektars innerhalb der Vegetations-

---

(153 Tagen) 9—11 Millionen Kilo Wasser transspiriren würde. Unger selbst stellte Versuche an mit einer Reihe sehr verschiedener Pflanzen (wie Valeriana Phu, Isatis tinctoria, Digitalis purpurea, Sonnenblume, Hopfen, Weinrebe, Buche, Fichte, Föhre). Nach seinen Beobachtungen und Berechnungen würden diese Pflanzen pro Hektar in den 5 Sommermonaten April—August (153 Tagen) nach Abrechnung der aus dem Boden selbst hervorgehenden Verdampfung immer noch 3—5 Millionen Kilo Wasser transspiriren.

Die höchsten Ziffern (ca. 5 Millionen) treffen auf die Bäume, und zwar verhielten sich dabei Buche, Fichte und Föhre fast gleich. Unger führt in seine Berechnung die Ausdehnung des Blättervorrathes der betreffenden Pflanzen ein und nimmt an, daß, wenn z. B. die Blattmenge einer Pflanzenart das Flächenmaß des Bodens, worauf die Massenvegetation dieser Pflanze steht, um 3, 4, 5 mal mehr übertrifft als eine andere, die erstere Massenvegetation auch 3, 4, 5 mal mehr (unter übrigens gleichen Umständen) transspirirt als eine Massenvegetation der anderen Pflanzenart. So z. B. übertrifft die Ausdehnung der Blätter die bestandene Bodenfläche beim Mais 4 mal, beim rothen Fingerhut 2 mal, bei erwachsenen Rüben 4,4 mal, bei Reben 1,35 mal, bei der Buche **10 mal**; aus diesem letzteren Verhältniß erklärt sich auch die große Transspirationsmenge solcher Bäume, welche eine so große Menge transspirirender Flächen darbieten. Gegen die ganze Methode, besonders die Berechnung, läßt sich manches einwenden; jedoch ist so viel erwiesen, daß Pflanzen, während sie frisch vegetiren, zwar wechselnde aber sehr große Wassermengen an die Luft abgeben und die Bäume mehr als die niedrigeren Gewächse.

Neuere Versuche in Montsouris in Frankreich*), wobei man 54 Weizenhalme in einem Zinkkübel von 22 cm oberem Durchmesser in einer Erde erzog, die täglich so viel Wasser nachgegossen erhielt, als

---

*) Seit 1872 sind die meteorologischen Beobachtungen von Paris nach Montsouris verlegt worden („observatoire physique central"); daselbst wurden auch reichlich Beobachtungen über das Verhältniß zwischen Pflanzen und Wasser angestellt.

zeit von ca. 5 Monaten 3—5—10 Millionen Kilo Wasser verdampfen müsse (direct wurde nicht gemessen, sondern

---

am Vortag transspirirt und verdampft war, haben das Resultat gegeben: daß durch die 54 Halme, welche 40 Aehren mit 969 Körnern gaben, von Ende Mai bis Anfang August 26,6 Kilo Wasser hindurchgingen. Um dieses Wasser zu liefern, hätten im freien Zustande (auf dem Felde) in den zwei Monaten 667 mm Regen oder täglich im Durchschnitt 11 mm Regen fallen müssen, was für einen Hektar fast 7 Millionen Kilo ausmachen würde. Die wirklich während dieser Zeit im Mittel fallende Regenmenge, welche den freien Feldern zu gute kommt, beträgt aber für mittelfeuchte Gegenden Europas nur 130—230 mm oder ca. 1 1/2—2 1/3 Millionen Kilo pro Hektar, so daß also beim Versuch 3—5 mal so viel Wasser gegeben und transspirirt wurde, als in der Natur gewöhnlich vorkommt. Dafür würde aber auch die beim Versuch geerntete Menge an Weizen pro Hektar nicht weniger als 118 Hektoliter ausgemacht haben, während man auf dem Felde gewöhnlich nur 15—30 Hektoliter erntet, so daß also die Versuchsernte 4—8 mal reichlicher war als eine gewöhnliche.

Um eine mittelmäßige Ernte mit nur 12 Hektoliter pro Hektar zu erzielen, hätte es allerdings in derselben Zeit einer Regenhöhe von nur ca. 70 mm, d. i. einer Wassermasse von ca. 700000 Kilo bedurft.

Um eine beiläufige Vorstellung davon zu geben, welche große Mengen von Wasser durch die Vegetation während einiger Sommermonate durchlaufen d. h. transspiriren, sei erwähnt, daß nach Versuchen in Montsouris, um einen Gewichtstheil reife Weizenpflanze (Stroh und Körner) zu produciren, 525 Gewichtstheile Wasser consumirt werden, wovon der weitaus größte Theil im Laufe der Vegetationszeit mittelst Transspiration in die Luft geht.

M. E. Risler hat aus mehrjährigen Versuchen auf Feldern und im Laboratorium gefunden, daß die mittlere Wasserconsumtion (mit welcher der Betrag der Transspiration nahezu übereinstimmt, da nur verhältnißmäßig wenig Wasser in den reifen Pflanzen zurück-

nur aus dem Resultate mit einigen wenigen Pflanzen auf das Ganze geschlossen); exactere neuere Arbeiten — freilich

---

bleibt*) pro Tag durch folgende Wasserhöhen in Millimetern ausgedrückt werden kann:

Luzerne . . .	3,4 bis 7,0 mm	Klee	2,9 mm
Wiesengras .	3,1 „ 7,3	Roggen . . .	2,3
Hafer . . .	2,9 „ 4,9	Kartoffel . .	0,7 bis 1,4
Bohne . . .	3,0	Rebe . . .	0,9 „ 1,3
Mais . . .	2,8 bis 4,0	Tanne . . .	0,5 „ 1,1
Weizen . . .	2,7 „ 2,8	Eiche . . .	0,5 „ 0,8

Bei den einjährigen Pflanzen mit ca. 130 Tagen Vegetationszeit berechnet sich demnach ein Bedarf einer Wasserschichte von ca. 400 bis 1000 mm Höhe, was für je 1 Hektar in Gewicht 4—10 Millionen Kilo ausmachen würde.

Wollny**) hat bei Culturen mehrerer Pflanzenarten folgende Resultate gefunden, wobei die Zahlen der dritten Columne die während der ganzen Vegetationszeit transspirirten Wassermengen in Gramm für je 1 Gramm der Ernte (Körner und Stroh) bedeuten.

Pflanzenarten	Gesammte Transpiration	Bodenfläche der Gefäße	Wasserverbrauch pro 1 Gramm Trockensubstanz
Mais	11212 g	380 qcm	233
Gerste	4919	134	774
Hafer . . .	7130	134	665
Hirse	2346	134	447
Buchweizen . . .	4133	134	646
Erbsen.	4176	134	416
Raps	4467	134	912

*) In der Holzfaser = $C_6H_{10}O_6$ sind 56 % Elemente des Wassers (H und O) und in den Proteïnsubstanzen ca. 30 % derselben Elemente enthalten, in 1 Kilo Stroh also ca. 5,5 Dekagramm H und O, die aus dem Vegetationswasser herrühren müssen u. s. w.

**) a. a. O.

immer nur im Kleinen ausgeführt und daraus pro Hektar berechnet — constatiren, daß 1—3 Millionen Kilo die mitt-

---

Es ergibt sich also auch hieraus wieder, daß, um 1 Gewichtstheil trockener Pflanze zu erzielen, im Mittel etwa 5—600 Gewichtstheile Wasser vorhanden sein und durch die Pflanze hindurch in die Luft zurückkehren müssen, nachdem sie unterwegs die im Boden gelösten verhältnißmäßig geringen Mengen von Nährsalzen in der Pflanze abgesetzt, auch in unendlich kleinen aber unendlich oft wiederholten Portionen zur Bildung organischer Substanzen beigetragen und den immer wieder neu nachrückenden Wassermengen Platz gemacht haben.

Dr. Breitenlohner hat während der 31 Tage des Augustmonats die Verdampfungsgröße einer auf voll imbibirtem Boden vegetirenden Grasdecke mit derjenigen einer gleich großen ebenfalls imbibirten nackten Bodenfläche, dann auch einer freien Wasserfläche verglichen und als Mittel für je 24 Stunden gefunden:

Dichte Grasdecke auf imbibirtem Boden, aufgestellt in offener Hütte, also beschattet, aber luftig. .	50,9	Gramm
Derselbe Boden vegetationslos in gleicher Aufstellung	25,60	„
Gleich große Wasserfläche beschattet	8,15	„
Gleich große Wasserfläche in der Sonne . . .	21,30	„

Professor Haberlandt in Wien (vergl. „Landw. Jahrbücher", Berlin 1877) endlich hat, unter möglichster Vermeidung eines großen Wasserüberflusses oder einer forcirten Transspiration, mit den Hauptgetreidearten: Roggen, Weizen, Gerste, Hafer gleichzeitige und streng vergleichbare Versuche angestellt, die folgendes Resultat ergaben:

Pflanzenarten:	Verdunstung aus der Vegetation bei mittlerem Stande (1 Million Pflanzen pro Hektar) in der ganzen Vegetationszeit:
Roggen	834 890 Kilo
Weizen	1 179 920 „
Gerste	1 236 710 „
Hafer	2 277 760 „

lere Transspirationsgröße der gewöhnlichen Gras- und Krautvegetation pro Hektar innerhalb der 5 Vegetationsmonate betragen dürfte, und daß für die Wälder ein größerer Betrag gelte, wovon noch später die Rede sein wird. Außer diesen Zahlen für das transspirirte Quantum kann man bezüglich der einzelnen modificirenden Umstände noch Folgendes als erwiesen annehmen:

1. Die Transspiration wechselt täglich, ja stündlich, je nach den Wärmegrade, der Beleuchtung und der Luftfeuchtigkeit, und ist selbstverständlich am größten bei großer Wärme, Insolation und Lufttrockenheit, vorausgesetzt daß der Boden den entsprechenden Wasservorrath besitzt.

2. Auch in schon gesättigter Luft transspiriren die Pflanzen noch, aber beiläufig 10mal weniger als bei einer nur mäßig feuchten Luft; dieser scheinbare Widerspruch löst sich dadurch, daß bei den kleinsten Temperaturerniedrigungen aus der gesättigten Luft sich Wasser condensirt, und zwar etwas mehr als zur Zurückführung auf die genaue Saturation erforderlich wäre. Dadurch entfernt sich die Luft ein wenig vom Sättigungspunkte und kann daher wieder Wasser aus der Pflanze aufnehmen. So lange aber die Luft genau auf dem Sättigungspunkte bleibt, ist die Transspiration sistirt.

3. Eine Blattfläche verdunstet selbst unter den günstigsten Umständen *weniger* als eine gleich große freie Wasser-

---

Gegenüber den älteren Versuchen, bei denen meist 3—5 Millionen Kilo pro Hektar herauskommen, sind diese Zahlen mäßiger, und es zeigt sich daraus, daß die Pflanzen zwar ungeheure Wassermengen transspiriren *können*, daß sie aber, wenn ihnen weniger zur Verfügung steht, auch mit der Hälfte oder dem vierten Theile ausreichen, und daß der Bedarf an Wasser, folglich auch die Ausathmung an die Luft, nach der Natur der Pflanzenarten sehr verschieden ist, z. B. bei Roggen fast nur den dritten Theil von demjenigen Quantum beträgt, das für den Hafer gilt.

fläche. Im Mittel wird die Blattverdunstung um 40—140 Procent, in ungewöhnlichen Fällen aber selbst um 500—600 Procent von der Verdunstung einer gleich großen freien Wasserfläche übertroffen. Wenn also Vegetationsflächen mehr verdampfen als freie Wasserflächen, so rührt dieses daher, daß die Gesammtfläche aller Blätter einer Vegetationsfläche vielmal (1,3—10mal) größer ist als die Fläche, worauf sie steht.

4. Verschiedene Pflanzen transspiriren sehr verschiedene Mengen selbst bei sonst ganz gleichen Umständen.

5. Im Verhältniß zur Blattgröße transspiriren bei allen Pflanzen die jüngsten Blätter am meisten, dann fällt bei den meisten Laubbäumen die Transspirationsgröße bis zum Stadium der halben Entfaltung und steigt wieder bedeutend bis zur Ankunft auf der vollen Höhe der Blattfunction, worauf sie durch längere Zeit nur unbedeutend abwärts geht, um gegen die Zeit des Absterbens rasch zu fallen und aufzuhören.

Bei den Nadelhölzern, dann unter dem Laubholze bei den lederblättrigen, sowie auch bei Ulmus und Morus findet dieses abwechselnde Steigen und Fallen nicht statt, sondern die Transspiration geht von der ersten Entfaltuug der Blätter, wo die Transspiration ein Maximum ist, stetig und langsam bis zum Vertrocknen abwärts.

Die hier angeführten neueren Versuche und Beobachtungen, welche auf verbesserten Methoden beruhen, haben zugleich die Beruhigung gegeben, daß das ganze große Quantum von Wasser, dessen Transspiration für das Wachsthum geschlossener Pflanzendecken wie Wiesen, Saatfelder u. s. w. während der Vegetationszeit des Jahres nothwendig ist, durch die atmosphärischen Niederschläge in der Regel gedeckt werden kann. Frühere Versuche hatten nämlich in Folge unrichtiger Schlußfolgerungen den Schein erweckt, als ob eine Vegetationsdecke viel mehr Wasser verdampfte, als die atmosphärischen Niederschläge zu liefern vermögen; und so absurd dieses Resultat auch war, wurde es doch eine Zeit lang zum Gegenstande ernster Discussionen genommen. Gegenwärtig aber steht es fest, daß, wenn man die sogenannte Winterfeuchtigkeit, d. h. die Menge des Wassers, welches durch die winterlichen Niederschläge, insbesondere durch die Schneeschmelze, in dem Boden zum Beginne der Vegetationszeit schon vorräthig ist, zu denjenigen Niederschlägen hinzurechnet, welche während der Vegetationszeit fallen, dieser gesammte disponible Wasservorrath in allen nicht gar zu trockenen Gegenden ausreicht, um der mehr oder minder üppigen Vegetation derselben Gegend das nöthige Transspirationswasser zn liefern. Berechnet man nämlich die Regenhöhen auf Gewicht, so ergibt sich, daß in Mitteleuropa innerhalb der Vegetationszeit allein schon 2—3 ½ Millionen Kilo, und im ganzen Jahr etwa 5 Millionen Kilo Niederschlag pro Hektar, oft aber auch noch viel mehr fallen; wenn dann selbst fast die Hälfte davon auf verschiedenen Wegen für die Vegetation verloren geht, deckt der Rest noch immer den Bedarf. Selbstverständlich wird künstliche Bewässerung desto mehr nachhelfen müssen, je geringer die locale Niederschlagsmenge und je höher die Temperatur und Trockenheit der Luft ist; aber wo ohne künstliche Nachhilfe Vegetation besteht, dort besteht sie eben, weil die durch die Niederschläge verfügbare Wassermenge den Transspirationsbedarf deckt.

Es ist dabei völlig fruchtlos, den Ursprung des Vegetationswassers anderswo als zunächst in dem Boden zu suchen, in welchem die Pflanzen wurzeln; denn durch die oberirdischen Organe, insbesondere durch die Blätter, nehmen die Pflanzen Wasserdampf aus der Luft entschieden nicht auf; ob sie bei Regen direct flüssiges Wasser einsaugen können, ist zwar noch einigermaßen fraglich, keinesfalls aber würde diese Aufnahme eine beträchtliche und länger dauernde sein, und es kann eben nur das aus der Atmosphäre in den

Boden gelangte Wasser sein, welches die schon angedeutete wesentliche Rolle im Pflanzenleben spielt. Dazu kommt noch unter Umständen ein wenn auch nur unbedeutendes Wasserquantum, welches in den Boden nicht als Niederschlag, sondern durch Absorption von Wasserdampf aus der Luft gelangt*).

Für unsere Frage über den klimatischen Einfluß der Vegetation läge nun, nachdem wir bestimmt wissen, daß aus Vegetationsmassen sehr große Mengen Wasser an die Luft abgegeben werden, die Frage nahe, ob aus einem nicht bepflanzten Boden eben so viel oder mehr oder weniger von dem darauf gefallenen Niederschlagswasser verdampft, als wenn derselbe Boden eine Vegetationsdecke tragen würde? Diese Frage ist im Allgemeinen wohl gelöst, indem es außer Zweifel steht, daß unbepflanzter Boden unter sonst gleichen Verhältnissen während der Vegetationsmonate, sowie auch während des ganzen Jahres überhaupt, weniger und insbesondere langsamer und in kleineren Portionen Wasser an die Luft aushaucht, als wenn die gleiche Bodenfläche mit Vegetation bedeckt wäre; dieses ist jedoch eigenthümlicher Weise durch die vielen vorliegenden Versuche

*) Hierüber belehrt uns ein Versuch von Sachs, welcher folgendermaßen angestellt war: Eine Pflanze mit seichten Wurzeln wurde in vollständig trockenem Boden unter einer Glocke, durch deren obere Oeffnung der größte Theil des Stengels und die gesammten Zweige und Blätter (jedoch unter Abschluß der äußeren Luft von dem Inneren der Glocke) herausragten, blos dadurch vegetirend erhalten, daß unter der Glocke auf dem trockenen Boden ein Gefäß mit Wasser sich befand; dieses Wasser verdampfte nämlich allmälig, der Wasserdampf wurde theilweise vom Boden absorbirt, dabei zu Wasser verdichtet und den Wurzeln zugeleitet. Diese Vegetation wurde aber eben nur durch kurze Zeit nothdürftig unterhalten; von einem normalen Jahreswachsthum war keine Rede.

über den Wasserverbrauch von Pflanzen, sowie über die Verdunstung von Wasser aus dem Boden doch immer noch nicht genau ziffermäßig festgestellt. Gewiß ist nur Folgendes, was theilweise aus den schon früher erwähnten Daten hervorgeht. Kahler Boden verliert aus seiner obersten, 1—2,5 cm mächtigen Schichte bei hoher Lufttemperatur und trockenem Winde sehr rasch viel bedeutendere Wassermengen als freie Wasserflächen und Vegetationsflächen*); ist aber dadurch eine trockene Kruste gebildet, so verlangsamt sich die Wasserverdampfung aus dem Boden sehr bedeutend und wird dann geringer als jene aus Wasserflächen oder Vegetationsflächen. Mit Ausnahme der immer nur kurz dauernden Austrocknungsperiode der allerobersten Erdschichten verdampft im Ganzen der kahle Boden weniger. Nach Schübler's Versuchen, bei denen eine Grasvegetation doppelt so viel Wasser verdampfte als eine gleich große freie Wasserfläche, nach Ebermayer's Beobachtungen, nach denen der mit Wasser capillar gesättigte Boden beiläufig ebensoviel verdampfte als eine gleich große freie Wasserfläche**), dann nach

*) Haberlandt, der das Austrocknen sehr seichter Erdschichten von nur 2,5 cm Mächtigkeit in kleinen Glasschälchen beobachtete, fand, daß an einem heißen Sommertage diese Erdschichte in 24 Stunden das 8—36fache jener Wassermenge verlor, die in gleicher Zeit aus einer transspirirenden Pflanzenfläche verdampft wäre.

**) Ebermayer's Daten sind folgende:

Jahrgänge und Verdampfungsfläche	Verdampfte Wassermenge in Par. Cub. Zollen pr. Qu. F.											
	März	April	Mai	Juni	Juli	August	Septbr.	Octbr.	Novbr.	Decbr.	Januar	Febr.
1868 Wasserfläche . . .	138	262	494	409	433	381	407	126	78	99	79	136
Boden	—	—	—	—	—	279	269	158	—	—	—	—
1869 Wasserfläche . . .	136	335	331	301	439	513	361	142	77	55	52	80
Boden	—	399	438	320	407	309	322	194	—	—	—	—
1870 Wasserfläche . . .	102	334	426	383	460	222	231	135	56	53	20	—
Boden	—	373	439	411	394	208	329	—	—	—	—	—

Breitenlohners Resultaten (vergl. S. 75), endlich nach Wollny's bereits oben citirten Angaben, nach denen der Vegetationsboden desto schneller seines Wassergehaltes beraubt wird, je dichter die Pflanzen darauf stehen, unterliegt es keinem Zweifel, daß der gewöhnliche, nur ausnahmsweise auf kurze Zeit capillar gesättigte Boden ohne Vegetation in den Vegetationsmonaten bedeutend weniger Wasser an die Luft zurückgibt als der mit Saaten, Gräsern oder Kräutern bestandene, daß also die Vegetation einen rascheren und vollständigeren Umsatz des aus der Atmosphäre gefallenen Wassers bewirkt als der kahl liegende Boden, daß aber dieser Unterschied sich eben nur auf die Vegetationszeit beschränkt und zu Anfang wie gegen Ende derselben nur gering ist, daß also in Mitteleuropa etwa nur die 4 Monate Mai, Juni, Juli, August bei bodenständiger Gras- oder Krautvegetation, und etwa 2 Monate mehr bei Baumvegetation, für diesen gesteigerten Wasserumsatz in Betracht kommen. Die Größe dieses Umsatzes d. h. dieser rasch sich wieder-

---

Vergleichen wir nur jene Monate, in denen die Verdampfung sowohl aus der freien Wasserfläche wie aus dem Boden beobachtet wurde, so finden wir, auf Hektar berechnet:

Verdampftes Wasser in Kilo pro Hektar

	Freie Wasserfläche	Boden
In den 3 Monaten August, September October 1868	1670000	1290000
In den 7 Monaten April bis Oct. 1869	4430000	4370000
In den 6 Monaten April bis Sept. 1870	3840000	3930000

Diese Versuche mit mächtigeren Erdschichten, wie sie dem natürlichen Vorkommen näher stehen, sind für unsere Frage entscheidender als jene, die Haberlandt mit dünnen Erdschichten anstellte, wobei nicht die natürlichen Verhältnisse hergestellt waren und überhaupt nur der Zweck verfolgt wurde, das Austrocknen verschiedener Bodenarten unter einander zu vergleichen.

holenden Rückgabe des empfangenen Wassers an die Atmosphäre wird man umsomehr begreiflich finden wenn man bedenkt, daß die Pflanzen mittelst ihrer Wurzeln das Wasser aus immer tieferen und tieferen Bodenschichten heraufholen und mittelst des Wurzelgeflechtes sich gleichzeitig eine Erdmasse von mehreren Centimetern und selbst Decimetern tributär machen, während von einer freien Wasserfläche immer nur die jeweilig oberste Schichte verdampft, bei kahlem Boden aber, besonders wenn er bindig ist, die ausgetrocknete oberste Schichte leicht eine Kruste bildet, durch welche die Verdampfung aus den unteren Erdschichten sehr verlangsamt wird.

Selbstverständlich ist die Verdampfung aus verschiedenen Bodenarten sehr verschieden, worüber die Bodenkunde längst im Reinen ist und zahlreiche exacte Daten darbietet; so wissen wir, daß Sandboden zwei- bis dreimal so rasch sein Wasser verliert als Mergel und daß Thonboden das Wasser noch länger zurückhält als Mergel; auch ist es bekannt, daß der Boden, wenn er nur mehr wenig Wasser enthält, den letzten Rest weit schwerer fahren läßt als die früher verdampften Antheile. Kahler Sandboden nähert sich also, was rasche Wiedergabe des Wassers an die Atmosphäre betrifft, einer Vegetationsfläche mehr als kahler Thonboden u. s. w.

Stellen wir uns nun zwei horizontale Erdflecken mit nicht ganz undurchlässiger Bodenart vor, von denen der eine bepflanzt, der andere kahl ist, und verfolgen auf jeder derselben das Schicksal des Wassers, welches auf beide in gleicher Menge gefallen sein soll.

Auf der Vegetationsfläche wird ein größerer Antheil als auf der kahlen sogleich von den zahlreichen Blatflächen, die zusammen eine weit größere Fläche ausmachen als der Boden, auf dem sie stehen, wieder verdampfen; nur ein

Theil des Niederschlags wird auf den Boden unter der Vegetationsdecke gelangen, während der kahle Boden den ganzen Niederschlag empfängt. Von der Oberfläche des bewachsenen, daher beschatteten Bodens wird die Verdampfung langsamer vor sich gehen als aus der obersten Schichte des kahlen, und der Unterschied wird besonders bei starkem Sonnenschein sehr bedeutend sein; in den Vegetationsboden wird also etwas mehr von dem Wasser, das zu ihm gelangt ist, unter die Oberfläche eindringen können; dort aber wird es schon in geringer Tiefe zum Theile von den Wurzeln aufgenommen und nach oben durch die Pflanzen wieder in die Luft geführt; es kann daher nur ein geringerer Theil in größere Tiefen gelangen, um sich dort anzusammeln; ist dieser Theil einmal dem Bereiche der Wurzeln entrückt, dann mag die beschattende Vegetationsdecke auf längere Erhaltung jenes tiefer unten angesammelten Wassers wirken. Der kahle Boden läßt den nicht verdampften Theil des empfangenen Wassers je nach Maßgabe seiner Durchlässigkeit, seiner Risse, Spalten &c. in größere Tiefen gelangen, wo es sich reichlicher ansammeln kann als unter einer Pflanzendecke. Aus diesen tieferen Schichten verdampft es dann meist sehr langsam und kann erst wenn die oberen Erdschichten ausgetrocknet sind, eine capillar saugende Wirkung ausüben und so das untere Wasser wieder allmälig heben. Je nach der Natur des Untergrundes kann ein Theil des Wassers auch als Grundwasser sich ansammeln, oder in unterirdische Hohlräume gerathen, zur Quellenbildung beitragen u. s. w. All dieses kann zwar auch mit einem Theile des Wassers unter einer Vegetationsdecke geschehen, aber dieser Theil wird kleiner sein. Ist also eine Vegetationsdecke vorhanden, so wird ein größerer Theil des Wassers bald wieder direct in die Luft zurückgeführt und kann aus derselben wiederholt als Regen herabkommen und durch die Pflanzen laufen; ist hingegen der Boden kahl, so ist der rasch in die Luft zurückkehrende Antheil des Wassers kleiner; allmälig aber kommt, wenngleich theilweise auf Umwegen und oft an entfernten Stellen, auch der größere Theil des daselbst eingedrungenen Wassers wieder an die Atmosphäre zurück.

Faßt man nun alles, was bisher über die Natur der Vegetation und über die Unterschiede der Vegetationsflächen gegen kahlen Boden dargelegt wurde, zusammen mit der Frage: „wie wirkt also die Vegetation auf die klimatischen Elemente, auf Temperatur und Feuchtigkeit der Luft," so ergeben sich folgende Antworten.

Erstens: der Pflanzenleib und folglich auch jede Massenvegetation, die aus solchen Pflanzenleibern besteht, besitzt vermöge ihres Wassergehaltes wie das Wasser selbst eine größere Wärmecapacität als der nackte und insbesondere als der trockene Boden; und da überdies auch jene Pflanzentheile, welche nicht selbst Wasser sind, insbesondere die Holzfaser und die Proteïnsubstanzen, auch eine große Wärmecapacität besitzen, erwärmt sich schon vermöge der chemischen Constitution eine Pflanzendecke weniger leicht und weniger bedeutend als nackter Boden besitzt daher in dieser Beziehung annähernd dieselbe Eigenthümlichkeit wie eine Wasserfläche. Dasselbe gilt von den oberen Bodenschichten, wenn sie mit Pflanzenwurzeln reichlich durchflochten sind. Die Temperaturschwankungen innerhalb einer Massenvegetation sind also geringer, als wenn auf demselben Flecke keine Vegetation stünde.

Zweitens: die selbstverständliche Folge der reichlichen Transspiration ist, daß, so oft die äußere Temperatur und der Feuchtigkeitsgehalt der umgebenden Luft es nur irgend zulassen, reichlich Wasser aus der Pflanzendecke verdampft und den Wassergehalt der Luft in höherem Grade vermehrt, als wenn zur selben Zeit am selben Platze kahler, wenngleich angefeuchteter Boden läge. Man darf sich übrigens hiebei nicht vorstellen, daß der Wasserdampf in einer Schichte ruhig über der Vegetationsfläche liegen bleibt; denn er ist leichter als die Luft, steigt also in dieser auf und vertheilt sich allmälig in der ganzen überliegenden Luftmasse; auch wird er durch Luftströmungen weitergeführt und vertheilt. Immerhin aber muß während der lebhaften Dampfentwicklung aus der Transspiration die zunächst über der Vegetation befindliche Luft reicher an Wasserdampf sein als gleichzeitig die höheren Schichten.

Drittens: da bei der Verdampfung von Wasser Wärme verbraucht oder gebunden wird*), ist eine selbstverständliche Folge der Transspiration auch die Abkühlung der darüber liegenden und der dazwischen befindlichen Luftschichten. Diese abkühlende Wirkung wird noch verstärkt durch die Verdampfung des von Niederschlägen an den Blättern mechanisch hängen gebliebenen Wassers, dann durch den Consum von Wärme für den Assimilationsproceß**), welcher bei der Bildung von Pflanzenstoffen geleistet wird, endlich durch die sehr gesteigerte nächtliche Ausstrahlung, welche durch die Vervielfältigung der Blattflächen und durch die scharfen und spitzen Gestalten der Blätter sehr begünstigt wird, während dieselben Umstände für die Aufnahme von Wärme bei Tage nicht im gleichen Verhältnisse günstig sind.

*) Um z. B. ein Kilogramm Wasser in Dampf zu verwandeln, wird so viel Wärme verbraucht, als nothwendig wäre, um die Temperatur von 536 Kilogramm Wasser um einen Grad Celsius zu erhöhen.

**) Dieser Proceß besteht hauptsächlich in der Bildung von Stärke aus Kohlensäure und Wasser in allen grünen Pflanzentheilen. Von der durch die Sonne zugeführten Wärme wird eben ein Theil zur Leistung dieses chemischen Processes verwendet und geht somit für die äußere Wirkung verloren.

Es folgt aus alledem, daß die Luft zwischen und über Vegetationsflächen im Ganzen kühler sein muß, als wenn der Einfluß der Vegetation nicht vorhanden wäre, daß ferner die Schwankungen der Temperatur daselbst geringer sind und daß eben diese Luftschichten reicher an Wasser sein müssen. Ist aber letzteres der Fall, so folgt daraus weiter, daß nicht nur Thau- und Nebelschichten über Vegetationsflächen öfter als über kahlem Boden in sonst gleicher Lage entstehen, sondern auch daß bei Regen eine etwas größere Wassermenge über jene Flächen herabkommt; denn — wie schon früher bei Betrachtung des Einflusses von Wasserausbreitungen auf den Regen dargelegt wurde — es vergrößern sich die aus größeren Höhen kommenden Regentropfen während des Herabfallens aus den Wasservorräthen der Luftschichten, durch welche sie fallen, desto mehr, je feuchter diese Schichten sind. Wenn also z. B. über einer feuchten Wiese auch nur eine wenige Meter hohe Luftschichte dampfreicher geworden ist, so beziehen die Regentropfen beim Durchlaufen dieser letzten Meter mehr Wasser zu ihrer Vergrößerung, als wenn dieselbe Luftschichte trockener wäre, und die Wiese erhält darum auch eine größere Niederschlagsmenge.

Es ist jedoch immer festzuhalten, daß alle nun angeführten Erscheinungen nur während des frischen Vegetirens vor sich gehen, sich mit den verschiedenen Stadien des Vegetationsprocesses ändern und nach dem Verdorren der Vegetation größtentheils aufhören, indem dann nur mehr die Vergrößerung der Oberflächen, von denen die gefallenen Niederschläge wieder verdampft werden, insofern zurückbleibt, als überhaupt noch Blätter und Zweige nach dem Verdorren vorhanden sind. Getreidefelder verhalten sich daher nur so lange sie frisch grün sind in der eben angegebenen Weise; je mehr sie sich der Reife nähern, desto weniger entschieden spielen sie die Rolle einer frischen Vegetationsdecke. Dasselbe gilt von Wiesen und Weiden in jenen Ländern, wo sie während des Spätsommers abdorren; es gilt ebenso von Gebüschen und Holzbeständen, deren Laub verdorrt und abfällt.

Aus dem Gesagten folgt, daß man besser daran thut, das klimatische Verhalten der Vegetationsflächen nach Jahres- und Tageszeiten zu betrachten, als von einer allgemeinen Wirkung solcher Flächen ohne Unterscheidung zu sprechen.

Beginnen wir mit dem Winter und stellen wir uns, da von der Waldvegetation später noch die Rede sein wird, hier beispielsweise nur eine Wiese oder ein dicht bestocktes Feld mit Wintersaaten vor, so ist es klar, daß, so lange der Boden gefroren ist, die Vegetation stille steht und etwa auch noch mit Schnee bedeckt ist, die bewachsene Fläche sich nicht wesentlich anders verhalten kann als eine kahle Bodenfläche. Im Frühjahre erhält sich beim Aufthauen zwischen dem Wurzelfilz der bewachsenen Fläche ein Theil des Wassers, welches bei kahlem Boden entweder oberflächlich abrinnen oder rascher einsinken würde, und wird durch die Wurzeln in die Axen- und Blattorgane der Pflanzen übergeführt, wo jenes Verhalten beginnt, welches wir bezüglich des Vegetationswassers bereits früher auseinandergesetzt haben. In Folge der damit verbundenen Verdampfung finden wir über solchen Flächen in jenen Wochen des Frühlings, die auf kahlem Boden schon nebelfrei sind, oft noch durch längere Zeit dichte Abend- und Morgennebel, Thau und Reif. Im Sommer, so lange die Vegetation nicht stille steht, sind eben in Folge der bekannten Vegetationsvorgänge, welche mit dem Wassergehalte der Pflanzen verbunden sind, die hier vorausgesetzten Vegetationsflächen kühler als die kahle Umgebung. Wenn im Spätsommer oder im Herbste die Pflanzen vertrocknen, was z. B. in Gegenden mit Steppenklima schon frühzeitig zu geschehen pflegt, hört die abkühlende Wirkung der Vegetationsflächen auf. Man kann also kurz sagen: daß während der Vegetationszeit die bewachsenen Flächen sowohl bei Tag als bei Nacht eine kühlere Temperatur haben als in der gleichen Lage kahle Flächen, und daß bei Tage durch die Transspiration der Blätter die absolute und zur Zeit der nächtlichen Abkühlung jedenfalls auch die relative Feuchtigkeit der darüber lagernden Luft vermehrt wird. Die Vermehrung des absoluten Wassergehaltes der Luft darf aber nie so aufgefaßt werden, als ob dadurch eine Aufspeicherung, eine dauernde Bereicherung der Atmosphäre mit Wasserdampf erzielt würde; denn das ausgehauchte Wasser kehrt entweder in derselben oder in einer anderen Gegend in irgend einer Niederschlagsform auf die Erde und in die Vegetation zurück, um denselben Kreislauf zu wiederholen.

Eine Versuchsreihe, welche über diese Feuchtigkeitsverhältnisse der Luft auf Vegetationsflächen Aufschluß gibt, hat Dr. Vogel (Zeitschrift der kgl. bayerischen Akademie der Wissenschaften 1868) angestellt, indem er im Juni, dann wieder im September, die Luft, welche sich über Flächen von verschiedenen Bedeckungsverhältnissen befand, durch einen entsprechenden Apparat aufsaugte und auf ihren Wassergehalt untersuchte. Es wurden im Juni verglichen: ein Brachfeld, ein eben abgeblühtes Esparsettefeld und eine mit hohem Timotheusgrase bewachsene Wiese.

Brachfeld	Esparsette	Wiese
100	125	150

Im Herbste wurde der Vergleich beschränkt auf eine kahle Kiesfläche und eine gemähte Wiese, und es ergab sich das Verhältniß:

Kiesfläche	Wiese
100	113

Im Spätfrühling und Frühsommer, während die Vegetation am lebhaftesten vor sich geht, der Wassergehalt groß, die Transspiration lebhaft, die Verdampfung unter dem Einflusse der herrschenden Wärme und trockeneren Luft bedeutend ist, tritt die Wirkung der Vegetationsflächen am entschiedensten hervor; da verdampft z. B. aus Grasflächen mehr Wasser als aus gleich großen Wasserflächen, da kühlen sich solche Vegetationsflächen rascher und bedeutender ab als Wasserflächen und sind am Abend schon eher mit Nebelschleiern bedeckt als die letzteren; da bieten sie auch den darüber wehenden Winden reichlichste Wasservorräthe zur Aufnahme und Weiterverbreitung; die große Feuchtigkeit der Luftschichte, welche über den Vegetationsflächen lagert, befördert ebenso, wie wir es bei Wasserflächen gesehen, das Herabgelangen selbst leichter Niederschläge bis zur Erde, während durch die trockenen und heißen Luftschichten, die über kahlem Boden liegen, schwächere Niederschläge oft noch im Fallen aufgesogen werden. Zu allen anderen Jahreszeiten hingegen wirkt die Vegetationsfläche auf Erniedrigung der Temperatur und Vermehrung des Wassergehaltes der Luft theils weniger als Wasserflächen, theils gar nicht.

Fragen wir nun nach dem Einflusse, den Vegetationsflächen auf das Klima oder doch auf den Gang der Witterung in ihrer Umgebung üben, falls diese im Gegensatze dazu entweder kahl oder nur spärlich bewachsen ist, so ist es nicht zweifelhaft, daß auch dieser Einfluß zur warmen Zeit und während der lebhaften Vegetation am größten sein, in den anderen Monaten aber desto mehr zurücktreten wird, je weiter diese Monate vom Maximum der Vegetationsthätigkeit entfernt sind. Selbstverständlich kann auch hier wieder nur durch Luftströmungen ein Verkehr zwischen der beeinflussenden Vegetationsfläche und den beeinflußten Umgebungen hergestellt werden, während ohne solche Vermittler ein Einfluß auf die

Nachbarschaft nicht stattfinden würde. Da muß denn auch wieder wie bei der Betrachtung der Wasserflächen die locale Luftcirculation, welche von der Vegetationsfläche ausgeht, von den weiter herkommenden Luftströmungen, die nur über die Vegetationsflächen hinziehen, unterschieden werden.

Zu den Erwärmungszeiten — bei Tage und insbesondere bei Sonnenschein, während der Zeit des frischen Wachsthumes — wird aus denselben Gründen, die schon früher bezüglich der Wasserflächen angeführt wurden, eine locale Circulation, wie sie Fig. 5 darstellt, eintreten; es wird nämlich kältere Luft zunächst vom Rande, dann immer mehr vom Inneren der Fläche her gegen den mehr luftverdünnten Raum der kahlen Umgebung hingesaugt werden, wo sie mehr erwärmt in geringe Höhe aufsteigt, um dann als Ersatz für die früher abgeflossene Luft wieder auf die Vegetationsfläche niederzusinken, wo sie von Neuem abgekühlt wird u. s. f. Zu den Erkältungszeiten — worunter hier nur die kühlen oder kalten Nächte der Vegetationsperiode zu verstehen sind — wird bei sonst windfreier Witterung nicht wie bei den langsamer abkühlenden Wasserflächen eine umgekehrte Circulation eintreten, sondern, da die Blätter rascher und bedeutender Wärme ausstrahlen als der trockene Boden, und da von den Stengeln, vom Wurzelgeflechte und vom Boden her nur wenig Wärme nachkommt (weil bei Tage in Folge der Beschattung und der Verdampfungskälte wenig Wärme daselbst aufgespeichert wurde), dauert das Abströmen aus der Vegetationsfläche auch bei der Nacht noch fort, nur in abnehmendem Grade, und hört auf, wenn endlich auch die kahle Umgebung ebensoweit abgekühlt ist, wie es schon früher die Vegetationsfläche war. Nur in dem besonderen Falle, wenn schon frühzeitig bei Eintritt der abendlichen Kühle in Folge des größeren Wassergehaltes über der Vegetationsfläche eine Nebeldecke entstanden ist, welche als Schirm eine raschere und bedeutende Abkühlung hindert, während die nebelfreie Umgebung sich noch weiter abkühlt, kann eine Vegetationsfläche durch einige Zeit wärmer (d. h. weniger abgekühlt) bleiben als die kahle Umgebung. Zu einer Umkehrung der Circulation kommt es aber dadurch doch nicht; denn der Unterschied kann nur sehr gering sein, und selbst wenn eine Circulation begänne, würde sie ja den schützenden Nebel zerreißen, und damit wäre sogleich das Motiv der umgekehrten Circulation, die etwas höhere Temperatur der Vegetationsflächen, wieder aufgehoben. So lange also überhaupt durch eine locale Luftcirculation ein Einfluß der Vegetationsfläche auf ihre vorausgesetzte Umgebung stattfindet, besteht dieser Einfluß darin, daß sowohl bei Tag als bei Nacht feuchtere und kühlere Luft eine Strecke weit in die Nachbarschaft geführt wird. Ist die Luft im Allgemeinen bewegt, so kommt es, wie auch bei Wasserflächen, gar nicht zur localen Circulation, und die ganze Gegend, sowohl die Vegetationsflächen als ihre kahle Umgebung, steht dann so sehr unter dem Einflusse des allgemein herrschenden Windes, daß die localen Eigenthümlichkeiten und Unterschiede zwischen beiderlei Flächen nicht merklich zur Geltung kommen können.

Die Veränderung, welche die über Vegetationsflächen ziehenden Winde durch die ersteren erfahren, sind ebenfalls analog denjenigen, welche von Wasserflächen ausgehen, nur ist die Jahreszeit, innerhalb deren solche Veränderungen vorgehen können, bei Vegetationsflächen kürzer als bei freien Wasserflächen; denn bei ersteren dauert der Einfluß auf die Nachbarschaft so lange, als das Wasser nicht eben so kalt geworden ist wie das Land, also in unseren Breiten etwa vom April oder Mai bis in den December, bei den ersteren hingegen nur während der etwa vier Monate der vollen und frischen Vegetation. Warme Winde werden innerhalb dieser Monate durch Berührung mit Vegetations=

flächen kühler. Hievon macht man im Innern Nordindiens während der Herrschaft der heißen Winde vom März bis Juni, die fast täglich zwischen 10 Uhr Morgens und dem Abende mit unerträglicher Wirkung wehen, folgende Anwendung: man hängt Grasmatten an die Seite des Hauses, woher der Wind kommt, und begießt dieselben mit Wasser; die starke Transspiration und Verdampfung aus den Gräsern kühlt den gegen das Haus hinwehenden Luftstreifen sehr fühlbar und weit mehr ab, als es durch eine bloße Wasserfläche oder durch eine benetzte Erdfläche geschehen könnte.

Kalte Winde werden beim Streichen über Vegetationsflächen nicht wärmer werden. Trockene Winde werden während derselben Monate an den Vegetationsflächen Wasser aufnehmen, bei hoher Temperatur mehr als bei niedriger, und werden die so erlangte Feuchtigkeit mit sich bringen in andere entferntere Gegenden, denen sie möglicherweise als Niederschläge zu gute kommen können. Feuchte Winde hingegen werden wenig oder gar kein Wasser aus der Vegetation zur Verdampfung bringen und fortführen, vielmehr über der kühleren Vegetationsfläche leichter einen Theil des Wassergehaltes ihrer unteren Schichten condensiren und dadurch während ihres Weges über solche Flächen eher ein wenig trockener, keinesfalls aber in ihrem Feuchtigkeitszustande irgend bedeutend verändert werden.

Wie weit in verticaler und horizontaler Richtung sich alle nun angeführten Beeinflussungen der Luft durch die Vegetationsflächen erstrecken, ist eben so wenig wie bezüglich der Wasserflächen bisher ziffermäßig ermittelt worden; nur so viel ist auch hier gewiß, daß am weitesten jener Einfluß reicht, den die Vegetation durch die Abgabe von Wasserdampf an darüber ziehende Winde ausübt.

II.

Einfluß des Waldes auf das Klima.

1. Vorbegriffe.

Der Wald, als eine mehr oder weniger geschlossene Massenvegetation von Holzpflanzen, verhält sich im Allgemeinen zum Klima activ und passiv nicht viel anders als die Vegetation überhaupt, von der bereits im früheren Abschnitte gehandelt wurde; auch der Wald setzt Wasser im Boden und folglich Niederschläge aus der Luft, die das Wasser in den Boden gebracht haben müssen, voraus, damit die Bäume erwachsen können; auch die Waldvegetation bringt eine nach den Jahreszeiten wechselnde Transspiration aus den Blättern und Nadeln mit sich; auch die Blätter in den Kronen der Waldbäume bilden zahlreiche Verdampfungsflächen, von denen nicht nur das Transspirationswasser, sondern auch das bei Regen oder Thaufall an ihnen hängen gebliebene Meteorwasser zu einem großen Theile wieder durch Verdampfung an die Luft zurückgegeben wird; auch die Kronen der Waldbäume werden wie die Gras- und Saatenteppiche durch die Bindung von Verdampfungswärme zu einer Quelle der Abkühlung für die nächste darüber liegende Luftschichte u. s. w. Dennoch aber sind in der Natur der Holzgewächse, insbesondere der hochstämmigen, verschiedene Eigenschaften begründet, die den Wald von anderen Formen der Massenvegetation auch in klimatischer Beziehung unterscheiden.

Was zunächst die Anforderungen des Waldes an das Klima betrifft, so ist die erste klimatische Bedingung des Baumlebens: eine bestimmte Dauer der für die lebhafte Vegetation günstigen Jahreszeit. Jede Baumart bedarf, um ihren Jahresring auszubilden, dann um ihre Früchte auszureifen und die Knospen für das nächste Jahr anzulegen, eine bestimmte Dauer der günstigen Temperatur und Feuchtigkeit, und die Beobachtungen über eine große Zahl von Baumarten Europas haben gelehrt, daß mindestens drei Monate hindurch die klimatischen Verhältnisse ununterbrochen der Vegetation günstig sein müssen, um das Baumleben möglich zu machen. Wird diese Zeit von drei Monaten vermöge der klimatischen Lage eines Gebietes entweder alljährlich oder doch in der Mehrzahl der Jahre durch zu lange dauernde Frühjahrskälte oder zu früh eintretende Herbstkälte noch weiter verkürzt, oder durch starke Frostrecidiven unterbrochen, oder tritt noch vor dem Ablaufe der drei Monate eine zu große Dürre ein, so kommt in der betreffenden Gegend ein Baumwuchs nicht auf und es ist dann vergeblich, die Lehre zu geben, daß man in solchen klimatischen Gebieten Bäume pflanzen oder Wälder heranziehen solle, um das Klima zu verbessern.

Eine zweite klimatische Bedingung für das Emporkommen von Wald besteht darin, daß die Sommerwärme durchschnittlich eine höhere sein muß als jene, welche für die Strauchvegetation der Alpen und des arktischen Gebietes genügt; in Graden ausgedrückt (nach Grisebach): es muß die Mittelwärme eines Zeitraums von mindestens 3 auf einander folgenden Monaten (den Vegetationsmonaten, die in günstigen Lagen Mitteleuropas bis auf 8 steigen) nicht weniger als 16—17° C. betragen.

Als dritte Bedingung muß bezeichnet werden das Vorhandensein genügender Feuchtigkeit im Boden während der ganzen Vegetationsperiode, damit ununterbrochen eine Saftströmung von den Wurzeln bis zu den Blättern stattfinden könne. Wie groß dieser Wasserbedarf sei, ist weder im Allgemeinen noch für die einzelnen Baumarten mit völliger Genauigkeit endgiltig festgestellt; aber es erhellt aus den besten bisherigen Beobachtungen, daß ein Wald eine bedeutend größere Menge von Bodenwasser alljährlich bedarf, als jede andere Massenvegetation des Festlandes, wenn sie auf demselben Terrain stünde. Dieser bedeutende Wasserbedarf erklärt sich in sehr naheliegender Weise aus der weit größeren Masse organischer Substanz, welche die in gutem Schlusse stehenden Bäume einer Waldfläche jährlich produciren gegenüber der organischen Substanz einer gleich großen Feld- oder Wiesenfläche. Ein Hektar Buchenwald producirt, wenn die Buchen überhaupt normal in mittlerer Güte fortwachsen, mindestens 6—7000 Kilo lufttrockene Masse an unter- und überirdischem Holze jeder Art und Blättern, wovon die letzteren allein ca. 4000 Kilo ausmachen; dagegen macht die gesammte lufttrockene Substanz der Ernte eines Getreidefeldes pro Hektar, nämlich 1000 Kilo Körner, 1600 Kilo Stroh, 800 Kilo Wurzeln (alles im großen Durchschnitt), nur rund 3300 Kilo und selbst wenn man noch das Unkraut hinzurechnet, etwa 3800 Kilo aus.

Es erklärt sich daraus die höhere Anforderung des Waldes an Bodenfeuchtigkeit. Während, wie wir früher gesehen haben, die bodenständige Vegetation von Aeckern und Wiesen pro Hektar gering gerechnet eine bis drei Millionen Kilogramm Wasser jährlich bedarf, haben die allerdings noch weniger zahlreichen Beobachtungen über den Wasserbedarf von Holzpflanzen erkennen lassen, daß derselbe mehrmals größer sei. Es kann also an vielen Orten, wo immer noch zur Noth magere Weide oder schütteres Getreide gedeihen kann, doch blos wegen Mangel an Vegetationswasser der Wald nicht mehr Bestand gewinnen, und es wäre unrichtig, wenn man glauben wollte, der Wald sei die genügsamste aller Vegetationsformen auch in Bezug auf das Bodenwasser. Er ist genügsam hinsichtlich der Gestaltung des Terrains, der Zusammensetzung und der Bearbeitung des Bodens, er ist auch weniger empfindlich gegen rauhes Klima; aber er verlangt reichliches Wasser im Boden, mag dieses nun an Ort und Stelle als Niederschlag zur Erde kommen, oder anderswoher als fließendes Geäder oder als Stau- oder Seihwasser zugeführt sein.

Was nun die **Wirkung des Waldes auf das Klima** betrifft, so müssen wir, um hier richtig zu urtheilen, vorerst den Wald gleichsam etagenweise betrachten, was bei der bodenständigen Vegetation der Weiden, Wiesen, Felder u. s. w. nicht nothwendig erscheint. Bei einer Vegetationsdecke nämlich, welche nur einige Decimeter oder allenfalls wenig über einen Meter hoch den Boden überragt, können in den Luftschichten, die zwischen dem Boden und den Stengeln und dem Blattlicht sammt Blüthen und Früchten sich befindet, keine bedeutenden Verschiedenheiten der Temperatur und Feuchtigkeit sich entwickeln; denn so lange die frische Vegetation überhaupt dauert, ist sie, besonders bei den einjährigen Gräsern und allen blattreichen Kräutern, schon vom Wurzelhalse angefangen bis zu den Spitzen saftig und functionirt durch Transspiration und Verdampfung, sowie durch die dabei entstehende Temperaturerniedrigung für die umgebende Luft von unten bis oben in nahezu gleicher Weise. Bei den Bäumen hingegen verhält sich das Holz der Stämme und der stärkeren Aeste in Bezug auf Wassergehalt und Temperatur wesentlich anders als die dünneren Zweige und die Blätter; innerhalb der Kronen herrschen andere atmosphärische Verhältnisse als unter und ober denselben; zwischen dem Boden und den Kronen befindet sich eine ziemlich bedeutend hohe Luftschichte, und am Boden selbst können sich sehr verschiedene, nach Erdart, Abdachung, Beschattung, Bodenfeuchtigkeit u. s. w. wechselnde Verhältnisse entwickeln; es kann dabei der Boden nackt bleiben oder mit Gras, Moos, Streu u. s. w. mehr oder minder dicht und continuirlich bedeckt sein — lauter Modificatoren der Feuchtigkeit und der Temperatur, welche wieder auf das Verhalten der gesammten Waldluft Einfluß nehmen. Wir müssen also, vom Boden des Waldes beginnend, auf die klimatisch bedeutsamen Eigenschaften der Stämme und dann der Kronen übergehen, um aus diesen Elementen schließlich die Gesammtwirkung ihrer Combination, d. h. des ganzen Waldes, zu erkennen.

Dabei muß gleich vom Anfange erwogen werden, daß „der Wald“ ein Sammelbegriff ist, welcher sehr Mannigfaltiges in sich faßt, so daß es gar Weniges gibt, was man rundweg vom „Walde überhaupt“ behaupten könnte. Schon Nadel- und Laubwald, letzterer je nachdem er aus sommergrünen oder aus immergrünen Bäumen besteht, wirken in wichtigen Beziehungen von einander verschieden auf das Klima; aber auch ein- und derselbe Bestand verhält sich während des lebhaften Vegetationsganges anders als während des Vegetationsstillstandes, der entweder durch winterliche Kälte oder durch hochsommerliche Trockenheit verursacht wird. Wir haben also Grund genug, so wenig als möglich auf allgemeine Sätze über „den Wald“ uns einzulassen, sondern vielmehr die einzelnen Haupttypen von Wäldern nach Standort, Jahreszeiten, Baumarten und sonstigen in ihrer Natur gelegenen Gesichtspunkten zu unterscheiden.

2. Waldboden.

Der Waldboden bietet gegenüber dem Freilandsboden, wie allgemein bekannt, schon darum, weil er eben Wald auf sich stehen hat, dreierlei Verschiedenheiten dar: Er ist mehr beschattet, er empfängt nicht die ganzen Niederschläge, weil ein Theil des Regens an den Kronen hängen bleibt, und er ist endlich im unversehrten Naturzustande mit Blattabfällen und abgestoßenem Reisig, mit der sogenannten Streu, mehr oder minder dicht bedeckt. Aus diesen selbstverständlichen Hauptmomenten folgen dann die anderen Eigenthümlichkeiten des Waldbodens, von denen sogleich die Rede sein wird. Vorher aber muß noch eine andere Bedeutung des Ausdruckes „Waldboden" wenigstens kurz erörtert werden. Der Wald verlangt im Allgemeinen keinen andern und jedenfalls keinen besseren Boden als Culturwiese und Feld; selbstverständlich aber gedeiht er auf günstigem Wiesen- oder Ackerboden bei übrigens gleichen Umständen um so besser. Heutzutage sind nun in den Culturländern so ziemlich alle jene Bodenstrecken, welche überhaupt eine andere Cultur lohnen, bereits vom Walde entblößt und einer anderen Cultur gewidmet, und der Wald ist hauptsächlich auf jene Strecken beschränkt, welche durch jede andere Cultur einen geringeren Ertrag abwerfen würden als durch die Waldnutzung. Solchen Boden nun, der in der betreffenden Gegend sich für keine andere als für die Waldcultur eignet, der daher, wenn der Wald verschwände, ertraglos oder weit weniger einträglich bleiben müßte, nennt man „absoluten Waldboden". Der Grund, warum ein Terrain als absoluter Waldboden angesprochen wird, ist sehr verschieden; es kann z. B. schon die große Unebenheit bei sonst sehr gutem Boden der Grund sein, warum eine andere Cultur dort nicht gut ausführbar wäre; oder es ist die vegetationsfähige Erdschichte über Felsengrund so seicht, daß eben nur die Baumwurzeln zwischen den tiefergehenden Gesteinspalten, welche mit Erde ausgefüllt sind, Halt und Nahrung finden können; oder der Boden ist zwar mächtig, aber zu arm an jenen Stoffen, welche die Ackercultur für nachhältige Ernten bedarf, wie z. B. bei dem Verwitterungsmantel sehr quarzreicher Granite und Gneise, sehr quarziger Sandsteine u. s. w. der Fall ist. Wir dürfen uns also den Waldboden nicht als eine bestimmte Bodenart vorstellen, sondern müssen annehmen, daß jede auf der Erde vorkommende Bodenart unter Umständen Waldboden, ja sogar absoluter Waldboden sein kann.

Gleichwohl findet man bei näherer Betrachtung im Boden des Waldes in manchen Gegenden gewisse Vorkommnisse oder Verhältnisse häufiger als im Ackerboden, — aber nicht etwa darum, weil der Wald daselbst steht, sondern umgekehrt: der Wald besteht an derlei Stellen eben darum, weil daselbst jene Vorkommnisse oder Verhältnisse sich finden. Hiezu gehört insbesondere die Art der ursprünglichen inneren — unter der Bodenoberfläche stattfindenden — Wasserführung. Es existirt nämlich an vielen Stellen der Wald eben nur deßwegen, weil der Untergrund schon ursprünglich mehr als anderswo Wasser, oder wenigstens eine coupirte Gestaltung besitzt, durch welche zugleich eine größere Bodenfeuchtigkeit bedingt ist, die zuweilen sogar anderen Culturen hinderlich wäre. Der Hauptcharakter der inneren Wasserführung wird bestimmt erstens durch die Zusammensetzung des Ober- und Untergrundes mit den davon abhängigen physikalischen Eigenschaften, insbesondere der Durchdringlichkeit oder Undurchdringlichkeit — dann zweitens durch das innere Gefüge, die „Geotektonik". In ersterer Beziehung ist es selbstverständlich, daß dort, wo ein schwer durchlässiger Boden den Ober- und Untergrund bis in große Tiefen hinab bildet, weniger Niederschlagswasser von oben nach unten gelangen wird als bei ebenso mächtigem durchlässigem Boden, und daß, wenn oben durchlässiger, darunter undurchlässiger Boden liegt, das durch den ersteren versunkene Wasser in den unteren Grenzschichten der durchlässigen Bodenart sich ansammeln muß (Grundwasser). Alles Weitere aber hängt von der Geotektonik des Terrains ab. Hiebei kommen folgende wichtigere und häufigere Fälle in Betracht. Ist die innere Gestaltung beckenförmig, wobei die undurchlässigen (retentiven) Schichten die Auskleidung des Beckens, die durchlässigen aber die Ausfüllung desselben bilden, und liegt das Becken wagrecht, oder nur wenig geneigt, so nimmt das Grundwasser die tiefsten Stellen des Beckengrundes ein; es steigt oder fällt, je nachdem es durch die unmittelbar über dem Becken gefallenen Niederschläge oder auch durch seitliche Zuflüsse mehr oder weniger Zuschuß erhält, und fließt, durch das durchlässige Material der Beckenausfüllung sich durchdrängend, theilweise über den Beckenrand ab, wenn es denselben erreicht hat; es verdampft aber auch fortwährend theilweise nach oben durch die lockeren Schichten der Ausfüllung hindurch. Ist diese sehr arm an Pflanzennahrung (wie z. B. der Quarzsand) und zugleich so mächtig, daß die obersten Schichten nur mehr sehr wenig Wasser aus dem Grunde des Beckens erhalten können, so gedeiht auf solchen Stellen besonders in Gebieten mit sehr trockenen Sommern, weder Gras noch Getreide; nur Bäume können etwa mit ihren tiefer gehenden Wurzeln die unteren Bodenschichten aufsuchen, in denen das capillarisch gehobene Grundwasser noch in einer für die Vegetation hinreichenden Menge vorhanden ist. Es versteht sich, daß an solchen Stellen entweder blos dürre Haide oder Wald, sonst aber keine andere Vegetationsform bestehen kann. Ist nun ein natürlich angesiedelter oder ein künstlich angelegter Wald vorhanden und bedeckt Moos und Waldstreu den Boden desselben, so muß durch diese Hülle im Verein mit der Beschattung die aus dem Grundwasser aufsteigende Feuchtigkeit, soweit sie nicht von den Wurzeln in die Bäume geführt wird, also insbesondere der **über** dem Wurzelbereich in den obersten Bodenschichten capillar festgehaltene Wasserantheil vor rascher Verdampfung geschützt werden, daher länger im Boden zurückbleiben. Wenn man also in diesen Waldboden gräbt, wird man ihn gleich unter der Oberfläche feuchter finden als in gleicher Tiefe außer dem Walde; man wird manche schattenliebende Pflanze angesiedelt finden, die außerhalb des Waldes auf der Haide nicht gedeiht, kurz man wird in diesem Walde Zeichen größerer Feuchtigkeit bemerken. Diese rührt aber nicht etwa von reichlicheren Niederschlägen her, welche der Wald gebracht hätte, sondern sie ist nur die Wirkung des Grundwassers, durch welches zunächst das Wachsthum der Bäume ermöglicht wurde, local erhöht durch den Bodenschutz, den die Kronen gewähren; würde man das Grundwasser abzapfen, so würde der Wald sammt aller seiner Feuchtigkeit verschwinden. Nicht das **Material** zur Feuchtigkeit also, sondern nur die Aufspeicherung eines Theiles dieses schon früher vorhandenen Materiales verdankt in diesem Falle der Waldboden dem Walde, und würde dieser ganz abgetrieben und gerodet, so würde aus den **unteren** Bodenschichten **weniger** Grundwasser in die Luft geführt, der Grundwasserspiegel könnte ein wenig höher stehen, weil die Bäume aus den Grundwasserschichten mehr Wasser durch Transspiration entfernt haben, als der kahle Boden durch Verdampfung entfernen kann. Die alleroberſten Bodenschichten also würden zwar trockener werden, unter dieser trockeneren Schichte aber könnte mehr Grundwasser bleiben als vorher zur Zeit der Bestockung.

Hat die untere retentive Bodenschichte, auf welcher das eingedrungene Wasser nicht weiter versinkt, nicht die Gestalt eines Beckens, sondern bildet sie mehr oder minder geneigte Bänke, so ruht das Wasser darauf nicht wie in einem Grundwasserbecken, sondern es fließt längs der geneigten Schichtfläche thalabwärts, theilt sich oft in mehrere Adern, die sich später wieder vereinigen und abermals trennen u. s. w., und tritt überall dort zu Tage heraus, wo die Schichte, auf welcher dieses Wassernetz sich fortbewegt, unbedeckt bleibt oder zu Tage ausgeht. Wächst die Menge des unter der Bodenhülle fortschleichenden Wassers ungewöhnlich an, so bläht es die darüberliegende Erde auf, erweicht sie, erzeugt Naßgallen, Sumpfstellen u. s. w.

Diese Fälle müssen nothwendigerweise in stark coupirtem Terrain, in sehr unebenem Hügel- und Berglande öfter eintreten als in der Ebene und im sanfter gestalteten Wellenlande. Da nun im stark coupirten Terrain die ursprünglichen Wälder fast überall noch bestehen, weil es eben durch seine Gestaltung für andere Culturen nicht zugänglich ist, gibt es eine große Menge von Waldstrecken, deren Boden in seinem Inneren ein mehr oder weniger rasch sich fortbewegendes Wassernetz birgt und wo an vielen Stellen das Wassernetz zu Tage ausgeht; die Fälle, in denen solches bei Feldern und Culturwiesen zutrifft, sind selbstverständlich weit seltener. Es folgt aber daraus, daß schon in der Natur des Waldterrains häufig große Bodenfeuchtigkeit begründet sein muß, die also nicht vom Walde herrührt, am allerwenigsten aber von jenen Niederschlägen, die auf die betreffende Waldstrecke selbst fallen.

Im Gegensatz dazu gibt es auf absolutem Waldboden des Kalk- und Dolomitgebirges, welches reichlich von Spalten durchsetzt ist und tiefliegende Hohlräume besitzt, nicht wenige Wälder, deren Boden und Untergrund weniger Wasser in sich selbst birgt als das benachbarte Freiland, weil große Mengen des Niederschlagswassers nach kurzem Laufe in Spalten und tiefe Höhlen versinken, und nicht, wie im früheren Falle, nahe unter der Oberfläche sich fortziehen und an zahlreichen Stellen austreten, sondern in großen unterirdischen Reservoirs gesammelt werden und erst wenn diese überfließen, in Gestalt weniger aber mächtiger Quellen mit engbegrenzten Betten an den Tag heraustreten. Der Boden solcher Wälder verdankt also keinen oder nur einen sehr geringen Theil seiner Feuchtigkeit der schon ursprünglich vorhandenen inneren Wasserführung und ist vielmehr auf die Niederschläge angewiesen, die er direkt von oben erhält.

Alle diese Modalitäten der Wasserführung muß man bei der Beurtheilung des Waldbodens nach seiner Feuchtigkeit im Auge behalten.

Betrachten wir nun näher die vorher angedeuteten drei Haupteigenthümlichkeiten des Waldbodens, und zwar zunächst den Zustand der Beschattung, welche selbstverständlich bei Wäldern mit abfälligem Laube nicht das ganze Jahr hindurch wirksam ist.

Die Kronen bilden einen Schirm zwischen dem Boden und den zwei einzigen originären Erzeugern von Wärme und Kälte auf dem Erdboden, nämlich der Sonne und dem kalten Weltraume. Die Beschirmung durch die Kronen vermindert die Bestrahlung und folglich die directe Erwärmung des Bodens gegenüber einer kahlen oder nur mit bodenständiger Vegetation von übrigens gleicher Beschaffenheit versehenen Fläche; der Waldboden muß also jedenfalls zur Sommerszeit bedeutend kühler sein. Derselbe Schirm der Kronen aber vermindert auch die nächtliche und winterliche Ausstrahlung der Wärme aus dem Boden, und zwar bei Nadelhölzern das ganze Jahr hindurch, bei sommergrünen Laubwäldern aber nur während der Dauer der Belaubung. Es folgt daraus, daß der Boden aller Wälder im Sommer kühler und jener der Nadelwälder im Winter wärmer sein muß als der Boden des Freilandes, während der Boden sommer=

grüner Laubwälder im Winter nicht viel besser als der Freilandsboden gegen die erkaltende Ausstrahlung geschützt ist.

Die Temperatur des Bodens hängt aber nicht allein von dem Vorhandensein oder der Abwesenheit einer solchen Bedeckung ab, sondern auch von seinen eigenen Feuchtigkeitszuständen; und da, wie später gezeigt werden soll, der Waldboden wenigstens durchschnittlich und unter normalen Verhältnissen anhaltender feucht ist und insbesondere zu jener Zeit noch einige Feuchtigkeit behält, wo der Boden des Freilandes schon stark ausgetrocknet ist, liegt auch hierin eine Quelle der etwas niedrigeren Temperatur des Waldbodens. Als ziffermäßige Belege für den Temperaturzustand des Waldbodens mögen folgende Angaben dienen, welche aus Ebermayer's Beobachtungen hervorgehen.

Mitteltemperatur des Waldbodens in verschiedenen Tiefen.

Jahreszeiten	Oberfläche im Freien	Oberfläche im Walde	1 Fuß tief im Freien	1 Fuß tief im Walde	2 Fuß tief im Freien	2 Fuß tief im Walde
Frühling . . .	7,20	5,26	6,02	4,40	5,60	4,00
Sommer . . .	15,01	11,88	14,05	10,72	13,38	9,89
Herbst	7,09	6,08	7,64	6,60	8,48	7,21
Winter	1,50	1,35	1,57	1,71	2,31	2,39

Für die Jahrestemperatur der verschiedenen Tiefenschichten fand Ebermayer, daß dieselbe in jeder Tiefe gegen die Temperatur gleich tiefer Schichten des Freilandsbodens um ca. 21 % zurückblieb, wie die nachfolgende Zusammenstellung zeigt.

Tiefenschichten des Waldbodens:

Oberfläche	½ Fuß	1 Fuß	2 Fuß	3 Fuß	4 Fuß
% der Temperatur dieser Schichten im Verhältniß zu gleich tiefer Schichte des Freilandsbodens:					
79 %	80,5 %	80 %	78,9 %	78,8 %	78,8 %.

Es ergibt sich daraus, daß der Waldboden bei dichtem Kronenschlusse in allen von Ebermayer beobachteten Tiefen, nämlich von der Oberfläche bis zu 4 Fuß, eine niedrigere Jahrestemperatur hatte als der Boden im Freien bei gleichen Tiefen, und daß nach den dortigen Verhältnissen der Waldboden im Jahresmittel beiläufig 1/5 weniger Wärme besitzt als der Boden des Freilandes. Die nach Jahreszeiten geordnete Uebersicht zeigt, daß im Sommer, wo die Beschattung und die Verdunstungskälte des Waldbodens am wirksamsten ist gegenüber dem Freilande, sich die Temperatur des Waldbodens am weitesten von derjenigen des freien Bodens entfernt und in der Tiefe von zwei Fuß am größten ist. Zur entgegengesetzten Jahreszeit, im Winter, hat bewaldeter und nicht bewaldeter Boden beinahe die gleiche Temperatur; bei Laubwäldern, denen im Winter der Blätterschirm fehlt, fällt beinahe jeder Unterschied gegen das Freiland weg; bei Nadelwäldern hingegen bleibt der Boden sogar etwas wärmer als der Boden des Freilandes. In den zwischenliegenden Jahreszeiten verhält sich die Sache folgendermaßen: Im Frühling wirkt die von der Sonne ausgehende Erwärmung auf den beschirmten Waldboden weniger als auf den Freilandsboden; der erstere behält also noch länger einen Rest seiner winterlichen Kälte und folgt erst langsam der allgemeinen Temperaturzunahme in Luft und Erdrinde. Im Herbst hingegen verliert der beschirmte Waldboden langsamer die im Sommer gesammelte Wärme, als es beim freien Lande der Fall ist. Die relative Temperatur des Waldbodens gegenüber derjenigen des Ackerbodens beträgt, wenn die letztere gleich 100 gesetzt wird:

im Frühling	im Sommer	im Herbst	im Winter
72%	76%	84%	90%

Wenn nun auch im Allgemeinen, so wie durchschnittlich zu jeder Jahreszeit, der Waldboden kühler ist als gleichartiger und gleich gelegener Ackerboden, so gibt es doch im Einzelnen kürzere Zeiträume, in denen der Waldboden, mindestens in seinen oberen Schichten, der wärmere ist; z. B. wenn nach lange dauernder kräftiger Insolation ein abkühlender Wind eintritt, der über dem Freilande schnell seine Wirkung auch im Boden kenntlich macht, im Walde aber viel langsamer zur Wirkung gelangt; oder des Abends nach heißen Sommertagen oder auch durch mehrere Wochen am Beginne des Herbstes, wo der Waldboden seine Sommerwärme langsamer verliert als der frei ausstrahlende Acker- oder Wiesenboden.

Hinsichtlich der Feuchtigkeitsverhältnisse des Waldbodens ist vor Allem zu bemerken, daß derselbe bei Nadelwäldern durch das ganze Jahr, bei sommergrünen Laubwäldern während der Dauer der Belaubung entschieden weniger Niederschläge empfängt als der Boden des Freilandes, weil ein nicht unbedeutender Theil — Ebermayer berechnet im Durchschnitt 26% — der Niederschläge an den Blättern hängen bleibt und nicht zum Boden gelangt. Bei allen bisherigen Beobachtungen über die auf den Waldboden gelangenden Niederschlagsmengen dürften jedoch die Ziffern etwas zu klein ausgefallen sein, weil dabei nicht jenes Wasser mitgerechnet ist, welches an der Rinde der Aeste und des Stammes herunterfließt und von da aus in den Boden dringt. Da diese im Ganzen nicht unbeträchtlichen Wassermengen dem Regenmesser ganz entgehen, dürfte im Allgemeinen die Ziffer von 26% Wasserverlust oder von 74%, welche den Waldboden erreichen, etwas zu niedrig gegriffen sein.

Mehr ins Einzelne gehend möge aus Ebermayer's Beobachtungen hier angeführt werden, daß in den Fichtenwaldungen 73 und 72%, in den Buchenwaldungen 83, 78 und 73%, also entschieden mehr, dann in den Kiefernwaldungen nur 66% des gefallenen Regens auf den Boden gelangten. Die Regenmenge, welche an den Blättern oder Nadeln hängen bleibt ist sehr verschieden nach der Stärke der Regenfälle; bei feinen kurz dauernden Niederschlägen bleibt oft das gesammte Regenwasser besonders in den Nadelkronen hängen, so daß der Boden nichts davon erhält; je stärker der Regen, desto größer ist der Antheil, welcher zum Boden gelangt. Professor Krutzsch in Tharand hat in einem Fichtenwalde beobachtet, daß bei einem Niederschlage, der nur eine halbe Linie Regenhöhe im Freien ausmachte, nur 9% zum Boden gelangten, also 91% an den Nadeln hängen blieben; dagegen zeigten stärkere Regenfälle folgendes steigende Verhältniß:

Regenfall	Auf den Waldboden gelangter Antheil
1‴	18%
2‴	22%
5‴	54%
7‴	57%

Bei sehr starken Niederschlägen empfängt nach Krutzsch der Boden sogar 80—90%.

Nach Beobachtungen in einem Forste Mährens, welche von Dr. Breitenlohner mitgetheilt werden*), ergaben sich im September 1877 folgende vergleichbare Resultate in einem Buchen- und in einem Fichtenwalde, wobei zu bemerken ist, daß die angegebenen Regenmengen immer für je 24 Stunden gelten.

Starke Niederschläge (über 6 mm in 24 Stunden).

Im Buchenwald			Im Fichtenwald		
Niederschlag ober den Kronen (mm)	Niederschlag unten (mm)	In d. Kronen zurückgehalten (%)	Niederschlag ober den Kronen (mm)	Niederschlag unten (mm)	In d. Kronen zurückgehalten (%)
13,05	10,05	23,0	8,70	1,25	85,0
7,58	5,75	23,8	6,60	3,75	52,0
7,55	5,00	33,8	8,05	1,06	86,8

*) Centralblatt für das gesammte Forstwesen, Januarheft 1878.

Schwache Niederschläge (unter 2mm in 24 Stunden).

Im Buchenwald			Im Fichtenwald		
Niederschlag ober den Kronen (mm)	Niederschlag unten (mm)	In d. Kronen zurückgehalten (%)	Niederschlag ober den Kronen (mm)	Niederschlag unten (mm)	In d. Kronen zurückgehalten (%)
1,65	0,45	72,7	1,50	0,05	96,7
0,57	0,25	56,1	0,50	0,00	100,0
0,79	0,20	74,0	0,71	0,05	93,0

Es wurden also bei starken Niederschlägen vom Buchenwald durchschnittlich 27%, vom Fichtenwald 78%; dagegen bei schwachen Niederschlägen vom Buchenwald durchschnittlich 62%, vom Fichtenwald 95% des gefallenen Regens in den Kronen zurückgehalten und gingen für den Boden verloren.

Nimmt man alle Fälle aus den von Breitenlohner angeführten 12 Regentagen (zwischen 1. und 29. September 1877) zusammen, so ergibt sich, daß im Buchenwald die Kronen 35,8%, im Fichtenwald das benadelte Geäste sogar 83,2% des aus den Wolken gefallenen Regens zurückgehalten haben. Diese Beobachtungen, durch Jahre fortgesetzt, werden noch interessante Einblicke gewähren.

Wie sehr die Fortsetzung solcher Untersuchungen noth thut, zeigt sich aus der Vergleichung der eben erwähnten Daten mit den vor kurzem vom französischen Ackerbauministerium veröffentlichten Resultaten elfjähriger Beobachtungen an der Forstschule in Nancy, wonach dort die Kronen des Laubwaldes während der ganzen elf Jahre im Mittel nur 8,5% bis 17% (im Sommerhalbjahre 11% bis 18%) des Niederschlags zurückgehalten haben, und speciell im Sommer die Belaubung nur doppelt so viel gewirkt hat als das kahle Geäste im Winter. Diese Resultate wurden in einem Bestande von 40—51 jährigen Rothbuchen und Hainbuchen an zwei Stationen mit etwas verschiedenem Kronen=

schluß auf einem Plateau in 380 Meter Seehöhe erhalten; der Regenmesser bildete einen breiten Kranz um den betreffenden Baum, wobei auch das am Stamm herablaufende Wasser durch einen um denselben herumgelegten Kragen aufgefangen wurde. Nach dieser Einrichtung konnte der aufgefangene Niederschlag nur von einem einzigen bestimmten Baume herrühren; ob das eine Rothbuche oder eine Hainbuche war, ist im Berichte nicht gesagt.

Bis jetzt wissen wir im Ganzen nur soviel, daß verschiedene Bestände den Niederschlag in verschiedenem Grade zurückhalten. Ob und wie andrerseits die Wälder durch Vermehrung der Niederschläge ihrem Boden eine Compensation dafür leisten, wird später besprochen werden; keinesfalls aber wird diese Compensation bei allen Holzarten und an allen Standorten eine genaue sein und es wird auch Wälder geben, über denen nicht genug Regen fällt, um gänzlich den Entzug des in den Kronen gebliebenen Wassers dem Boden zu ersetzen.

Da jedoch, wie später gezeigt werden soll, besonders im Frühjahr bei Thauwinden bisweilen im Inneren des Waldes Niederschläge entstehen können, die außerhalb und über den Kronen nicht stattfinden, und da diese inneren Niederschläge dem Waldboden unvermindert zukommen, kann durch dieselben die Compensation vervollständigt werden. Uebrigens folgt selbst in dem Falle, als der Waldboden weniger Gesammtniederschlag erhält als der Freilandsboden, nicht auch, daß der Waldboden durchschnittlich trockener sein müsse; denn vermöge der Beschattung und des geringen Luftwechsels innerhalb eines geschlossenen Waldes verdampft der Waldboden das erhaltene Wasser weit langsamer als der Ackerboden, kann also zu einer Zeit, zu welcher der Freilandsboden bereits ausgetrocknet ist, noch einige Feuchtigkeit bewahren. Dieses gilt jedoch hauptsächlich nur von den obersten Bodenschichten, und zwar bei Wäldern, welche außer den Bäumen keine bedeutende bodenständige Vegetation von Gräsern und Kräutern, dagegen eine Streudecke besitzen. Ist der Wald von Gras- und Kräuterwurzeln durchzogen, so entzieht die Transspiration dieser Pflanzen schon den obersten Bodenschichten in der bekannten Weise sehr viel Wasser; zwar weniger als wenn dieselbe bodenständige Vegetation unbeschattet im Freien stände, aber doch mehr, als wenn eine solche Vegetation nicht vorhanden wäre. Ist der Waldboden mit solchem Moos bedeckt, welches weniger transspirirt als die Phanerogamen, so erhält sich selbstverständlich die Feuchtigkeit der oberen Bodenschichten auch länger.

Es gibt also Wälder, deren oberste Bodenschichten durchschnittlich feuchter sind oder wenigstens im Sommer ihre Feuchtigkeit länger bewahren als die analogen Schichten des freien Bodens. Nun fragt es sich aber, ob und inwiefern diese Wasserbewahrung der oberen Schichten auch den unteren und folglich auch dem Geäder der Quellen zu gute kommt. Da müssen wir vor Allem zwei Fälle unterscheiden, je nachdem nämlich der Waldboden nur auf die an Ort und Stelle gefallenen Niederschläge angewiesen ist oder außerdem noch eine andere Quelle der Bodenfeuchtigkeit von unten her besitzt. Ist im ersten Falle der Waldboden kahl, selbst von Streu und Moosen entblößt, so versinkt je nach seiner Durchlässigkeit mehr oder weniger rasch, sowie in jeden Boden überhaupt, ein Theil des Niederschlagswassers in die Tiefe; und da im Walde nach oben hin weniger Wasser aus dem Boden verdampft, so können unter günstigen Umständen die tieferen Schichten des Waldbodens mehr Wasser erhalten als die gleich tiefen Schichten im Freilande. Ist jedoch im selben ersten Falle der Boden mit Streu oder mit Sumpfmoosen (insbesondere Sphagnum und Leucobryum) bedeckt, also mit solchen Körpern, welche das Wasser hartnäckig festhalten und vermöge ihrer Hygroskopicität sogar aus der Atmosphäre Wasserdampf zu Wasser verdichten und sich mit demselben durchtränken, so tritt naturgemäß gerade das Gegentheil von dem ein, was man gemeiniglich einer solchen Streu- oder Moosdecke zuschreiben zu sollen glaubt; denn Körper, welche das Wasser energisch festhalten, geben es nach keiner Seite hin ab, so lange sie nicht vollständig mit Wasser gesättigt sind. Mäßige Niederschläge also, durch welche die Moos- oder Streudecke noch nicht vollständig gesättigt wird, werden von derselben aufgesogen und nicht weiter gegeben; starke Niederschläge hingegen bleiben über einer solchen Decke, nachdem diese bereits gesättigt ist, bei horizontalem Boden stehen, da durch eine bereits mit Wasser gesättigte Substanz unmöglich Wasser hindurchdringen kann; bei geneigtem Terrain fließt das über die Sättigung der Bodendecke überschüssige Wasser aus demselben Grunde ab, ohne durch die erwähnte Decke hindurch in untere Schichten dringen zu können. Wälder mit reichlichen dichten Sphagnen-Polstern verdanken also ihre reiche Bodenfeuchtigkeit nicht ursprünglich den Sphagnen, sondern umgekehrt: die Sphagnen haben sich angesiedelt, weil der Waldboden schon vorher ungewöhnlich viel Feuchtigkeit und Moder besaß, und die Moosdecke hält dann nur die Feuchtigkeit, die der Boden schon hat, in demselben zurück, gibt ihm aber weniger Wasser ab, als wenn der Boden frei läge. Die anderen Waldmoose (Hypnum, Bryum, Mnium u. s. w.), welche im lebenden Zustande nicht hygroskopisch sind und keine so zusammenhängenden Decken bilden, sind günstiger für das Eindringen der Niederschlagswässer in tiefere Schichten, vermindern aber weniger energisch die Verdampfung aus dem Boden. Hierauf kommen wir später bei der Frage über den Einfluß des Waldes auf die Quellen noch zurück.

Es folgt aus allem vorhin Gesagten, daß in solchen Wäldern, deren untere Bodenschichten blos auf jenes Wasser angewiesen sind, welches von dem unmittelbar über ihnen ins Innere des Waldes gelangten Niederschlagswasser herrührt, die also ihren Wasservorrath nur in verticaler Richtung von oben und keinen Wasserzuschuß von unten oder von der Seite her erhalten, in ihren tieferen Bodenschichten (etwa von 0,75 m und weiter abwärts) mehr Feuchtigkeit erhalten, wenn die oberen Bodenschichten kahl sind, als wenn diese mit hygroskopischen Körpern, wie Streu und stark wasserbindenden Moosen bedeckt sind.

Im zweiten Falle hingegen, wenn nämlich die unteren Bodenschichten durch darunter liegendes Grundwasser, welches seinen Ursprung nicht an derselben Stelle hat, oder durch Seihwasser (von benachbarten Flüssen oder Bächen her), oder bei geneigtem Terrain durch die aus höher gelegenen Partien in Gestalt eines mehr oder weniger verzweigten Geäders im Boden sich thalabwärts ziehenden unterirdischen Wasserfäden eine Befeuchtung erhalten, wirken die hygroskopischen Bodendecken sehr mächtig auf die Erhaltung der Bodenfeuchtigkeit auch in den tieferen Schichten; denn jene bilden dann eben vermöge ihrer Hygroskopicität und ihres dichten Schlusses eine Hülle, welche das Verdampfen von Wasser aus den unteren Schichten nach oben eben so energisch verhindert, wie umgekehrt das Eindringen der Niederschläge von oben nach unten. Durch die nicht hygroskopischen Arten der Waldmoose hingegen wird die Verdampfung aus dem Boden weit weniger verlangsamt und vermindert als durch Sphagnen und durch Streulagen. Mehr wird die Austrocknung der unteren Schichten bei ganz nacktem Waldboden befördert, weil ja auch die Bäume durch den Transspirationsproceß reichlich zur Entwässerung der unteren Schicht beitragen, während dann gleichzeitig die oberen Erdschichten der directen Verdampfung ihres Wassers in höherem Grade ausgesetzt sind.

Um die Feuchtigkeitszustände der verschieden tiefen Schichten des Waldbodens richtig zu beurtheilen, ist es also durchaus nothwendig, sich mit dem inneren Baue der betreffenden Waldstellen, mit der Geotektonik, sowie mit der Natur der verschiedenen Moose vertraut zu machen, und es ist sachlich ungerechtfertigt, die Feuchtigkeitszustände des Waldbodens ein- für allemal mit einer Durchschnittsziffer auszudrücken.

Hier, wo es sich zunächst nur um die Beziehung zwischen Wald und Klima, und beim letzteren hauptsächlich um Temperatur und Feuchtigkeit handelt, genügt es, folgende Hauptpunkte festzuhalten. Erstens: die Oberfläche des Waldbodens erhält in der Regel weniger Meteorwasser als die Oberfläche des freien Bodens an derselben Stelle erhalten würde; zweitens: aus den oberen Schichten des Waldbodens verdampft weniger als aus Freilandsboden bei übrigens gleichen Umständen; drittens: ob jener Verminderung des Empfanges durch die Verminderung der Verdampfung, d. h. also durch das energischere Festhalten des empfangenen Bodenwassers, das Gleichgewicht gehalten wird, oder ob das Uebergewicht nach der einen oder anderen Seite hin zu liegen kommt, hängt von den Besonderheiten des Bodens, von der Schichtenfolge und der inneren Wasserführung in demselben, dann von der Bedeckung durch Moose oder Streu ab; viertens: am entschiedensten feucht, selbst noch in den unteren Schichten, ist jener Waldboden, welcher Feuchtigkeit durch Grundwasser oder Bodenwassergeäder von unten oder von der Seite her empfängt und zugleich von oben mit Streu und dichtem Moos bedeckt ist; in diesem Falle entsteht oft nicht allein die erwünschte Bodenfrische, sondern eine schädliche Versumpfung, und diese rührt nicht etwa davon her, daß Streu und Moos das Wasser geliefert haben, sondern davon, daß diese Bodendecken das Verdampfen des anderwärts herbeigekommenen Wassers aus dem Boden verhindern.

An die Atmosphäre geht das Bodenwasser auf zwei verschiedenen Wegen zurück: erstens durch die unmittelbare Verdampfung aus dem Boden, wobei, wenn die oberen Schichten ausgetrocknet sind, durch die hiebei entstehenden porösen Räume, Spalten u. s. w. auch aus immer tieferen Schichten Wasser capillar gehoben und, wenn auch langsam, zuletzt aus der obersten Schichte verdampft wird; zweitens durch die Transspiration aus den Waldpflanzen, wobei man die bodenständige Vegetation von den Bäumen trennen muß.

Die Verdampfung aus dem Boden und aus der bodenständigen Vegetation bringt Wasser zunächst in jene Luft, welche zwischen den Bäumen im Walde selbst sich findet, beeinflußt also die im engeren Sinne sog. Waldluft, d. h. die Luft des Waldinneren; die Transspiration aus den Kronen der Waldbäume hingegen, welche am energischesten in den obersten der Insolation und dem Luftwechsel am meisten ausgesetzten Blätterschichten stattfindet, liefert Wasser an jene Luftschichten ab, welche sich zwischen und über den Kronen befinden. Diese letztere Transspiration ist unter günstigen Umständen jedenfalls viel mächtiger als die Transspiration aus einer bodenständigen Pflanzendecke bei sonst gleichen Umständen, weil die Fläche der transspirirenden Organe, nämlich der Blätter, vielmal größer ist als die transspirirende Fläche sämmtlicher Blätter einer bodenständigen Vegetation, wie denn z. B. aus Professor Unger's schon früher erwähnten Beobachtungen hervorgeht, daß Buchen, Fichten und Kiefern eine 5 bis 10 mal größere transspirirende Blattfläche haben als Gramineen und verschiedene andere Nutzpflanzen, wenn sie den gleich großen Bodenraum einnehmen. Wenn also jene Bodenschichten, aus denen die Wurzeln der Waldbäume hauptsächlich Wasser ziehen und die — bis zu einer gewissen Gränze — desto tiefer liegen, je älter der Bestand ist und je lockerer und tiefgründiger die Walderde, reich an Wasser sind, was, wie bereits bekannt, die Transspirationsgröße bedeutend erhöht, so resultirt bei der Vegetation eines Waldes eine ganz ungeheuere Menge von Wasserzufuhr aus dem Boden durch die Blätter an die Atmosphäre und es wird dadurch Wasser, welches mitunter aus entlegenen Gegenden unter den Waldboden gelangt ist, in weit reichlicherer Menge der Atmosphäre wieder zugeführt, als es auf jedem anderen Wege, sei es durch eine freie Wasserausbreitung oder durch eine bodenständige Vegetation oder durch Vermoderung u. s. w., möglich wäre. Selbstverständlich beschränkt sich dieser energische Wasserumsatz auf die Zeit des Saftlaufes in den Bäumen, also auf etwa 5 bis 7 oder 8 Monate im Jahre, je nach dem localen Klima und den Baumgattungen. Ebenso selbstverständlich aber ist es, daß, wie schon früher bezüglich der bodenständigen Vegetation und der freien Wasserfläche bemerkt wurde, auch das aus dem Walde an die Atmosphäre abgegebene Wasser nicht als eine stetig zunehmende Bereicherung und Aufspeicherung zu betrachten ist, da ja in kürzester Zeit ein größerer oder geringerer Theil dieser der Luft zugeführten Wassermassen, wenn auch anderswo, in der Gestalt von Niederschlägen wieder zu Boden gelangt, um abermals auf den schon bekannten Wegen den Kreislauf anzutreten und denselben immer zu wiederholen.

3. Stämme und Aeste.

Die Stämme und die dickeren Aeste der Bäume gewinnen durch die ansehnliche Masse theils saftigen Splintes, theils trockenen Kernholzes, woraus sie bestehen, und durch die wechselnden Temperaturverhältnisse, denen diese massenhaften Gewebe unterliegen, einen großen Einfluß auf die Temperaturverhältnisse der Waldluft, und zwar einen desto größeren, je dichter der Wald ist.

Hiebei ist ein Unterschied zu machen zwischen den unteren, den Wurzeln benachbarten Theilen des Stammes, insbesondere dem sogenannten Anlauf, und den oberen, höher aufragenden Theilen des Schaftes sammt dem dicken Geäste. Die unteren Stammtheile hängen bezüglich ihrer Temperatur mehr vom Boden als von der Luft, die oberen hingegen mehr von der Luft als vom Boden ab. Der Gang der Temperatur ist übrigens in allen Theilen des Stammes immer ziemlich langsam, weil die Holzfaser, sowohl die trockene als die benetzte, und das Vegetationswasser selbst, endlich auch die das Gewebe durchziehenden harzigen, gummiartigen u. s. w. Säfte schlechte Wärmeleiter sind. Es braucht also wie beim Wasser auch in den Bäumen eine längere Zeit, bis die Temperaturänderungen der Luft oder die Wirkung der Besonnung und der nächtlichen Ausstrahlung bis in das Innere der Stämme oder Aeste dringen; diese Wirkungen treten also daselbst nicht nur verspätet, sondern auch vermindert oder abgeschwächt ein, und es muß im Baum der Gang der Temperatur geringere Extreme und eine geringere Gesammtwärme aufweisen, als es bei der Luft der Fall ist. Krutzsch und nach ihm Ebermayer, dann Böhm und Breitenlohner haben hierüber Beobachtungen veröffentlicht, aus denen folgende Hauptpunkte hervorgehen: Erstens, die Bäume sind während des Tages kälter, Abends und in der Nacht fast immer wärmer oder — und zwar nur in wenigen einzelnen Fällen — nur um ein Weniges kälter als die umgebende Luft. Zweitens, der tägliche Gang während der verschiedenen Jahreszeiten ist folgender: Am Morgen sind im Winter sowohl der Stamm als die Aeste wärmer als die Luft, zu den anderen Jahreszeiten dagegen kälter; um den Mittag sind Stamm und Aeste zu allen Jahreszeiten kälter als die Luft; am Abend sind die oberen Stammtheile mit seltenen Ausnahmen zu allen Jahreszeiten wärmer als die Luft; die unteren Stammtheile hingegen sind nur im Herbst und Winter wärmer, im Frühling und Sommer aber kälter als die Luft, verhalten sich also wie der Waldboden. Drittens, im Durchschnitte des ganzen Jahres und der ganzen Stammmasse ist der Baum kälter als die umgebende Luft. Viertens, in allen einigermaßen dickeren Theilen des Baumes sinkt die Temperatur sowohl in einzelnen Tagen als auch im Ganzen während des Winters nie so tief herab, daß sie das Minimum der Lufttemperatur erreicht; je dünner die Aeste oder Zweige sind, desto näher kommt ihre Erkaltung derjenigen der Luft. Fünftens, in den stärkeren Theilen des Baumes wird auch jene Wärme nicht erreicht, zu welcher die Luft gelangt, und das Maximum der Baumwärme bleibt hinter demjenigen der Luftwärme desto mehr zurück, je größer die Baumstärke ist; dagegen können dünnere Aeste und Zweige, wenn sie der Sonne ausgesetzt sind, wegen ihrer dunkleren Farbe wenigstens in den Rindentheilen sogar höhere Temperaturen erhalten, als das Maximum der Lufttemperatur beträgt. Sechstens, die täglichen und jährlichen Schwankungen der Temperatur sind im Baume kleiner als in der Luft, und zwar desto kleiner, je größer der Durchmesser der betreffenden Baumtheile ist. Siebentens, das Holz der Bäume folgt auch mehr oder weniger raschen Aenderungen der Lufttemperatur, wie sie durch den Wechsel der Winde hervorgebracht werden, jedoch sind diese nichtperiodischen und sehr ungleich langen Schwankungen nur in den schwächeren Theilen deutlich meßbar, während sie in den stärkeren Partien des Baumes verschwinden. Achtens, die Schnelligkeit, mit welcher die Aenderungen der äußeren Temperatur des Bodens oder der Luft vom Baume aufgenommen und in demselben weitergeleitet werden, ist bei verschiedenen Baumarten sehr verschieden und bisweilen in einer Species doppelt so schnell als in einer anderen.

Das in diesen acht Punkten ausgedrückte Verhalten der Baumtemperaturen würde auch für todte Pflanzen gelten, deren Wassergehalt ein geringerer wäre und denen der Saftlauf gänzlich fehlen würde. Böhm und Breitenlohner haben nun durch eine Reihe specieller Versuche*) den Einfluß, welchen der Saftlauf auf die Schwankungen der Temperatur lebender Bäume hat, von jenem Einflusse getrennt, welcher blos von der Insolation oder Ausstrahlung und von der Wirkung der umgebenden Luft abhängt. Sie gingen von dem Gedanken aus, daß die longitudinal von unten nach oben gehenden Temperaturänderungen des Bauminneren wesentlich von der Temperatur des Saftstromes abhängen müssen, der aus dem Boden in den Stamm und die Aeste aufsteigt, und suchten den Gang und die Größe dieses Einflusses dadurch deutlich zu machen, daß sie bei warmem trockenen Wetter die Temperatur der Wurzelregion mittelst kalter Begießungen erniedrigten, dann die Temperatur des Bauminneren in verschiedenen horizontalen und verticalen Abständen beobachteten und diese Daten verglichen mit denjenigen, welche aus gleich gelegenen Punkten eines zweiten möglichst gleichen aber nicht begossenen Baumes sich ergaben**). Das Resultat läßt sich kurz in folgenden Punkten

---

*) Böhm und Breitenlohner, Die Baumtemperatur in ihrer Abhängigkeit von äußeren Einflüssen. LXXV. Bd. der Sitzungsberichte der kais. Akademie der Wissenschaften, Maiheft 1877.

**) Der Begießungsversuch fand während der zehn ganz regenfreien Spätsommertage vom 11. bis 20. September 1875 an einer Birke im botanischen Garten zu Mariabrunn statt, und die an ein-

aussprechen: Erstens, die longitudinale Leitung wird vermittelt durch den aufsteigenden Saftstrom von oben nach unten, und da dieser Saftstrom bekanntlich von der Transspiration abhängt, mittelbar auch durch diese. Zweitens, eine Erniedrigung der Bodentemperatur während der Transspirationsdauer bewirkt auch eine Erniedrigung der Temperatur im Bauminneren; diese Wirkung nimmt aber selbstverständlich von unten nach oben, und da der aufsteigende Strom mehr im Inneren stattfindet, auch von innen nach außen ab. Drittens, die untere Stammpartie steht noch unter dem vollen Einflusse der Bodenwärme, welche ihr durch den aufsteigenden Saftstrom mitgetheilt wird; dieser Einfluß verliert sich gänzlich bei der Verästelung des Baumes. Viertens, hört die Transspiration und somit das Saftsteigen auf, so ist die Temperatur des Baumes nur mehr abhängig von der Lufttemperatur, resp. von der Insolation oder Ausstrahlung, die den Baum selbst betrifft. Die Größe der hier in Rede stehenden Wirkung mag durch folgende Zahlen illustrirt werden.

---

gesenkten Baumthermometern gefundenen Daten wurden verglichen mit denen aus einer zweiten möglichst ähnlichen Birke im selben Garten. Die Luft, unter deren Einfluß beide Birken standen, hatte während der Versuchszeit im Mittel eine Temperatur von 14,7 ° C. (Extreme: 24,6 ° und 0,0 °), die Nächte waren kalt; die Bäume hatten an und für sich eine Temperatur von ca. 14 ° C., der Boden vor der Begießung ebenfalls ca. 14 ° C., das zum Begießen verwandte Wasser hatte 10 ° C., und dasselbe erniedrigte die Temperatur des Bodens um die Versuchsbirke auf 11 ° C.

	Unten	Mitte	Oben
Temperatur, welche der Versuchsbaum ohne Begießung gehabt hätte . .	13,79	13,33	14,22
Temperatur des Versuchsbaumes in Folge der Begießung	11,37	12,73	14,07
Differenz	2,42	0,60	0,15

Nach zehntägiger Wiederholung des Begießens an dem einen Baume ergaben sich in diesem folgende Differenzen gegen die Temperatur der gleich gelegenen Punkte des nicht begossenen Vergleichsbaumes:

Unten	Mitte	Oben
2,42	0,60	0,15

Unter den Umständen, wie sie hier bei den beiden Vergleichsbäumen stattfanden, würde also durch den aufsteigenden Saftstrom die Temperatur der Bäume unten ziemlich bedeutend, in der Höhe von 6 Meter jedoch nur mehr um 0,60° C. und in der Höhe von 12 Meter nur noch um 0,15° C. erniedrigt werden, und die Depression in der Mitte würde demnach nur den vierten Theil und jene am oberen Punkte (in der Höhe von 12 Meter) nur den 16. Theil von derjenigen am Stammansatze betragen.

Aus alledem geht hervor, daß man, wenn von den Temperaturverhältnissen des Waldinneren die Rede ist und dabei die Temperatur des Waldbodens als ein maßgebender Factor mit in Rechnung gezogen wird, zu dem Boden auch noch die untersten Theile der Stämme rechnen muß; daß diese Theile den Schwankungen der Bodentemperatur ziemlich rasch folgen, daß aber gegen die Mitte der Baumhöhe hin diese Abhängigkeit der Baumtemperatur von der Bodentemperatur schon zu unbedeutend wird, um einen wesentlichen Einfluß auf die Temperatur des Waldinneren üben zu können. Für den Einfluß auf die Temperatur des Waldes selbst sind nach allem, was hier dargestellt wurde, hauptsächlich nur die zwei Momente von Belang: daß die Bäume am Beginne der Erkaltungszeiten (also am Abende und im Herbste) noch längere Zeit die von der vorangegangenen Erwärmungszeit erhaltene höhere Temperatur behalten und daß sie umgekehrt am Beginne der Erwärmungszeiten (also am Morgen nach Sonnenaufgang und im Frühlinge) die in der vorangegangenen Erkaltungszeit erlangte niedrige Temperatur noch länger bewahren als der freie Boden und die umgebende Luft, was selbstverständlich zur Folge hat, daß die Temperatur der die Bäume umgebenden oder zwischen denselben hindurchstreichenden Luft durch die Eigentemperatur der Bäume in meßbarem Grade abgeändert wird.

4. Baumkronen.

Die Baumkronen als Anhäufungen transspirirender Vegetationsorgane verhalten sich im Ganzen und aus den gleichen Gründen ähnlich wie die schon betrachteten bodenständigen Massenvegetationen, also Wiesen, Saatfelder u. s. w. Auch die Baumkronen müssen, für sich allein betrachtet, bei Tag stets eine niedrigere und bei Nacht wenigstens keine höhere Temperatur besitzen als kahle Flächen in sonst gleicher Lage; eben deßwegen müssen die Baumkronen auch niedrigere Tages-, Monats- und Jahresmittel der Temperatur aufweisen, geringere Temperaturextreme, haben und es muß insbesondere durch die in ihnen stattfindende Transspiration und Verdampfung die Feuchtigkeit der dazwischen und darüber befindlichen Luftschichten vergrößert werden. Da jedoch die Baumkronen mit den Stämmen und durch diese mit dem Boden zusammenhängen, wird ihr Verhalten in klimatischer Beziehung, wenn auch nicht sehr bedeutend, doch immer noch in nachweisbarem Grade, durch dasjenige modificirt, was in den Stämmen und im Boden vorgeht. Hierüber haben die Beobachtungen Ebermayer's folgendes gelehrt: Zu den Abkühlungszeiten wird die Abkühlung der Blätter und folglich der Kronen verlangsamt durch den Einfluß der höheren Temperatur, welche, wie oben gesagt, in den Stämmen noch einige Zeit lang nachwirkt; die Luft zwischen den Blättern geschlossener Kronen wird, so wie insbesondere die unteren Blattschichten, noch länger warm erhalten als das

Blatticht bodenständiger Vegetationsdecken, welches zu Beginn der Abkühlungszeiten kein solches Wärmereservoir mehr unter sich hat. Es gibt daher zwar nicht lange, aber immerhin nicht ganz unbeträchtliche Zeiträume sowohl in heiteren Nächten des Sommerhalbjahres als auch bei Tage und Nacht zu Beginn des Winters, während deren die Luft in den Kronen ein wenig wärmer ist als die freie. Umgekehrt bilden am Ende des Winters und am Ende der Nacht die erkalteten Stämme eine Kältequelle, durch welche die Erwärmung der Baumkronen mittelst warmer Winde oder Insolation einigermaßen verlangsamt wird. Ueber die Abweichungen der Temperatur der Luft in den Baumkronen gegen jene der freien Luft entnehmen wir aus Ebermayer's Werk folgende kleine Tabelle:

Abweichung der Temperatur der Luft in den Baumkronen gegen jene der freien Luft*).

Tageszeit der Beobachtungen	Monate und deren Abweichungen					
	Decbr.	Januar	Februar	März	April	Mai
Morgens	+ 0,07	— 1,16	— 0,24	— 0,01	— 0,01	— 0,57
Abends	+ 0,17	— 0,59	— 0,14	— 0,64	— 0,56	— 0,99
Mittel	+ 0,12	— 0,88	— 0,19	— 0,32	— 0,28	— 0,78

Tageszeit der Beobachtungen	Monate und deren Abweichungen					
	Juni	Juli	August	Septbr.	October	Novbr.
Morgens	— 1,07	— 1,12	— 0,91	— 1,17	— 0,05	+ 0,55
Abends	— 1,24	— 1,33	— 1,20	— 1,09	— 0,12	+ 0,04
Mittel	— 1,16	— 1,22	— 1,05	— 1,13	— 0,09	+ 0,29

Die Haupteigenthümlichkeit der Kronen aber besteht in dem von ihnen in Dumpfform gehenden Transspirationswasser, welches, in der Luft aufsteigend, den absoluten Wassergehalt der letzteren während der Transspiration, also

*) Umgerechnet von Réaumur auf Celsius.

vorwiegend am Tage, höher anwachsen macht, als wenn an derselben Stelle keine Bäume wären. Nach der Tages- und Jahreszeit, nach dem Altersstadium, in welchem sich die Blätter befinden, nach dem Grade der Heiterkeit oder Trübung des Himmels, nach dem Temperatur- und Feuchtigkeitszustande der Luft und nach ihrem Bewegungszustande, endlich nach der Natur der verschiedenen Baumgattungen wird die Transspirationsgröße selbst bei gleichem Boden und gleichem Feuchtigkeitsstande desselben sehr verschieden sein, — worüber leider genaue Messungen noch nicht vorliegen. Aber so viel kann aus den schon bekannten Vegetationsgesetzen mit Sicherheit gefolgert werden, daß während der Vegetationszeit der Wald auf den Dampfgehalt der Luft weit mehr durch die Transspiration aus den **Kronen** als durch die wegen niedrigerer Temperatur und geringen Luftzuges nur sehr unbedeutende Verdampfung aus dem **Boden und seiner Decke** wirken muß. Ob diese Transspiration der Bäume mehr Wasser liefert als die Transspiration einer Wiese oder eines Saatfeldes, ist noch nicht endgiltig durch längere exacte Versuchsreihen festgestellt; es läßt sich aber wohl aus der Natur der Vegetation ableiten: daß sehr stark befeuchtete Wiesen mehr, nicht stark bewässerte Wiesen und Hutweiden weniger Transspirationswasser liefern werden als ein Wald unter mittleren Verhältnissen und ohne reichliches Untergrundwasser; daß aber Saatfelder, wenngleich für einige Wochen vielleicht ebenso oder selbst noch lebhafter transspirirend als Wiesen, doch wegen ihrer kurzen Vegetationszeit innerhalb eines Jahres weit weniger Wasser in die Atmosphäre zurückführen als die Kronen der Wälder.

5. Das Klima des Waldinneren als Gesammtwirkung des Waldbodens, der Stämme und Kronen.

Nachdem uns nun die einzelnen Factoren bekannt sind, welche innerhalb eines Waldes auf die Abänderung der Temperatur und der Luftfeuchtigkeit gegenüber unbewaldeten Strecken eine bestimmte Wirkung äußern, ist es nicht schwierig, sich den specifischen Gang des Waldklimas während der verschiedenen Jahres- und Tageszeiten zu vergegenwärtigen, wobei jedoch immer das Waldinnere, der Raum zwischen den Stämmen und dem unteren Geäste, von der oberen Kronenregion zu unterscheiden ist.

Zur Sommerszeit, worunter wir hier den voll entwickelten Sommer mit Hinweglassung der Uebergangswochen vom Frühlinge und Herbste verstehen, von denen später die Rede sein wird, findet die aufgehende Sonne stark abgekühlte Baumkronen, unter denen die etwas wärmere feuchte Luft des Waldinneren liegt. Die Kronen erwärmen sich nun allmälig, aber die unteren Blätterlagen langsamer und nicht so stark wie die trockenen oder an der Sonne bald getrockneten Substanzen einer freien Bodenfläche, und jede Krone beginnt reichlicher Wasser auszuhauchen als selbst ein stark benetzter freier Boden von der Flächenausdehnung des größten Querschnittes derselben Krone; die Stämme nehmen die Wärme noch langsamer an als die Kronen, werden auch, weil sie durch die Kronen beschattet sind, selbst an heiteren Tagen weniger direct von der Sonne beschienen und erhöhen daher ihre Temperatur langsam und in viel geringerem Grade as freistehende Körper oder auch vereinzelte Bäume im Freilande; am Boden des Waldes endlich tritt die Erwärmung ebenfalls verspätet ein und ist um so geringer, je feuchter derselbe ist. Da jedoch trotz aller dieser Verspätungen und

Abminderungen der Wärmewirkung endlich doch das Waldinnere eine höhere Temperatur erlangt, als es während der Nacht und am frühen Morgen hatte, steigert sich auch die Verdampfung von Wasser aus dem Waldboden, dann aus den Baumrinden (wenn sie etwa durch einen vorhergegangenen Regen benetzt sind); die innere Waldluft nimmt daher an absoluter Feuchtigkeit zu, d. h. sie wird reicher an Wasserdampf, als sie früher war, sie bleibt aber wegen der gegen das freie Land niedrigeren Temperatur näher am Condensationspunkte, als eine Luftmasse mit ebensoviel Wasserdampf unter sonst gleichen Umständen im Freilande wäre; es wird also im Waldinneren wegen der größeren relativen Feuchtigkeit in gleicher Zeit weniger Wasserdampf in die Luft geführt als bei sonst gleichen Umständen im Freilande. In diesem Sinne geht nun die Erwärmung und Verdampfung fort bis einige Stunden nach Mittag und nimmt dann gegen den Abend sehr langsam ab. Bei ganz unbewegter Luft würde demnach an einem Sommertage gewissermaßen eine Schichtung der Waldluft vorhanden sein, nämlich unten eine kühlere Luftschichte mit größerer relativer und geringerer absoluter Feuchtigkeit, dann eine obere Schichte in den oberen Theilen der Kronen mit hoher Temperatur und geringer relativer aber großer absoluter Luftfeuchtigkeit. Eine solche Schichtung dauert aber nicht lange ungestört fort und am wenigsten bei kleinen Waldcomplexen, weil die kühlere und dadurch schwerere Waldluft das Bestreben erhält, nach außen abzuströmen, wo im Freilande wärmere, leichtere Luft ansaugend wirkt. Aus dem Walde ziehen demnach, wie wir es schon von freien Wasserflächen und bodenständigen Vegetationsdecken gezeigt haben, bei zunehmender Sonnenwirkung locale ausgleichende Luftströmungen gegen das Freiland hin und zwar zuerst vom Waldrande und dann immer weiter zurückwirkend mehr aus dem Inneren des Waldes. Im wärmeren Freilande angelangt, wird die ausgetretene Waldluft stärker erwärmt, steigt auf und senkt sich wieder in der Richtung gegen den Wald zurück, weil dieser nun seinerseits auf die oberen Luftschichten aspirirend oder ansaugend wirkt, nachdem aus seinem Inneren Luft abgeströmt ist. Dadurch wird eine Circulation eingeleitet, wie sie bereits oben Seite 54 bezüglich der Wasserflächen schematisch gezeichnet und hier in Fig. 7 mit Anwendung auf den Wald dargestellt wird. Es ist nur nöthig, zu bemerken, daß dieses Austreten der

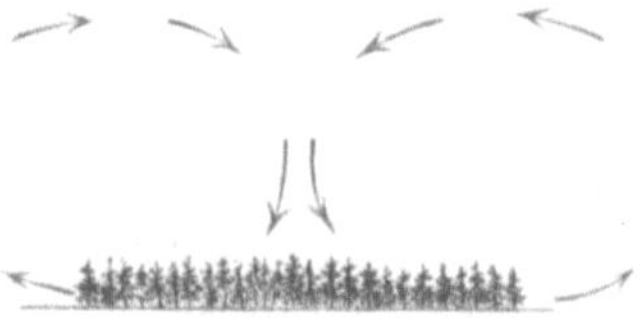

Fig. 7.

Waldluft in das freie Land desto energischer vor sich geht, daselbst aber auch desto eher erschöpft ist und aufhört, je kleiner der Wald gegenüber dem umgebenden Freilande und je mehr dieses letztere durch Mangel an Vegetation oder Bewässerung warm und trocken wird; daß dagegen im Inneren sehr großer Waldcomplexe von einem solchen täglichen Abströmen der Waldluft nichts bemerkt wird und daher mehr ein stagnirender Zustand der Waldluft stattfindet. Wo aber die hier geschilderte Circulation wirklich eintritt, dort besteht ihre Wirkung auf das Klima im Inneren des Waldes hauptsächlich darin, daß die ursprünglich kühlere Waldluft rascher durch die von oben herabsinkende wärmere Außenluft ersetzt und dadurch in die Möglichkeit versetzt wird, aus dem Waldboden und seiner feuchten Decke mehr Wasser aufzunehmen, als es die kühlere Waldluft im Stande wäre. Die Waldluft wird daher durch diesen Theil der Cir=

culation relativ trockener aber absolut feuchter, und zwar letzteres um so mehr, da die von oben herabsteigende wärmere Luft die transspirirenden Kronen passiren muß.

Betrachten wir nun weiter den zweiten Theil eines Sommertages, die Erkaltungshälfte desselben vom Abend angefangen. Wenn die Ausstrahlung mit sinkender Sonne zu überwiegen beginnt, betheiligen sich daran zunächst die äußeren Blattschichten der Kronen und erkalten dadurch zuerst; erst später kommen die unteren Blätterschichten und die Stämme an die Reihe, und endlich auch der Boden des Waldes. Die Ausstrahlung aus dem Boden, aus den Stämmen und aus den unteren Blattschichten wird sehr verlangsamt durch den Schirm, welchen die oberen Blattschichten darstellen; es kehrt immer ein Theil der nach oben gerichteten Wärmestrahlen des Waldinneren durch Reflexion an diesem Schirme in das Waldinnere zurück, ein anderer Theil wird absorbirt von den schon in der Erkaltung begriffenen oberen Blattschichten, und nur ein kleiner Theil gelangt zur wirksamen Ausstrahlung in den nächtlich kalten Weltraum. Daher behält der Wald noch lange erwärmte Luft, während außerhalb, besonders auf Wiesen und frischen Saaten, schon eine bedeutende Abkühlung stattgefunden hat. Die verhältnißmäßig wärmere Waldluft steigt auf, während von dem kälteren Randgebiete des Waldes her kältere und schwerere Luft in den aspirirenden Wald einströmt. Dadurch entsteht nun eine nächtliche Circulation, gleichfalls in ähnlichem Sinne, wie wir sie schon bezüglich freier Wasserflächen oben Seite 55 dargestellt haben und welche sich den Bewohnern der Umgebung als ein Luftzug vom Lande gegen den Wald zu erkennen gibt (Fig. 8). Selbstverständlich wird auch diese Circulation im Inneren eines großen Waldcomplexes weit weniger entschieden sein als bei kleineren

Wäldern, weil die beiden Gegensätze, durch deren Nachbarschaft die Circulation angeregt und unterhalten wird, für das Innere größerer Forste nur in verschwindend kleinem Maßstabe vorhanden sind. Die Wirkung dieser nächtlichen Circulationsströmung, wo sie überhaupt stattfindet, geht naturgemäß dahin, das Waldinnere schneller und vollständiger

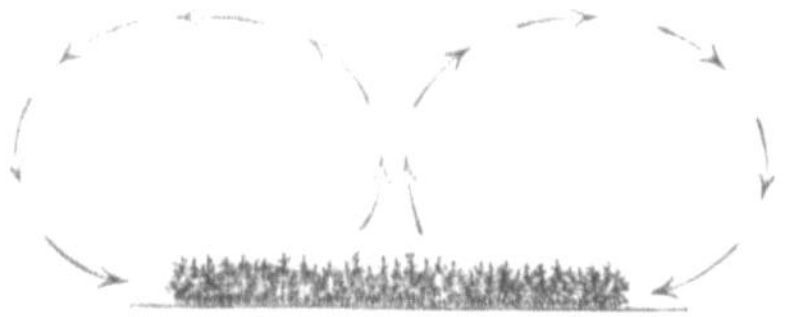

Fig. 8.

in jenen Zustand der nächtlichen Erkaltung zu setzen, in welchem sich das freie Land befindet, und daß durch die eingedrungene kältere Luft die relative Feuchtigkeit erhöht, die absolute hingegen vermindert wird. Zu den secundären Wirkungen dieser Circulation aber gehört insbesondere noch die Erscheinung, daß die durch die Kronen über die Wipfel aufsteigende Waldluft, welche, wie wir gesehen haben, durch die bei Tage stattgefundene Circulation eine höhere absolute Luftfeuchtigkeit, also einen höheren Wassergehalt erlangt hat, bei der Berührung mit den oberen stark abgekühlten Blattschichten eine reichliche Condensation erleidet, welche sich durch Nebelschichten über dem Walde und durch starke Bethauung der Kronen kundgibt.

Dieser hier geschilderte Vorgang kommt jedoch vollständig ausgeprägt nur an heiteren und windstillen Tagen zu Stande, welche in Mitteleuropa kaum den 10. bis 20. Theil der gesammten Sommertage ausmachen. Die große Mehrzahl der Tage bringt, wenigstens für mehrere Stunden hinter einander, Wolkenbedeckung und allgemeinere, die Gegend beherrschende

Luftströmungen oder wenigstens eine von diesen beiden letzteren Erscheinungen, und so wie dies eintritt, verliert die specifische Wirkung des Waldes auf Erzeugung seines eigenthümlichen Klimas sehr viel an Kraft.

Es wurde bisher von jenen Eigenthümlichkeiten des Waldklimas gesprochen, welche aus der Constitution des Waldes selbst, als einer Massenvegetation von Bäumen, unmittelbar hervorgehen. Der Wald wirkt aber, zunächst innerhalb seiner eigenen Grenzen, auch durch Abänderung des Charakters von Luftströmungen. Wenn wir von der unläugbaren Thatsache ausgehen, daß in der Mehrzahl der Tage mehr oder minder entschiedene allgemeine Luftströmungen herrschen, die, wenngleich mit verminderter Geschwindigkeit, auch durch die Wälder sich bewegen, so gewinnt die Frage an Wichtigkeit: in welcher Weise die in den Wald eintretenden Winde durch die Natur des Waldes eine Veränderung erleiden? Bei der Beurtheilung dieser Veränderungen muß man jedesmal in Betracht ziehen, daß die Mächtigkeit der Luftschichte, welche mit den verändernden Faktoren des Waldes, nämlich mit den Stämmen und den Kronen in Berührung kommt, eine 50 bis 200mal größere ist als die Mächtigkeit jener Luftschichte, welche beim Durchstreichen einer bodenständigen Vegetation durch diese letztere verändert wird. Besteht nämlich ein Wald beispielsweise aus 20—40 m hohen Bäumen, so wird eine 20—40 m mächtige Luftschichte mit den Bäumen in unmittelbare Berührung gebracht und durch die Temperatur und Feuchtigkeitszustände der Bäume in jener Weise verändert, die wir theils schon angedeutet haben, theils noch weiter auseinandersetzen wollen. Wenn dagegen der Wind durch eine Wiese oder ein Getreidefeld streicht, so kommt nur eine 0,3—1,5 m mächtige Luftschichte mit den Gräsern und Halmen in directe Berührung. Wenn nun überdies ein auf- und absteigendes

Berg- oder Gebirgsterrain bewaldet ist, so bietet sich der ankommenden Luftströmung die ganze Länge und Höhe jener Gehänge, welche parallel mit dem Winde gehen, als begabt mit den Eigenschaften des Waldes dar, so daß weit mehr abändernde Flächen mit der abzuändernden Luftmasse in Berührung kommen als bei ebenem Terrain. (Fig. 9.)

Schon daraus ist es klar, daß, wenn die Vegetation eine Wirkung auf die durchstreichenden Winde ausübt, diese Wirkung beim Walde bedeutend größer als bei der bodenständigen Vegetation und am allergrößten bei Berg- oder Gebirgswäldern sein muß.

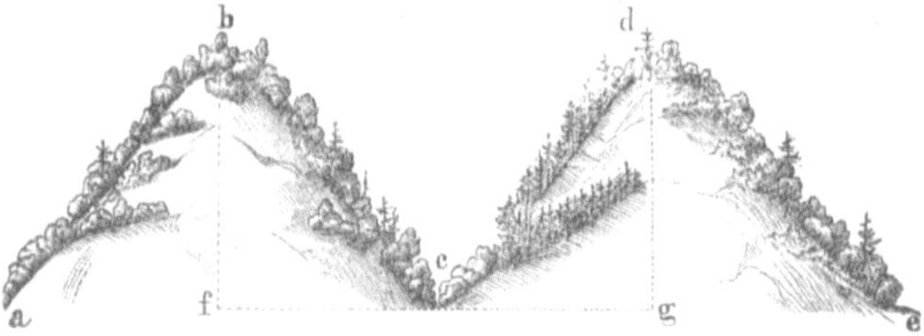

Fig. 9.

Weht der Wind so, daß er die Berge übersteigen muß, z. B. in der Richtung a b c d, so schmiegt er sich der Gestalt der Berge an, kriecht gleichsam die Gehänge hinan, und es kommen daher nur die untersten Schichten der Strömung, in einer Mächtigkeit, welche der Höhe der Bäume entspricht, mit diesen letzteren in Berührung. Weht aber der Wind senkrecht auf das Profil a b c d e, also derart, daß er längs durch das Thal b c d kommt, so werden die Gehängflächen b c und c d mit Luftschichten in gleicher Mächtigkeit wie im ersten Falle in Berührung gebracht. Diese Gehänge bieten aber zusammen eine größere bewaldete Fläche dar, als wenn an Stelle der beiden Gehänge die Ebene f g bewaldet wäre. In solchen Fällen wirken also größere Waldflächen in gleicher Mächtigkeit auf dieselbe Luftrömung, müssen demnach eine größere Wirkung hervorbringen.

Auch bei Betrachtung des vom Walde bewirkten Einflusses auf die von anderwärts in sein Inneres gelangten Winde wollen wir vom Sommerhalbjahre beginnen.

Sommerliche trockene warme Luftströmungen werden bei ihrem Wege durch den Wald, so lange dieser nicht selbst schon ausgetrocknet ist, durch die Berührung mit dem feuchteren Waldboden und den transspirirenden Kronen reicher an Wasserdampf, aber die Waldluft wird dabei im Vergleiche gegen ihren früheren Zustand relativ trockener.

War dagegen die in den Wald eintretende Luft — immer das Sommerhalbjahr vorausgesetzt — schon vorher feucht, so wird sie beim Streichen durch den kühleren Wald am Tage jedenfalls ihrer Condensation noch näher gebracht, als sie es im Freien war; bei Nacht tritt diese Erhöhung der relativen Feuchtigkeit durch den Wald — gegenüber dem Freiland — nicht nothwendig ein, weil die Aufnahme von Wasserdampf, wenn sie auch im Walde erfolgt, mehr oder weniger durch die, wie wir früher gesehen haben, während des ersten Theiles der Nacht bewahrte höhere Temperatur des Waldinneren compensirt werden kann.

Im Winterhalbjahre kommen trockenkalte, feuchtkalte und feuchtwarme Winde in Betracht. Die ersteren erfahren, so lange die Bäume noch einigermaßen wärmer bleiben, eine unbedeutende Erhöhung ihrer Temperatur und wegen der sistirten Transspiration und geringen Verdampfung kaum eine meßbare Bereicherung mit Wasserdampf; im voll entwickelten Winter hat auf solche Winde der Wald gar keinen abändernden klimatischen Einfluß.

Feuchtkalte Luftströmungen können innerhalb des Waldes, wenn und so lange dieser noch wärmer ist, ebenfalls wärmer und dadurch relativ trockener werden, später aber, im tieferen Winter, werden sie vom Walde gar nicht mehr verändert.

Feuchtwarme Winde erleiden an den erkalteten Bäumen tief im Winter und noch im Erstfrühlinge die entschiedenste Veränderung; ein Theil ihres Wasserdampfes wird bei der Berührung mit den weit kälteren Bäumen condensirt und bildet Niederschläge in den Kronen und selbst zwischen den Bäumen im Waldinneren; solche Luftströmungen werden dadurch dampfärmer, ohne daß aber in Folge dessen ihre relative Feuchtigkeit wesentlich vermindert würde, da zugleich mit ihrem Wassergehalte ihre Temperatur erniedrigt wird.

Eine Eigenthümlichkeit, welche dem Klima des Waldinneren gegenüber dem Freilande zukommt, ist zu allen Jahreszeiten die geringere Gewalt der Winde, welche an den Stämmen und dem Unterwuchse Schritt für Schritt mehr Widerstand finden und daher im Inneren größerer Wälder nur mehr mit sehr geringer Kraft auftreten können.

Das gewinnt eine gewisse Wichtigkeit nicht nur in Bezug auf die mechanischen Wirkungen des Windes, sondern auch darum, weil bei warmen trockenen Winden die ausdörrende Wirkung desto geringer wird, je geringer die Geschwindigkeit mit der sie wehen. Derselbe trockene Steppenwind also, der beispielsweise im Juni die Gräser der ungarischen Ebene sammt dem Boden zum raschen Verdorren bringt, hat eine weniger drastische Wirkung auf den Boden und den Unterwuchs im Inneren von Wäldern und Baumpflanzungen. Ja man hat speciell in der ungarischen Ebene die Erfahrung gemacht, daß schon einfache Baumreihen oder noch besser Alleen, die von Norden nach Süden streichen, mithin dem trockenen Ostwinde sich entgegenstellen, die westlich hinter ihnen gelegenen Felder in vielen Fällen blos durch Verminderung des Windanfalles vor Austrocknung schützen, während die daneben liegenden ungeschützten Felder dem Verdorren anheimfallen.

Die Gesammtwirkung aller bisher betrachteten Factoren, welche das Klima des Waldes beeinflussen, mit Inbegriff der ausgleichenden Circulationsströmungen und der in den Wald eindringenden Außenwinde, die von diesem zwar verändert werden, aber auch ihrerseits auf das Waldinnere abändernd einwirken, läßt sich in Ziffern ausdrücken. Auch hiebei müssen wir uns wieder auf Ebermayer's Resultate berufen, welche folgende Daten geliefert haben.

Was zunächst die Temperatur der Waldluft betrifft, so gibt Ebermayer die folgende Tabelle:

Monatsmittel der Temperatur von 8 Stationen in Bayern*):

Jahrgänge und Monate	Temperatur der Luft im Freien in 1,75 m Höhe (° Celsius)	Temperatur der Luft im Walde (° Celsius)	
		in 1,75 m Höhe	in den Baumkronen
1868			
März	3,88	2,65	3,15
April	7,74	6,30	7,78
Mai	19,06	16,52	17,86
Juni	19,00	16,40	17,43
Juli	19,49	16,98	18,05
August	19,28	17,14	17,88
September	16,85	14,94	15,89
October	8,40	7,83	8,04
November	0,50	0,81	0,99
December	3,75	3,78	3,90
1869			
Januar	— 2,16	— 2,39	— 1,79
Februar	5,19	4,27	4,86

Aus diesen und zahlreichen anderen Daten Ebermayer's lassen sich im Kurzen folgende Resultate ableiten, die allerdings, soweit sie ziffermäßig sind, zunächst nur für die Wälder Bayerns gelten, jedoch annähernd auch für Mitteleuropa überhaupt das Verhalten der Waldtemperaturen charakterisiren.

*) Von Fuß und Réaumur umgerechnet auf Meter und Celsius.

Die mittlere Jahrestemperatur der inneren Waldluft ist etwas geringer als im Freien bei gleicher Lage, und zwar ist an höher gelegenen Orten dieser Unterschied größer als bei geringer Elevation; er beträgt im Allgemeinen etwa 10 % der Freilandstemperatur. In den Kronen ist die Erniedrigung der mittleren Temperatur kleiner als im eigentlichen Waldinneren. Nach den einzelnen Jahreszeiten betrachtet ergibt sich im Winter bei Tage keine entschiedene Differenz zwischen der Temperatur der Waldluft und der äußeren Luft, bei Nacht aber ist zu dieser Jahreszeit die Waldluft wegen der verminderten Ausstrahlung (besonders bei Nadelwäldern) entschieden wärmer als die Luft über dem Freilande.

Im Frühlinge ist die Luft des Waldinneren um etwa 15—18 %, in den Kronen aber kaum um 6—10 % kälter als die Luft im Freien; in höheren Lagen ist der Unterschied der Waldluft gegen jene des Freilandes viel größer als an niedrig gelegenen Orten, was wahrscheinlich nur darin seinen Grund hat, daß in den Berglagen der Schnee im Walde länger liegen bleibt.

Im Sommer, also während der lebhaftesten Vegetation, tritt die größere Kühle der Waldluft gegenüber derjenigen des Freilandes überall am deutlichsten hervor, und zwar sowohl zwischen den Stämmen als in den Baumkronen.

Im Herbste ist der Einfluß des Waldes wieder geringer, und zwar ist da die Luft des Waldinneren nur bei Tage etwas kühler, bei Nacht hingegen ist sie sogar wärmer als die Luft im Freien.

Wie wir schon bei den klimatischen Eigenthümlichkeiten von Vegetationsflächen überhaupt gezeigt haben, wirkt auch die Waldvegetation auf die Verminderung der Temperaturextreme der zwischen ihr befindlichen Luft hin; größere Gleichmäßigkeit, geringere Hitze, aber auch geringere Erkältung gehören daher zu den Temperatureigenthümlichkeiten des des Waldinneren, was ziffermäßig aus folgenden Tabellen Ebermayer's ersichtlich ist.

Mittlere tägliche Temperatur-Maxima in °C.

	Decbr.	Januar	Febr.	März	April	Mai
Im Freien . .	5,85	0,84	9,00	7,25	11,25	23,65
Im Walde . .	5,24	0,20	8,19	6,05	10,32	20,92
	Juni	Juli	August	Septbr.	Octbr.	Novbr.
Im Freien . .	23,67	24,90	23,72	23,31	12,97	3,56
Im Walde . .	20,24	20,45	19,76	20,42	11,40	3,41

Mittlere tägliche Temperatur-Minima in °C.

	Decbr.	Januar	Febr.	März	April	Mai
Im Freien . .	— 0,88	— 7,98	— 0,70	— 2,04	1,57	7,89
Im Walde . .	0,21	— 6,41	+ 0,18	— 1,54	1,50	8,96
	Juni	Juli	August	Septbr.	Octbr.	Novbr.
Im Freien . .	8,56	8,39	9,09	4,91	2,46	— 4,48
Im Walde . .	9,78	10,82	11,15	8,20	4,40	— 2,50

Im großen Durchschnitte waren die Unterschiede zwischen den höchsten und niedrigsten Temperaturen im Walde um 4 °C. geringer als im Freien, und die mildernde Wirkung des Waldes trat am stärksten in den wärmsten Monaten hervor, wo an einzelnen Stationen die höchsten beobachteten Temperaturschwankungen im Walde um 9—10 °C. geringer waren als im Freien. Die Verminderung der nächtlichen Abkühlung war bei der Waldluft geringer als bei der Luft im Freien:

im Winter	um	1,18 °C.
„ Frühling	„	0,50 „
„ Sommer	„	1,90 „
„ Herst	„	2,39 „

Aus den Aufzeichnungen Ebermayer's über den Temperaturgang an den einzelnen Tagen ergibt sich ferner, daß im Sommerhalbjahre (März bis incl. August) der Wald auf die Erniedrigung der höchsten Tagestemperatur zwei- bis dreimal stärker einwirkt als auf die Erhöhung der tiefsten Nachttemperatur, und daß umgekehrt im Winterhalbjahre die Wirkung des Waldes auf die Mäßigung der Nachttemperatur stärker ist als auf die Verminderung der höchsten Tagestemperatur.

Bezüglich der Feuchtigkeitsverhältnisse der Waldluft, welche nach absoluter und relativer Feuchtigkeit abgesondert betrachtet werden müssen, lassen sich aus Ebermayer's Berichten folgende Zahlenwerthe ableiten: die absolute Feuchtigkeit oder der Dampfgehalt der Waldluft war im Durchschnitte des ganzes Jahres nur um einen fast verschwindend kleinen Unterschied größer als im Freien; auch in den einzelnen Jahreszeiten ergab sich kein entschiedenes Vorwiegen des Wassergehaltes der Waldluft; es betrug nämlich der Dunstdruck, durch welchen eben der Wassergehalt der Luft gemessen wird, in Millimetern ausgedrückt:

	im Freien	im Walde
im Winter . . .	4,61 . . .	4,86
„ Frühling . .	7,06 . . .	7,15
„ Sommer . .	11,71 . . .	11,70
„ Herbst . . .	7,11 . . .	7,31

Daß die Luft des Waldinneren im Durchschnitt nicht mehr Wasserdampf hat als jene des Freilandes, erklärt sich ganz einfach aus der niedrigeren Temperatur des Waldinneren. Ungeachtet nämlich der Waldboden in seinen obersten Schichten oft mehr Wasser darbietet als jener des Freilandes, könnte dieser Vorrath doch selbstverständlich nur dann die Dampfmenge in der Luft erhöhen, wenn er durch Verdampfung in diese überginge; eben die Verdampfung aber geht im Walde, wie wir wissen, wegen der niedrigen Temperatur und des geringen Luftzuges langsamer und spärlicher vor sich als im Freien, worüber weiter unten Genaueres zu lesen sein wird.

Dagegen wurde der relative Wassergehalt der Waldluft durchgehends höher gefunden als jener der Luft im Freien, und zwar um 3 bis 10 %, durchschnittlich um 6 %; an hoch gelegenen Orten war die relative Feuchtigkeit stets größer als in den Niederungen. Nach den einzelnen Jahreszeiten ergaben sich folgende mittlere Feuchtigkeitsprocente:

	Winter	Frühling	Sommer	Herbst
Im Freien . .	84,19	74,96	71,92	82,72
Im Walde . .	89,43	80,66	81,20	87,94
Unterschied	5,24	5,70	9,28	5,22

Man sieht hieraus, daß der Wald zwar zu allen Jahreszeiten, am meisten aber im Sommer die relative Feuchtigkeit der von ihm eingeschlossenen Luft erhöht und daß diese Erhöhung im heißesten Monate (Juli) durchschnittlich 10,7 %, im Januar hingegen nur 3,77 % betrug.

So wie die Luft des Waldinneren geringere Temperaturschwankungen als jene im Freien erleidet, hat sie auch einen gleichmäßigeren Gang der relativen Feuchtigkeit; sie ist zwar des Morgens entschieden feuchter als in den Nachmittagsstunden, was auch im Freilande sich findet, aber der Unterschied zwischen der Feuchtigkeit in den Morgen- und Nachmittagsstunden ist im Walde entschieden geringer.

Ebermayer fand die relative Feuchtigkeit um 8 Uhr Morgens um folgende Procente größer als um 5 Uhr Nachmittags:

	Decbr.	Januar	Febr.	März	April	Mai
Im Freien . .	1,21	— 0,84	5,65	7,11	11,61	11,95
Im Walde . .	—	—	5,93	4,40	6,35	11,92

	Juni	Juli	August	Septbr.	Octbr.	Novbr.
Im Freien . .	8,28	9,92	13,50	17,35	3,17	0,57
Im Walde . .	8,96	8,08	9,52	12,94	2,96	—

Eine selbstverständliche Folge der größeren relativen Feuchtigkeit des Waldinneren, und zugleich eine Folge im selben Sinne wie wir sie oben Seite 136 auch schon der niedrigeren Waldtemperatur zugeschrieben haben, ist: daß von dem daselbst befindlichen Wasser, seien es nun freie Wasserflächen (Tümpel, Pfützen, durchrinnende Bäche 2c.) oder die mit der obersten Bodenschichte vermengte, oder auch die an Blättern, Moosen, Unterholz 2c. haftenden Tropfen u. s. w. weniger verdampft als bei freier Lage, daher auch die Transspiration aus der bodenständigen Waldvegetation geringer ist als aus der analogen Vegetationsdecke im Freien. Die Verdampfungsgröße hängt nämlich nicht nur von der Temperatur, sondern auch vom Grade der relativen Feuchtigkeit der umgebenden Luft ab, und wird desto geringer, je höher die relative Luftfeuchtigkeit bereits ist.

Ebermayer fand, nach den vier Jahreszeiten, folgende Verdunstungsgrößen freier Wasserflächen, ausgedrückt in Cubikcentimetern pro Quadratmeter*):

Jahreszeiten	Im Freien	Im Walde	daher im Walde weniger um:
	Cubikcentimeter		
Winter	58 928,60	19 785,28	64 %
Frühling	170 634,44	73 445,96	57 %
Sommer	229 976,40	80 554,52	64 %
Herbst	114 819,12	38 197,84	66 %

Diese Daten sind von besonderer Wichtigkeit für die Frage von der Einwirkung des Waldes auf die Umgebung.

*) Hier umgerechnet aus Pariser Cubikzoll und Quadratfuß.

Viele glauben, weil es im Walde feuchter ist, müsse der Wald auch immer mehr Wasser an die Luft abgeben und dadurch den Wassergehalt derselben mehr anreichern als irgend ein, auch bebautes oder begrüntes, Freiland. Diese Anreicherung könnte aber selbstverständlich nur durch die Verdampfung geschehen. Da aber im Waldinneren, wie die obigen Ziffern lehren, die Verdampfung im Ganzen zu allen Jahreszeiten weit geringer, ja durchschnittlich fast dreimal geringer ist als im Freien, kann man nicht vom Waldinneren, welches durch seine niedrigere Temperatur, geringeren Luftzug und den Kronenschirm vor reichlicher Verdampfung geschützt ist, wohl aber von den transspirirenden Kronen, die der freien Besonnung und dem Luftzuge ausgesetzt sind, eine Vermehrung des Wasserdampfes in der Luft erwarten, wovon noch weiterhin die Rede sein wird.

Von besonderem Interesse ist die Frage: ob der Wald die Eigenschaft besitze, über oder in sich mehr Niederschläge zu erzeugen als das nicht bewaldete Terrain. Ebermayer hat gerade hierüber keine Daten, da er keine Regenmesser über den Baumkronen aufgestellt. Betrachten wir nun diese Frage hier zunächst nur für die Sommerszeit. Es kann kein Zweifel obwalten, daß durch die Transspiration aus den Kronen die Luft über dem Walde — wie hoch hinauf ist allerdings nicht bekannt — einen höheren Wassergehalt besitzen muß als durchschnittlich das kahle und selbst das mit bodenständiger Vegetation bewachsene unbewässerte Freiland. Die Steigerung des Wassergehaltes der Luftschichte über dem Walde wird desto größer sein, je mehr Wasser im Bereiche der Wurzeln sich befindet, je höher die Temperatur der Luft und je größer die Trockenheit der letzteren ist; da alle diese Factoren selbst bei einem und demselben Walde örtlich und zeitlich sehr verschieden sind, wird auch die Zunahme des Wassergehaltes der Luft ober dem Walde eine sehr verschiedene und wechselnde sein. Wird diese dampfreichere Luft durch Winde rasch hinwegführt und dann auch über solche Gegenden verbreitet, welche nicht bewaldet sind, so verwischt sich selbstverständlich der Unterschied zwischen der Luft, welche über dem Walde liegt, und derjenigen, welche sich über freiem Lande befindet; so lange jedoch die Luft über dem Walde ruhig bleibt, ist sie jedenfalls von gleich hohen Schichten der Freilandsluft, wenigstens in vielen Fällen, durch höheren Wassergehalt verschieden. Wenn nun in eine Gegend eine Luftströmung gelangt, welche ihrer Condensation schon sehr nahe ist, so macht es für ihr weiteres Verhalten einen großen Unterschied, ob sie mit dampfarmer oder mit dampfreicher Luft selbst bei gleicher Temperatur zusammentrifft; im ersten Falle wird die ankommende Luftströmung relativ trockener, im zweiten feuchter werden und daher in diesem letzteren Falle eher zur Condensation gelangen als im ersteren. Es werden also Fälle vorkommen, in denen ein Regenwind durch den aus einer erhitzten kahlen Ebene aufsteigenden trockenwarmen Luftstrom verhindert wird, über dieser Gegend sich in Niederschlägen zu entladen*), während er über dem Walde nicht allein kein austrocknendes Moment, sondern sogar den Anlaß zur reichlicheren Bildung eines Niederschlages findet. In solchen Fällen wird es also über dem Walde regnen, während es über dem Freilande — wenigstens über dem kahlen — nicht zu einem Regen kommt.

*) Diese Erscheinung läßt sich im Sommer nicht selten beobachten; man sieht die grauen Regenstreifen aus einer dunklen, aber ziemlich hoch ziehenden Wolke nach abwärts fallen, aber noch mehrere hundert oder selbst tausend Fuß über dem Boden erscheinen sie dünner, wie ausgefranset und sind dann weiter abwärts ganz abgeschnitten. In Ländern mit continentalem Klima, wie Niederösterreich, Ungarn, Galizien, kommt das häufiger vor als in Gegenden mit feuchterem Klima.

Aber nicht nur der Eintritt einer Condensation, sondern auch die Vergrößerung oder Vermehrung der Tropfen eines schon eingetretenen allgemeinen Regens, besonders am Beginne desselben, muß durch den größeren Dampfreichthum der über dem Walde lagernden Luftschichten befördert werden, da, wie schon früher gezeigt wurde, dampfreichere Luftschichten die Masse der durch sie hindurchfallenden Niederschläge vermehren. Das wird besonders bei solchen Gewitterregen der Fall sein, die unter Windstille nach heißen Tagen beginnen. Ein anderer in der Natur des Waldes gelegener Anlaß, aus welchem die Regenmenge über dem Walde im Sommer vergrößert werden kann, ist folgender: Wenn nach langer Dauer heißer und trockener Tage eine hereinbrechende kühle Luftströmung einen allgemeinen Regen über Wald und Freiland mit sich bringt, so verdampft von dem auf die Zweige und Aeste gefallenen Wasser rascher als es bei Wiesen, Saatfeldern 2c. in der Regel der Fall wäre, eine größere Menge, weil, wie schon früher erwähnt, die Bäume nicht sogleich die geänderte Temperatur der Luft annehmen, sondern noch längere Zeit ihre bereits erlangte Temperatur bewahren. In unserem hier vorausgesetzten Falle ist diese Temperatur der Bäume eine höhere als die der hereingebrochenen kühlen Luftströmung, und eben deswegen wird ein nicht unbedeutender Theil des auf die Bäume gefallenen Regens durch die höhere Temperatur derselben wieder zum Verdampfen gebracht. Wenn aber dieser neuerdings aufsteigende Wasserdampf mit der kalten Luft in Berührung kommt, verdichtet er sich abermals und kommt wiederholt als Niederschlag herunter, und diese Wiederholung kann mehrmals stattfinden, bis die äußeren Schichten der Kronenäste sich bedeutender abgekühlt haben. Es wird hiedurch allerdings, wenn man die Sache genauer betrachtet, die Quantität des fallenden Regenwassers nicht vermehrt, denn es ist ja nur ein Theil des eben vorher gefallenen

Regens, welcher aus dem Geäste verdampft und dann einen zweiten und allenfalls dritten Regen über demselben Walde wieder hervorbringt; aber es wird durch diese Wiederholung und durch das längere Hinausziehen des Regens jene weit stärkere Verdampfung verhindert, welche eintreten würde, wenn der ursprüngliche Regenfall, wie es über dem Freilande leichter geschieht, nach seiner Erschöpfung sogleich wieder heiterem Wetter ohne Nebelschleier Platz machen würde. Die drei nun auseinandergesetzten Ursachen sind es hauptsächlich, aus denen sich die Niederschlagsverhältnisse des Waldes im Sommer von denjenigen des Freilandes einigermaßen zu Gunsten des ersteren unterscheiden müssen.

Gehen wir nun über auf die Winterszeit und zwar auf die Periode des voll entwickelten Winters, welcher die Uebergangszeit des Spätherbstes bereits überschritten und den Uebergang zum Frühling noch nicht angetreten hat, so gewinnt die Unterscheidung zwischen Tag und Nacht eine fast verschwindende Bedeutung, indem die Wirkung der Insolation überhaupt nur gering ist, überdies auch seltener stattfindet und selbst an heiteren Tagen wenig zur Geltung gelangen kann, weil gerade an solchen Tagen im Winter der Effect der Insolation durch frische Winde wieder paralysirt zu werden pflegt. Die Temperatur der Erdoberfläche überhaupt mit Inbegriff der darauf befindlichen Vegetation hängt also im Winter nur wenig vom Sonnenschein ab, und zwar desto weniger, je höher die geographische Breite eines Ortes ist, und wird weit entschiedener als im Sommer durch die eben herrschenden Winde sowie durch den Grad der Ausstrahlung aus dem Boden oder aus der Schneedecke bestimmt. Es fallen also im Winter jene Gegensätze, die im Sommer sich zwischen sonnigen und trüben Tagen, zwischen Nacht und Tag in ihrer Wirkung auf den Wald einerseits und auf waldlose Gegenden andererseits geltend machen, beinahe ganz weg; die locale Luftcirculation des Waldes, von der wir früher gesprochen haben, findet also während des Winters kein Motiv; der entblätterte Laubwald kühlt sich fast so weit ab wie die freie Fläche, der Nadelwald in seinem Inneren etwas weniger, in den nach oben gerichteten Zweigen aber wegen der ausstrahlenden Nadeln vielleicht mehr, jedenfalls nicht weniger als der Laubwald, und die Transspiration aus der bodenständigen Vegetation im Inneren des Waldes sowie aus dem Waldboden selbst, dann aus den Kronen ist sistirt. Im Walde selbst sind also während des Winters keine hervorragenden Ursachen zu finden, aus denen in seinem Inneren die Temperatur und die Feuchtigkeitszustände der Luft wesentlich anders sein sollten als im Freilande. Mit Luftströmungen, welche während des Winters in den Wald eintreten, gehen ebenfalls keine bedeutenden Veränderungen vor sich. Kalte Winde können durch den ebenfalls erkalteten Wald nicht wesentlich erwärmt, trockene zu dieser Jahreszeit nicht wesentlich feuchter gemacht werden; dagegen müssen warme und feuchte Luftströmungen, wenn sie überhaupt während des Winters auftreten, bei der Berührung mit den nachhaltig erkalteten Stämmen, Aesten und Zweigen kälter und dadurch der Condensation näher gebracht und in manchen Fällen auch zum Fallenlassen von Niederschlägen veranlaßt werden, die über dem Freilande, wo solche hohe abkühlende Elemente, wie sie der Wald dem Winde entgegenstellt, sich nicht finden, nicht eintreten würden. Dies ist für die Winterszeit der einzige Fall, in welchem der Wald innerhalb seiner eigenen Gränzen einen Niederschlag erzeugen kann, welcher außerhalb des Waldes nicht stattfinden würde. Im Ganzen hat also während des Winters der Wald nur unter der eben erwähnten Bedingung eine Vermehrung der Niederschlagsmenge durch einen inneren Regen zu erwarten.

Von den beiden Uebergangsjahreszeiten bietet nur der Frühling solche Bedingungen dar, aus denen sich für das Innere des Waldes besondere klimatische Eigenthümlichkeiten ergeben. Im Frühlinge nämlich nimmt die Temperatur des Freilandsbodens und der Luft im Allgemeinen rasch zu, im Walde hingegen erhält sich, wie schon wiederholt erwähnt wurde, die während des Winters erlangte niedrige Temperatur der Bäume noch durch längere Zeit; das Zusammentreffen warmer und feuchter Winde mit den kalten Stamm- und Kronenmassen der Waldbäume wird also im Frühlinge häufiger als zu jeder anderen Jahreszeit stattfinden und häufiger innere Waldniederschläge erzeugen. Diese Wirkung der kalten Bäume auf feuchte Luftströmungen wird erhöht in Waldungen, welche sich in der Gipfel- oder Gratregion von Bergreihen befinden, über welche eine feuchte Luftströmung aufzusteigen genöthigt ist. Der Grund liegt darin, daß nach bekannten physikalischen Gesetzen eine Luftströmung schon durch ihr Aufsteigen allein kälter wird; wenn nun zu dieser inneren Erkaltung noch eine Abkühlung durch den Wald hinzukommt, so wird um so leichter eine dampfreiche Luftströmung zum Fallenlassen von Niederschlägen veranlaßt. Aber auch auf herabsteigende Luftströmungen, die nach demselben Gesetze eine innere Erwärmung erfahren, müssen die erkalteten Bäume insofern eine Wirkung ausüben, als durch sie die Erwärmung eine geringere wird und daher mancher Niederschlag, der vermöge der inneren Erwärmung beim Herabsteigen der Luftströmung unterblieben wäre, durch das Vorhandensein der kalten Bäume in seiner Fortdauer befördert wird. Bergwälder wirken also besonders im Frühjahre, so lange die Bäume noch ziemlich erkaltet sind, auf die Erzeugung reichlicher und zwar innerer Waldniederschläge. Im Herbste üben die noch erwärmten Waldbäume die entgegengesetzte Wirkung aus, d. h. es können durch sie feuchte Winde, wenn auch nur in unbedeutendem Grade, wärmer und dadurch relativ trockener werden, und es steht dieser Wirkung im Herbste keine bedeutende Feuchtigkeit des Waldinnern entgegen, weil daselbst der Boden mehr als zu jeder anderen Jahreszeit ausgetrocknet und die Transspiration sowohl der bodenständigen Vegetation als der Blätter ihrer Sistirung nahe ist. Es gibt übrigens bekanntlich sowohl im Frühlinge als im Herbste einzelne Tage und auch ganze Reihen von Tagen, welche entweder den Sommer- oder den Wintertagen sehr ähnlich sind, und während derselben nähert sich selbstverständlich auch der klimatische Einfluß des Waldes mehr demjenigen des Sommers oder des Winters; so z. B. verhält sich der Wald an einem heiterem Herbsttage, welchem ein tüchtiger Regen vorangegangen ist, ähnlich wie während des Sommers.

Ziffermäßige Daten über die Regenmengen, die auf den Wald fallen, gegenüber denjenigen, welche bei sonst ganz gleicher Lage und Höhe dem Freilande zukommen, besitzen wir von Ebermayer nicht, da er keine Regenmesser über den Kronen aufstellte. Dagegen liegen von Fautrat und Sartiaux Resultate drei- bis vierjähriger Beobachtungen vor, welche auf der großen französischen Forstdomäne Halatte, einem Waldcomplex von 5000 Hektaren erlangt und soeben vom französischen Ministerium für Ackerbau und Handel veröffentlicht wurden*). Die hier in Rede stehenden Beobachtungen beziehen sich einerseits auf einen Laubwald aus ziemlich jungen Eichen und Weißbuchen, andererseits auf

*) Observations météorologiques faites de 1874 à 1878 par M. Fautrat, sous-inspecteur des forêts. Paris, Imprimerie nationale. 1878. Theilweise waren die Resultate schon früher in den „Comptes rendus“ aufgeführt, wobei hie und da Differenzen gegen die jetzt vorliegende Gesammtpublication auffallend sind.

einen Föhrenwald. Die Instrumente waren im Inneren der betreffenden Forstorte beiläufig in starker Brusthöhe — dann beim Laubwalde 7 Meter, beim Nadelwalde 3 Meter über den Kronen angebracht und an den zur Vergleichung gewählten Freilandsstellen, circa 300 Meter vom Walde entfernt, beiläufig in derselben Höhe wie jene über den Kronen aufgestellt.

Ueber die relative Feuchtigkeit oder den Saturationsgrad, dessen Erhöhung dem Regen vorauszugehen pflegt, wurden folgende Daten erlangt:

Laubwald (Eichen und Hainbuchen, zwischen 20 u. 30 Jahre alt)				Nadelwald (Waldkiefern)			
Jahr	Feuchtigkeits-% über den Kronen	Feuchtigkeits-% über Freiland	Differenz zu Gunsten des Waldes	Jahr	Feuchtigkeits-% über den Kronen	Feuchtigkeits-% über Freiland	Differenz zu Gunsten des Waldes
1874 (März — Novbr.)	65,9	64,9	1 %	1875 (Juni — Novbr.)	65,0	51,8	13 %
1875 (April — October)	67,4	66,6	1 %				
1876 (Mai — Decbr.)	69,0	66,0	3 %	1876 (April — Decbr)	62,2	55,6	7 %
1877 (Febr. — October)	67,6	64,6	3 %	1877 (Febr. — August)	63,8	54,4	9 %

Diese Unterschiede zu Gunsten des Waldes (1—3½ bei Laubwald, 7—13% bei Nadelwald) sind allerdings sehr gering, wenn man bedenkt, daß die gewöhnlichen täglichen Schwankungen in Mitteleuropa 15—50% und darüber betrugen.

Nach den einzelnen Monaten (die wir hier übergehen müssen) war die Differenz zu Gunsten des Waldes gewöhnlich am größten in den Manaten Juli, August oder September und betrug bei Laubholz im Maximum ca. 3—4%, beim Nadelwald 6—10%, einmal sogar 20%. (?)

Für die Niederschläge ergaben sich folgende Zahlen:

Laubwald				Nadelwald			
Jahr	Niederschlag in Millim. über den Kronen	Niederschlag in Millim. über Freiland	Differenz zu Gunsten des Waldes	Jahr	Niederschlag in Millim. über den Kronen	Niederschlag in Millim. über Freiland	Differenz zu Gunsten des Waldes
1874	404,25	429,25	35	1875	557,25	515,00	42
1875	644,50	635,75	9				
1876	654,50	626,50	28	1876	607,20	546,00	61
1877	916,75	892,40	24	1877	836,75	769,50	67

Auch diese Differenzen sind nur sehr unbedeutend, besonders beim Laubwald. Ohne Zweifel wären auffallendere Differenzen, welche für die condensirende Wirkung des Waldes sprechen, sowohl bezüglich der Feuchtigkeit als des Niederschlags, zu Tage getreten, wenn man die Psychrometer und Regenmesser weniger hoch über den Kronen und überdies in verschiedenen Abständen von den letzteren angebracht hätte;

darauf deutet schon der Umstand hin, daß die Differenzen beim Nadelwald, wo die Instrumente nur 3 Meter über den Kronen standen, besonders hinsichtlich der Luftfeuchtigkeit bedeutend größer sind, als beim Laubwald, wo die Instrumente 7 Meter über den Kronen standen. Wenngleich auch die Natur der Holzarten auf die Unterschiede Einfluß gehabt haben dürfte, wären diese doch kaum so groß geworden, wenn nicht auch die Verschiedenheit des Höhenabstandes der Instrumente von den Kronen mitgewirkt hätte.

Wenn nun auch ziffermäßige Daten in allgemein beweiskräftigem Umfange noch nicht vorliegen, kann es doch nach allem, was in den vorhergehenden Abschnitten über die Natur des Waldes und über dessen Einfluß auf Luftströmungen während ihrer Berührung mit dem Walde dargelegt ist, keinem Zweifel unterliegen, daß das Klima des Waldes innerhalb der eigenen Grenzen des letzteren nicht nur durch eine etwas niedrigere Jahrestemperatur, durch geringere Temperaturextreme, durch größere relative (aber nicht absolute!) Feuchtigkeit, daher langsamere und spärlichere Verdampfung, sondern in bestimmten Fällen auch durch häufigere Condensationen sich von dem Freilandsklima, besonders aber von dem Klima kahler Gegenden unterscheidet, und daß alle diese Unterschiede im Sommerhalbjahre am meisten hervortreten.

Es erübrigt nun noch die Frage, ob der Wald einen nachweisbaren Einfluß auf die elektrischen Zustände der Atmosphäre und auf die davon abhängigen Gewitter und Hagelfälle übe oder nicht. Hierüber liegen beweiskräftige Beobachtungen zwar nicht vor, aber es läßt sich wenigstens aus unseren allgemeinen Kenntnissen über die atmosphärische und tellurische Elektricität der theoretische Schluß ableiten, daß Wälder auf die Verminderung starker elektrischer Gegensätze zwischen Erdboden und Wolken hinzuwirken vermögen.

Da nämlich die Gewitter und wahrscheinlich auch die Hagelbildungen auf der Ansammlung entgegengesetzter Elektricitäten einerseits an der Erdoberfläche, anderseits in der Atmosphäre beruhen und nur als ausgleichende Entladungen zu betrachten sind, die Bäume aber durch den aus ihnen aufsteigenden Wasserdampf, welcher ein besserer Leiter ist als trockene Luft, gleichsam wie vorbeugende Gewitterableiter wirken können, indem sie eben vermöge fortwährender Herhaltung der Leitung von unten nach oben und umgekehrt die elektrische Spannung zwischen den Luftschichten und der Erde mehr ausgleichen und abschwächen, spricht die Vermuthung für eine günstige Wirkung der Wälder in dieser Beziehung — freilich nur während der heißen Jahreszeit.

Ob jedoch diese theoretisch anzunehmende Wirkung stark genug sei, um sich praktisch fühlbar zu machen, ist noch nicht entschieden. Soviel aber weiß man, daß der aus weiten Oceanen aufsteigende Wasserdampf eine solche Wirkung hat, daß eben deshalb im offenen stillen Weltmeere Gewitter gar niemals vorkommen, und erst in der Nähe des Festlandes auftreten; da nun Wälder im Stadium reichlicher Transspiration ebenfalls reichlich Wasserdampf — allerdings vorwiegend nur bei Tag — an die Luft abgeben, mag man mit gutem Grund annehmen, daß sehr ausgedehnte Waldcomplexe nicht ohne Einfluß auf Verminderung von Gewittern sein dürften.

6. Klimatische Folgen der Entwaldung für die früher bewaldeten Stellen.

Aus demjenigen, was über die Eigenthümlichkeiten des Waldklimas gesagt wurde, folgt von selbst auch die Antwort auf die Frage: ob und in welcher Weise sich das Klima eines bewaldeten Gebietes durch Entwaldung, oder eines waldlosen Gebietes durch Bewaldung ändern würde. Indem wir uns bei dieser abgeleiteten Frage um so kürzer fassen können, je eingehender im Vorhergehenden die Fundamentalfragen behandelt wurden, muß vorerst einem häufig vorkommenden Mißverständniß vorgebeugt werden, welches darin besteht, daß man den Wald selbst mit der Umgebung des Waldes zusammenwirft, als ob es sich von selbst verstände, daß der Wald einfach sein Klima auch auf seine Umgebung übertragen müsse.

Wir sprechen von dem Einfluß des Waldes auf seine Umgebung erst im nächsten Abschnitte; hier aber ist nur vom Klima des Waldes innerhalb der eigenen Grenzen des letzteren und von den klimatischen Veränderungen die Rede, welche innerhalb jener Grenzen als Folge der Entwaldung, oder umgekehrt der späteren Wiederbewaldung, zu erwarten wären.

Hiebei muß stets auch im Auge behalten werden, daß es einen großen Unterschied macht, ob an Stelle des Waldes irgend eine andere Vegetationsfläche oder ein Bewässerungssystem oder nur kahler Boden tritt, da im letzteren Falle die klimatischen Veränderungen viel bedeutender werden müssen, in den beiden ersteren Fällen hingegen oft praktisch irrelevant werden können.

Bezüglich der Bodentemperatur würden die Extreme sich bedeutend steigern, besonders aber die Erhitzung an heiteren Sommertagen würde das Mehrfache von derjenigen betragen, die vorher im Waldboden stattfand. Die Luftsäule über diesem Terrain würde ebenfalls von den geänderten Verhältnissen des Bodens afficirt werden, und zu allen Jahreszeiten an den bedeutender gewordenen Temperaturschwankungen des Bodens theilnehmen.

Die Feuchtigkeitsverhältnisse der Luft über der früher bewaldeten Stelle ändern sich durch die Bloßlegung des Bodens nicht immer und überall in gleicher Weise. Jedenfalls verschwindet zwar durchschnittlich jener höhere Grad von relativer Feuchtigkeit, welcher dem Waldinneren schon vermöge seiner niedrigeren Temperatur zukam; ob aber der absolute Wassergehalt der Luft und wann und in welchem Sinne er sich ändert, hängt von dem Zusammenwirken jener Hauptfactoren ab, aus denen die Bilanz zwischen Wasser-Empfang und -Ausgabe hervorgeht. Der Empfang gestaltet sich nach der Entwaldung in der Regel reichlicher, da der kahlgelegte Boden die vollen Niederschläge erhält, während früher in den Kronen ein Theil zurückblieb. Die Ausgabe erfolgte, während der Wald bestand, hauptsächlich auf zwei Wegen: durch die Verdunstung aus dem Boden im Waldinneren, und durch die Transspiration während der Vegetationszeit. Diese letztere, welche durch einige Monate weit mehr Wasser an die Atmosphäre abgab als der nasseste Boden abgeben könnte, fällt nach der Bloßlegung des Bodens weg, und für die wärmste Zeit des Jahres fehlt also dann eine der ausgiebigsten Quellen des atmosphärischen Wasserdunstes. Was aber die Verdunstung aus dem Boden betrifft, so gestaltet sie sich verschieden je nach der Natur des Bodens und seiner inneren Wasserführung. Ist der Boden undurchlässig, so versinkt sehr wenig von den Niederschlägen in tiefere Schichten, und es verdunstet, besonders bei heiterem Wetter, ein weit größerer Theil davon, als während der Wald noch bestand, und zwar desto mehr, je weniger geneigt das Terrain ist, je mehr also eine oberflächliche Versumpfung eintritt. Wenn aber die oberste Bodenschichte ausgetrocknet ist, so bildet sie, wie bereits früher erwähnt, bei bindiger Beschaffenheit, die wir hier voraussetzen, eine Kruste, durch welche das Verdunsten aus den tieferen Schichten verlangsamt und verringert wird; ja sogar gelockerter Ackerboden von ursprünglich bindiger Natur verlangsamt, wie man jetzt weiß und früher nicht glaubte, die Verdunstung aus den tieferen Schichten. Wenn nun überdies nach der Entwaldung das Wurzelgeflecht wegfällt, welches früher den Boden durchzog und aus verschiedenen Schichten desselben Wasser den Pflanzen und durch Transspiration der Luft zuführte, fällt ein weiterer Grund des Wasserverlustes weg. Unter diesen Voraussetzungen also kann der Boden in jenen Schichten, die unter der unmittelbar obersten dünnen Lage folgen und in der Wurzelregion der verschiedenen Pflanzen sich befanden, nach der Entwaldung feuchter bleiben als während der Wald noch bestand, eben darum aber in gleicher Zeit weniger Wasserdampf an die Luft zurückgelangen.

Auf solche Fälle beziehen sich offenbar die auch von Ebermayer in seinem ausgezeichneten Werke „die gesammte Lehre von der Waldstreu" bestätigten Erfahrungen, daß in dürren Jahren gegen den Herbst der Boden in geschlossenen Holzbeständen, insbesondere in Kiefernwaldungen, oft trockener ist und weniger Wasser enthält als der gelockerte Ackerboden, dann daß zur Zeit großer Dürre bei Vorverjüngungen auf trockenen flachgründigen Boden jene Pflanzen, die unter dem Schutze der Mutterbäume standen (wie Kiefern, Fichten) von der Dürre oft mehr gelitten haben als auf Kahlschlägen, wo diese Schutzbäume fehlten; daß in trockenen Jahren Buchen, auf ganz unbeschirmten Ackerboden gesäet, vortrefflich gediehen, während sie in einem Samenschlage auf sonst gleichem Boden vertrockneten; endlich daß Kiefern, in verrasten Boden gepflanzt, dürr wurden, während sie auf grasfreiem Boden meist die anhaltende Dürre gut überstanden.

Anders verhält sich die Sache, wenn der Boden stark durchlässig (z. B. grobsandig, schotterig) oder stark von Klüften und Spalten durchzogen ist und sein Wasser vorwiegend erst in tieferen Schichten ansammelt. In solchen Fällen spielte, während der Boden bestockt und mit Humus,

Streu, Moosen bedeckt war, diese Decke die Rolle einer schwer durchlässigen Oberschichte, welche zwar einerseits dem reichlicheren Eindringen, andererseits aber auch der rascheren Wiederverdampfung des Wassers aus dem hiezu besonders geneigten Boden entgegenwirkte und die nächsten Bodenlagen unter jener Hülle feucht erhielt, besonders wenn der Standort von anderwärts einen Wasserzuschuß (Grundwasser, Seihwasser, unterirdisches Wassergeäder) besitzt, welcher tiefer als das Wurzelnetz liegt. Fällt nun der Schirm des Waldes und der Bodendecke weg, so eröffnet sich bei solch durchlässigem Boden der rege Verkehr zwischen dem Inneren des Bodens und der Atmosphäre; es dringt zwar mehr Niederschlagswasser in die Tiefe, aber dieses ist bei solcher Bodenbeschaffenheit nur in loser Verbindung mit der obersten Bodenschichte und verdampft zu einem großen Theil unmittelbar durch die weiten Communicationen an die Luft, ohne vorher jene oberste Erdlage von unten her mit Feuchtigkeit zu durchdringen. Unter solchen Bedingungen also hat die Entwaldung eine stärkere Austrocknung der oberen Bodenlagen, dagegen allerdings auch eine reichlichere Zufuhr von Wasserdampf an die Luft zur Folge.

Da aber durch diese Art der Zufuhr im Sommerhalbjahre weit weniger Wasserdunst in die Atmosphäre gebracht wird als durch die Transspiration eines geschlossenen Waldbestandes, ist es wohl nicht zweifelhaft, daß in allen Fällen nach der Bloßlegung des Bodens die darüber befindliche Luft im Sommerhalbjahre ärmer an Wasserdampf sein muß als vorher.

Wenn jedoch an die Stelle des Waldes eine andere Vegetationsdecke tritt, werden weder die Feuchtigkeits- noch die Temperaturzustände des Bodens und der darüber befindlichen Luft so bedeutend geändert, wie wenn die Rodungsfläche kahl bleibt. Je dichter die Pflanzendecke ist, welche dem Walde nachfolgt, je länger sie jährlich frisch vegetirt, je mehr ihr etwa durch Bewässerung nachgeholfen wird, desto weniger wird in klimatischer Beziehung der Verlust des Waldes zu bedauern sein. Getreidefelder, welche gerade während der heißesten Sommerwochen nur trockene Halme, Stoppeln oder umgebrochene und noch nicht wieder begrünte Krume darbieten, können in klimatischer Beziehung den Wald nicht so gut ersetzen wie Kleefelder oder Wiesen. Insbesonders gut gehaltene Wässerwiesen werden der über ihnen befindlichen Luft im Ganzen wenigstens annähernd denselben klimatischen Charakter verleihen wie früher der Wald; und wenn in der lombardischen Ebene trotz des heftigen Sonnenbrandes die Waldlosigkeit fast niemals eine Dürre im Gefolge hat, so verdankt man das zu einem großen Theile den umfangreichen Bewässerungsanlagen, welche den ganzen Sommer hindurch die Vegetation frisch erhalten.

7. Einfluß des Waldes auf das Klima seiner näheren und weiteren Umgebung.

Die Frage dieses Einflusses wird sehr häufig mit derjenigen über das Klima des Waldes selbst verwechselt, indem man einfach annehmen zu können glaubt, daß der Wald das Klima, welches ihm selbst in seinem Inneren zukommt, auch mehr oder weniger auf seine Umgebung übertragen müsse. Daß dieses im Allgemeinen nicht richtig sei, läßt sich leicht an einigen Beispielen zeigen. Nehmen wir an, wir befinden uns an einem heiteren Sommertage, welcher den Boden und die Luft des Freilandes schon stark erwärmt hat, im Inneren eines schattigen Waldes und vergleichen die relative Luftfeuchtigkeit daselbst mit derjenigen, die wir eben zuvor außerhalb des Waldes gefunden haben, so werden wir den Unterschied sehr bedeutend finden; die Luft im Walde wird bei bedeutend niedrigerer Temperatur, ohne übrigens eine größere absolute Menge an Wasserdampf zu besitzen, relativ feuchter, also der Condensation weit näher sein als die Luft im Freilande und es wird sich die feuchte Kühle schon unserer Hautempfindung bemerklich machen. Wenn nun aus demselben Walde durch die schon früher besprochene locale Circulation kühle und relativ feuchte Waldluft in das Freie heraustritt, wird sie den Punkten, über welche sie weht, auch größere Feuchtigkeit mitbringen? — Keineswegs! — Denn ihre größere Feuchtigkeit im Walde war eben nur eine relativ durch die kühlere Waldtemperatur bedingte; sowie sie aber über dem erwärmten Freilande sich auch erwärmt, verliert sie den höheren Grad der relativen Feuchtigkeit, den sie im Walde besaß, und da sie, wie wir vorausgesetzt haben, im Walde keine größere absolute Feuchtigkeit besaß, kann sie beim Herauswehen in das Freiland schon nach einer sehr kurzen Strecke in Bezug auf ihren Feuchtigkeitszustand keinen Unterschied mehr von der Freilandsluft zeigen. Gerade dieser Fall aber ist einer der wesentlichsten, indem, wie wir wissen, die absolute Feuchtigkeit der Waldluft selten größer ist als jene der Freilandsluft, und erstere nur eine größere relative Feuchtigkeit besitzt. Aus demselben Grunde, daß nämlich die Wirkung des Waldes auf den Sättigungsgrad der Luft außerhalb seiner Grenzen aufhört, erstrecken sich auch jene Niederschläge, die wir früher als „innere Waldniederschläge“, hervorgerufen durch die niedrigere Temperatur der Bäume im Winter und Erstfrühlinge, bezeichnet haben, auch nicht über die Grenzen des Waldes hinaus, weil ja eben außerhalb der Grenze des Waldes die innerhalb desselben specifisch wirkende Ursache wegfällt.

Wir müssen also der Frage: inwiefern der Wald auf das Klima seiner Umgebung wirkt, eine besondere und eingehende Betrachtung widmen und uns nicht von der Annahme leiten lassen, daß der Wald einfach sein Klima unverändert auch auf seine Umgebung übertrage. Die Angelegenheit des Einflusses von Wäldern auf das Klima ihrer Umgebung interessirt übrigens fast noch mehr den Landwirth als den Forstmann; denn der Landwirth ist es, der die Befürchtung hegt, daß etwa durch das Verschwinden benachbarter Wälder seine Aecker und Wiesen an Trockenheit zu leiden haben würden. Gerade auf diese Frage also concentrirt sich hauptsächlich das Interesse der streitenden Partheien in der Waldfrage, und darum wolle es sich der Leser nicht verdrießen lassen, unseren etwas eingehenderen Auseinandersetzungen zu folgen.

Eine Wirkung des Waldes auf das Klima seiner Umgebung kann nur auf zweifachem Wege stattfinden: bezüglich des Wassergehaltes durch die Diffusion des Wasserdunstes, der aus den Kronen aufsteigt, dann bezüglich der Temperatur und des Wassergehaltes zusammen vermittelst der Luftströmungen.

Der Wasserdunst diffundirt nach seinem Austritte aus den Kronen rasch in die umgebende Luft und wird dadurch mit zunehmender Entfernung immer mehr verdünnt; aus einem großen Walde oder aus einer großen Anzahl benachbarter Wälder zusammen kommt aber immerhin während der Transspirationszeit eine ansehnliche Menge Wasserdampf in die Atmosphäre. Diese Bereicherung der letzteren findet aber bei ruhiger Luft hauptsächlich in verticaler Richtung, nach oben statt, da der leichtere Wasserdampf die Tendenz zum Aufsteigen hat.

In horizontaler Richtung und noch mehr nach abwärts kann sowohl der Wassergehalt als die Temperatur der Umgebung nur durch Luftströmungen*) vermittelt werden, da

---

*) Durch **Leitung**, welche zwischen festen und tropfbarflüssigen Substanzen einen Temperaturaustausch mehr oder weniger leicht be-

ohne eine solche Vermittelung selbstverständlich der Wald sowie auch das Freiland jedes seine eigenen Temperatur- und Feuchtigkeitszustände für sich behalten müßte und, wie jedermann schon erfahren hat, beispielsweise an heiteren Sommertagen bei völliger Windstille hart neben einem feuchten Walde ganz dürre Aecker, Weiden und trockenrissige Pfade liegen können.

Der klimatischen Vermittelung zwischen Wald und Freiland dienen zweierlei Hauptgruppen von Winden: die localen Circulationsströmungen, dann allgemeine Luftströmungen jeder Art, selbst Cyklonen, wenn sie durch oder über den Wald gezogen sind und von demselben verändert im Freilande ankommen.

Die Circulationsströmungen des Waldes können in der Hauptsache nicht anders wirken, als jene, die wir schon bei den Wasserflächen*) betrachtet haben; sie bringen im Sommerhalbjahr bei Tage kühlere Luft aus dem Wald*inneren* in die Nachbarschaft, und zwar in die unteren, dem Erdboden nahen Schichten, und führen umgekehrt zu Beginn der nächt-

---

wirkt, kann zwischen zwei verschiedenen Luftschichten wenig gegenseitige Wirkung erzielt werden, da Luft, besonders trockene Luft, ein sehr schlechter Leiter ist. Aus diesem Grunde hinkt der Vergleich, welcher sagt: „so wie man über einem Eiskeller kälter wohnt als über einer Waschküche, *ebenso* müsse es in der Nähe des kühlen Waldes kühler zu wohnen sein als neben einer unbewaldeten und deshalb wärmeren Parzelle".

*) Die Circulationsströmungen des Waldes sind jenen der Wasserflächen, nicht aber jenen der Flächen mit bodenständiger Vegetation analog, weil diese letzteren zu Beginn der Erkaltungszeiten sogleich rasch und bedeutend sich abkühlen, während Wasserflächen sowie Wald ihre Wärme gegenüber der sich rascher abkühlenden Umgebung noch länger behalten und dadurch zur Umkehrung der Circulation führen.

lichen Erkaltung wärmere Luft in die oberen Schichten über dem benachbarten Freilande, dessen Bewohner, weil sie sich in den unteren Schichten aufhalten, von dieser Erwärmung so wenig verspüren wie die daselbst befindliche bodenständige Vegetation, dagegen aber zum Genuß einer größeren Feuchtigkeit gelangen können. Letzteres ist darum der Fall, weil der aus dem Walde bei der Nacht aufsteigende obere Theil der Circulationsströmung, welcher die Kronen passirt, von dorther vermöge seiner höheren Temperatur Wasserdampf mitnimmt, der dann beim Herabsinken über dem kalten Freilande in der Luft schwebende Nebel bildet oder als Thau zur Erscheinung kommt. Diese Wirkung ist, wie aus dem Sinne aller vorhergehenden Erörterungen sich ergibt, entschiedener und einflußreicher, wenn das hievon betroffene Freiland an und für sich wenig Feuchtigkeit besitzt und also für sich allein Nebel und Thau nicht erzeugen würde; in diesem Falle rührt nämlich der Thau des dem Walde nahen Freilandes eben nur von der dampfreicheren Luft her, welche aus dem Walde herabgestiegen ist. Wenn dagegen neben dem Walde feuchte oder bewässerte Wiesen oder bewässerte Felder, Wasserausbreitungen oder Sümpfe liegen, die schon an und für sich allein am Beginne der Erkaltungszeiten sich mit Thau oder Nebelschichten überziehen, so wird durch die sich herabsenkende Waldluft nur das Material zur Condensation vermehrt, nicht aber ausschließlich herbeigeführt. Diese nächtliche Circulation, welche übrigens nur während der ersten Nachtstunden stattfinden kann so lange die Bäume noch nicht stark abgekühlt sind, ist eine Eigenthümlichkeit des Waldes, welche dieser vor anderen Vegetationsflächen voraus hat; denn eine Wiese oder ein Saatfeld, von kahlem Freilande umgeben, kann eine derartige Circulation nicht erzeugen, weil daselbst die nachdauernde Wärme, welche den Stämmen der Bäume nach warmen Tagen zukommt, bei der bodenständigen Vegetation wegfällt und diese sich vielmehr am Abend noch rascher abkühlt als das vorausgesetzte kahle Freiland.

Wie weit vom Walde weg sich die Wirkung der beiden localen Circulationsströmungen noch in meßbarer oder nutzbarer Weise auf das Freiland hin erstreckt, ist eben so wenig genau bemessen, wie bei der Circulation, welche von Wasserausbreitungen oder von bodenständigen Vegetationsmassen ausgeht; nur das unterliegt keinem Zweifel, daß die Wirkungssphäre aus größeren Waldungen weiter ist als jene aus eben so großen Wiesen, Saatfeldern u. s. w., da sowohl die Temperaturunterschiede, welche das Motiv dieser Circulation bilden, als auch die in Bewegung gesetzten Luftmassen größer sind. Ueber ein Kilometer vom Walde hinaus dürfte sich übrigens diese Wirkung kaum erstrecken, und es muß auch hier wieder darauf hingewiesen werden, daß diese Circulation in Wirklichkeit nur in jenen seltenen Fällen zu Stande kommt, wo bei vorwiegend heiterem Himmel zur Sommerszeit das Luftmeer im Allgemeinen ruhig ist, daß sie aber unter bedecktem Himmel selbst bei ruhiger Luft unmerklich und durch jede herrschende allgemeinere Luftströmung aufgehoben wird.

Es wurde hier nur von der Circulation während des Sommerhalbjahres gesprochen. Im W i n t e r hat dieselbe nur eine verschwindende Bedeutung; denn wenn die winterliche Erkaltung einmal voll entwickelt ist, kommt eine locale Circulationsströmung zwischen Wald und Freiland nicht zu Stande, weil die Temperaturgegensätze nicht groß genug sind; mithin fällt auch der davon abhängige Theil des Einflusses des Waldes auf seine Umgebung weg.

Wir haben nun noch weiter jene Wirkungen zu betrachten, welche der Wald auf die nicht von ihm selbst erzeugten, sondern auf die aus der F e r n e h e r k o m m e n d e n a l l g e m e i n e r e n L u f t s t r ö m u n g e n und durch dieselben auf seine Umgebung ausübt.

Winde, welche den Wald passiren, werden mehr durch die Kronen als durch das Waldinnere verändert, da in der Stammregion ihr Fortschreiten sehr gehindert ist, während sie über den Kronen mit unverminderter Geschwindigkeit fortschreiten können; ihre Veränderung, wo sie eine solche durch den Wald erleiden, wird also hauptsächlich nur von den Kronen ausgehen. Hiebei kommt nun insbesondere, und zwar während der Vegetationsperiode, die Transspiration in Betracht, welche allerdings nur bei Tage große Massen von Wasserdampf in die Luft befördert; da aber die einmal aufgestiegenen Mengen von Wasserdampf sich auch nach dem Aufhören der Transspiration während der Nachthälfte thatsächlich in der Luft befinden, kommen sie auch für die Nachthälfte in Betracht; ja sie erscheinen uns vielmehr gerade zur Nacht oder überhaupt nach eingetretener Erkaltung der Luft am deutlichsten, weil sie sich dann über dem Walde leicht condensiren und entweder Nebelschleier über dem Walde oder wenigstens eine reichliche Thaubenetzung zur Folge haben. Sowohl diese abendlichen oder nächtlichen Nebel, als auch die nach Sommerregen sich über dem Walde bildenden secundären Nebelschleier, deren schon früher erwähnt wurde, bleiben selten blos über dem Walde hängen, sondern werden selbst von leichten Winden auch über das benachbarte Freiland geführt, welches dadurch mehr beschirmt, zur Nachtzeit weniger durch Ausstrahlung erkältet, bei Tage weniger besonnt und ausgetrocknet, theilweise auch (wenngleich nicht in großem Maßstabe) beregnet wird. Aber selbst abgesehen von solchen schon gebildeten Nebeln oder Regenschleiern über dem Walde können Luftströmungen, die den Wald durchstrichen haben, während der Vegetationszeit, also im Sommerhalbjahre, von dem wir hier zunächst sprechen wollen, in einer Weise verändert werden, welche auf das Freiland, wohin sie später kommen, einen gewissen Einfluß üben. Im

Sommerhalbjahre sind hauptsächlich nur entweder trockenwarme oder feuchtkalte Luftströmungen zu unterscheiden. Wie diese im Walde verändert werden, wurde schon früher bei der Betrachtung des Waldklimas angedeutet, und hier handelt es sich nur darum, zu zeigen, welche von diesen Veränderungen der Winde noch wirksam bleiben, nachdem sie den Wald wieder verlassen haben.

Wir behandeln diese Frage hier zuerst unter der Voraussetzung, daß das Terrain eben oder nur wenig gewellt sei, da bergiges Terrain besser abgesondert in Betrachtung gezogen wird.

Da trockenwarme Luftströmungen im Sommer, besonders bei Tage während der Transspiration der Kronen (jedoch auch, wenngleich in geringerem Maße, eben in Folge der vorangegangenen Transspiration bei der Nacht), Wasserdampf aufnehmen, und zwar desto mehr, je länger sie mit Waldflächen in Berührung bleiben, so kommen sie jenseits im Lee*) des Waldes mit größerer absoluter Feuchtigkeit d. h. reicher an Wasserdampf an, als wenn sie über kahles oder selbst bewachsenes Freiland gezogen wären. Wenn nun diese dampfreicher gewordene Luft über dem Freilande weiter weht, trocknet sie dasselbe weniger aus, als wenn sie jene Bereicherung an Dampf durch den Wald nicht erhalten hätte; und ist ihr Wassergehalt sehr hoch, dabei aber aus irgend einem Grunde, z. B. durch den Eintritt der Nacht, die Tem-

*) Wir müssen uns hier der Kürze wegen noch öfter zweier Ausdrücke bedienen, die eigentlich der Seemannssprache entnommen sind, aber jetzt auch schon vielfach in der Meteorologie angewendet werden. Die Leeseite ist die vom Winde abgewendete, die Luvseite die dem Winde zugekehrte Seite. So z. B. ist bei Ostwind der östliche Rand eines Waldes oder der Ostabhang eines Berges im „Luv“, dagegen der westliche Rand oder Abhang im „Lee“; bei Westwind ist natürlich alles umgekehrt.

peratur im Allgemeinen bedeutend niedriger geworden, so können in jener dampfreicheren Luft Condensationen, wenigstens Thau oder Nebel, entstehen, welche der Vegetation des Freilandes zu gute kommen. Da, wie wir wissen, einer der Abkühlungsgründe auch in dem Aufsteigen von Luftströmungen besteht, so werden insbesondere ursprünglich trockenwarme Luftströmungen, die über bewaldete Berglehnen ansteigen, dem etwa auf der Höhe gelegenen Freilande leicht nächtliche Nebel, Thaufall oder selbst Niederschläge bringen, welche nicht zu Stande gekommen wären, wenn derselbe Wind über eine kahle oder schwach bewachsene Lehne zum Plateau aufgestiegen wäre.

Die zweite Gruppe sommerlicher Winde, die feuchtkalten, werden durch den Wald nur unbedeutend verändert. Die, wie wir wissen, in den Stämmen und dem dickeren Geäste nachhaltig aufgespeicherte Wärme erhöht einigermaßen die Temperatur der damit in Berührung kommenden kühleren Luft und würde dadurch ihre relative Feuchtigkeit vermindern; da jedoch zugleich auch die mit den Kronen in Berührung kommende Luft am Tage durch die bei kaltem Wetter zwar verminderte, aber immerhin nicht ganz sistirte Transspiration wieder Wasser aufnimmt, bleibt am Tage die Saturation so ziemlich die gleiche.

Beim Eintritte der nächtlichen weiteren Abkühlung kann eine Condensation über dem Walde veranlaßt werden; ist aber diese erfolgt, so ist die Luftströmung dampfärmer geworden und bringt daher dem Freilande, welches sie nach dem Verlassen des Waldes bestreicht, eher eine Verminderung als eine Vermehrung der Saturation oder der Niederschläge.

Im Winterhalbjahre sind hauptsächlich einerseits trockenkalte, andererseits feuchtwarme Luftströmungen zu unterscheiden, wobei unter „warm“ nicht ein an und für sich hoher Temperaturgrad, sondern nur eine geringere Kälte, als sie durchschnittlich der betreffenden Periode zukommt, zu verstehen ist.

Die feuchtwarmen Winde erleiden im Winter und, so lange die Winterkälte noch in den Bäumen steckt, auch im Erstfrühlinge durch den Contact mit dem Walde nur eine Abkühlung ohne Vermehrung des Wassergehaltes; es wird nur ihre relative Feuchtigkeit erhöht, sie kommen der Condensation näher, und deshalb kann bei der Berührung mit dem Walde leicht ein Niederschlag entstehen. Sind Niederschläge wirklich erfolgt, so haben diese Winde dadurch einen Theil des Wasserdampfes verloren, den sie früher enthielten und der ihnen beim Weiterschreiten durch und über den Wald nicht in dem Grade, wie es im Sommer der Fall wäre, wieder ersetzt wird. Aus diesem Grunde kommen während des eigentlichen Winters und im Erstfrühlinge die ursprünglich feuchtwarmen Winde, nachdem sie einen erkalteten Wald durchstrichen haben, aus demselben meistens etwas trockener heraus, als sie hineingekommen sind; der Wald hat sich aus ihnen Wasser genommen, eben darum aber muß in einem jenseits gelegenen Freilande der Wind weniger dampfreich ankommen.

Diesem Trockenwerden eines feuchtwarmen Windes durch den erkalteten Wald wirken jedoch andere Umstände derart entgegen, daß nicht eine eigentliche Austrocknung zu Stande kommen kann. Ist nämlich der Wald klein, so kann bei der kurz andauernden Berührung mit demselben nicht viel Dampf condensirt werden, aber es kann doch die bis zu einem gewissen Grade erlittene Abkühlung eine Strecke weit über den Wald hinaus noch fortdauern und dadurch Veranlassung werden, daß auch noch über den Wald hinaus eine Condensation von Wasserdampf stattfindet oder wenigstens die Erhöhung der relativen Feuchtigkeit fortdauert. Ist hingegen der Wald groß, so kann die Luft, nachdem sie durch die ihr vom Walde entzogenen reichlicheren Niederschläge trockener geworden ist, beim weiteren Fortschreiten über den Wald, je nachdem er mehr oder weniger Feuchtigkeit auch ohne Transspiration darbietet, wieder mehr oder weniger Wasser aufnehmen. Die austrocknende Wirkung kalter Wälder auf feuchtwarme Winde kann also, wenigstens bei horizontaler Lage, vermöge dieser Beschränkungen nicht besonders groß sein.

Da die entgegengesetzten, die trockenkalten Winde des Winters im Walde nicht wesentlich verändert werden, wirken sie während ihrer Dauer auch nicht in bedeutendem Grade verändernd auf das Klima des jenseits gelegenen Freilandes.

Hauptsächlich können also nur die trockenwarmen Winde des Sommers, die sich im Walde anfeuchten, weniger aber die feuchtwarmen Winde des Winters, die durch den Wald nicht entschieden trockener werden, als Vermittler klimatischer Einflüsse, welche der Wald auf das Freiland in seiner Nachbarschaft übt, betrachtet werden. Daraus folgt weiter, daß, wenn die trockenwarmen Winde einer Gegend immer nur aus einer und derselben Hauptrichtung wehen und wenn die feuchtwarmen Winde auch nur einen bestimmten Strich einhalten, der Wald nur auf die leewärts gelegenen Theile des Freilandes (die den Wind erst nach dem Walde empfangen), nicht aber auch auf die luvwärts sich ausbreitenden Gegenden (die vom Winde schon vor dem Walde getroffen werden) eine irgend wesentliche klimatische Wirkung üben kann. Zur Erläuterung möge Figur 10 dienen.

Es sei b ein Wald in einer mäßig gewellten Gegend, c eine Freilandsgegend im Osten und a eine solche im Westen desselben Waldes; weht ein feuchter Westwind von a gegen b hin und nach c weiter, wobei wir voraussetzen, daß es noch nicht zu einem Regen gekommen sei, so kann die Gegend a von der Nähe des Waldes b keinerlei Be=

einflussung erleiden; im Walde b wird wahrscheinlich die relative (unter den hier vorausgesetzten Umständen aber nicht die absolute) Feuchtigkeit in der untersten Schichte des Westwindes erhöht, und derselbe kann daher über b möglicherweise einen Niederschlag fallen lassen; ist dies geschehen, so kommt die unterste Luftschichte des Westwindes

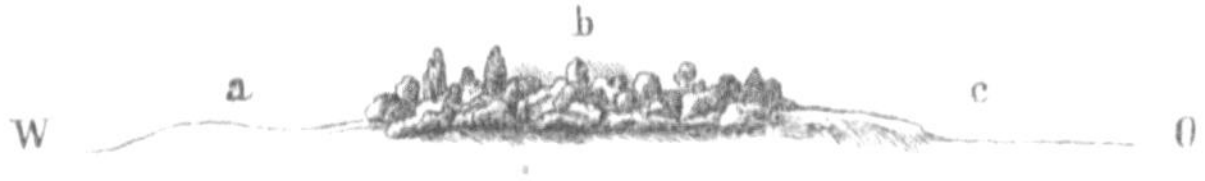

Fig. 10.

in c nicht feuchter an, als sie in a war, vielleicht sogar etwas trockener. Ist über b keine Condensation erfolgt, so kann der Westwind über c vermöge der durch den Wald erlittenen Abkühlung mit einem höheren Grade der Sättigung ankommen, als er in a besaß, aber zu einem Niederschlage wird es dann über c doch kaum kommen, wenn nicht einmal der Wald b eine solche zu Wege gebracht hat. Herrschen umgekehrt trockenwarme Ostwinde von c über b nach a, so kann dem Punkte c die Nähe des Waldes b keinen Vortheil bringen. Ueber dem Walde b wird sich der trockene Wind mehr oder weniger Wasserdampf aneignen und in a wird dann die Luft dampfreicher (absolut feuchter) ankommen als sie es in c war und die Wirkung kann sich darin zeigen, daß die Gegend a einen mehr bewölkten Himmel hat oder daß sich daselbst in den Abkühlungsstunden Nebel oder Thau bildet. Es wird also sowohl in a als in c durch die Nähe des Waldes bei den zum Walde hinwehenden Winden gar keine Veränderung, bei den vom Walde herauskommenden Winden aber mit Bestimmtheit nur im Lee der trockenen Winde, (also für a) eine etwas verstärkte Neigung zu irgend einer Art von Condensation bewirkt werden.

Verfolgen wir nun dieselbe Frage, welche wir bisher für ein ebenes oder höchstens flachwelliges Land in Betracht gezogen haben, unter der Voraussetzung, daß wir es mit einem bergigen Terrain zu thun haben und daß sich auf einer Stufe des Berglandes jenes Stück Freiland befinde, dessen klimatische Beeinflussung durch die Anwesenheit oder Abwesenheit des Waldes wir eben untersuchen wollen.

In den drei folgenden Figuren 11, 12, 13 sei ABC der Osthang, CDE der Westhang und DE das fragliche Stück Culturland, und es wehe in allen drei Fällen ein trockener Wind, d. h. ein solcher, der einer starken Abkühlung bedürfte, um die in ihm enthaltene geringe Wassermenge zur Condensation zu bringen. Ist das ganze Profil, wie in Fig. 11 dargestellt, kahl, so wird der trockene Wind, den wir als Ostwind annehmen, beim Aufsteigen von A

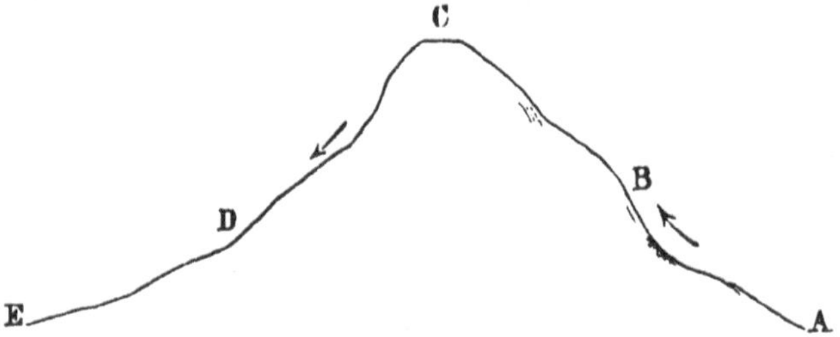

Fig. 11.

nach C zwar kälter und kommt der Condensation näher, beim Herabsinken von C nach E hingegen erwärmt er sich um eben so viel und kommt über der Gegend DE so trocken an, als er bei A war; der Umstand, daß die Luftfeuchtigkeit beim Uebersteigen des Gipfels C vielleicht schon nahe dem Condensationspunkte war, nützt dem Landstriche DE nichts.

Wenn, wie Fig. 12 darstellt, das Ostgehänge bewaldet, das Westgehänge hingegen ganz Freiland ist, so nimmt der

Ostwind auf seinem Wege über AB Wasserdampf — anfangs mehr, dann mit abnehmender Temperatur in der Höhe weniger — auf; beim Uebersteigen des Gipfel C kommt der aufgenommene Wasserdampf der Condensation näher, und derselbe Wind wird daher am Gipfel feuchter ankommen, die Wahrscheinlichkeit eines Niederschlages bei C wird größer sein als im vorausgegangenen Falle. Da jedoch beim Hinab-

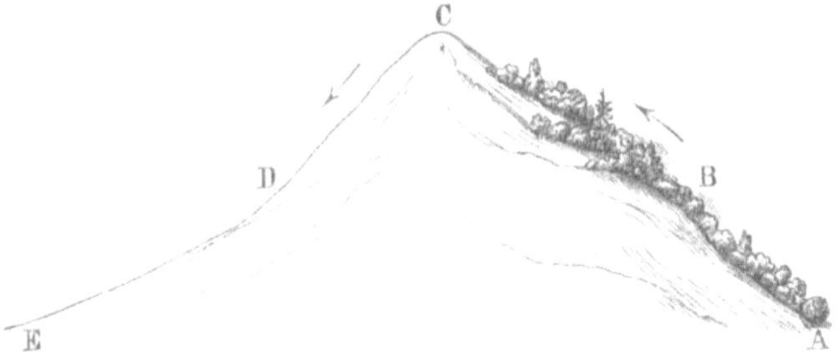

Fig. 12.

steigen der Luft von C gegen E ihre Erwärmung wieder zunimmt, nimmt auf dieser Strecke zugleich ihre relative Feuchtigkeit wieder ab. Wenn nun in dem hier vorausgesetzten Falle am Gipfel C wirklich eine Condensation stattfand, dann ist eben dadurch der auf dem Wege AB aufgenommene Wasserdampf der Luft wieder entzogen worden und der Wind kommt in DE, wie im vorhergehenden Falle, beiläufig eben so trocken an, wie er in A, vor der Aufnahme von Wasserdampf aus dem Walde B, gewesen. Hat hingegen am Gipfel keine Condensation stattgefunden, so ist der über B aufgenommene Wasserdampf beim Eintreffen der Luftströmung in DE noch vorhanden, der Wind ist in Folge dessen nicht ganz so trocken wie im ersten Falle, aber die Wahrscheinlichkeit eines Niederschlages ist nicht vorhanden, weil ja die Erwärmung und daher die relative Trockenheit der Luftströmung, während sie nach abwärts weht, immer zunimmt.

Wenn endlich das Ostgehänge AC kahl, dagegen der obere Theil des Westgehänges bewaldet ist (Fig. 13), so erhält der Ostwind beim Aufsteigen keine Bereicherung an

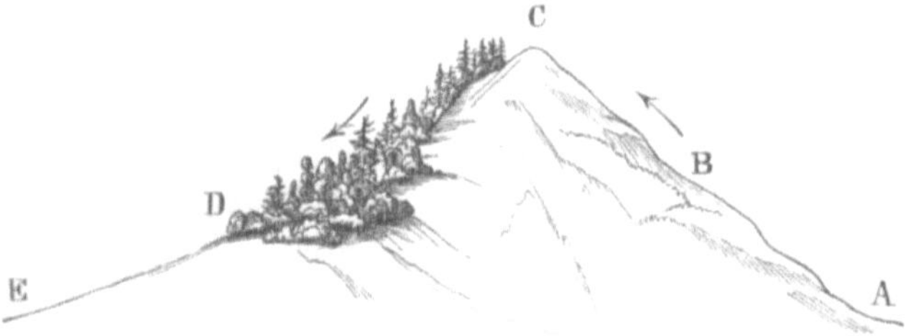

Fig. 13.

Wasserdampf, die Wahrscheinlichkeit eines Niederschlages in der Gipfelgegend C ist nicht erhöht; während des Herabsteigens aber von C gegen D, also während der Wind von Schritt zu Schritt wärmer und dadurch aufnahmsfähiger für Wasserdampf wird, nimmt er solchen aus dem Walde CD auf, und der darauffolgende Landstrich DE erhält eine dampfreichere, weniger austrocknende Luft, als wenn der Wald nicht vorhanden wäre, und zwar ist in diesem Falle die Sicherheit vorhanden, daß nicht wie im vorhergehenden Beispiele das im Walde aufgenommene Wasser sich am Gipfel schon condensirt hat und daher für das Culturland DE wirkungslos wird. Bei alledem ist aber die Bildung eines Niederschlages auf dem Wege von D nach E u. s. w., so lange das Terrain sich senkt oder auch nur horizontal bleibt und so lange auch sonst kein abkühlendes Moment dazwischen kommt, nicht zu erwarten; erst wenn nach DE das Terrain wieder anstiege oder wenn die über CD dampfreicher gewordene Luft in DE eine abkühlende Wirkung z. B. von stark ausstrahlenden Wiesen nach Sonnenuntergang erführe, könnte eine Condensation stattfinden, zu welcher der Wald CD das Material geliefert hätte.

Der Wald an Gehängen auf der Leeseite trockenwarmer Winde erhöht also die Möglichkeit von Condensationen für das weiterhin folgende Freiland im Sommer mehr als der Wald an den luvseitigen Gehängen.

Es erübrigt nun noch, dieselben drei Fälle auch während der Herrschaft eines feuchten Windes zu betrachten, d. h. eines solchen, bei dem schon eine kleine Abkühlung genügt, um ihm einen Theil seines Wasserdampfes in Gestalt eines Niederschlages zu entziehen.

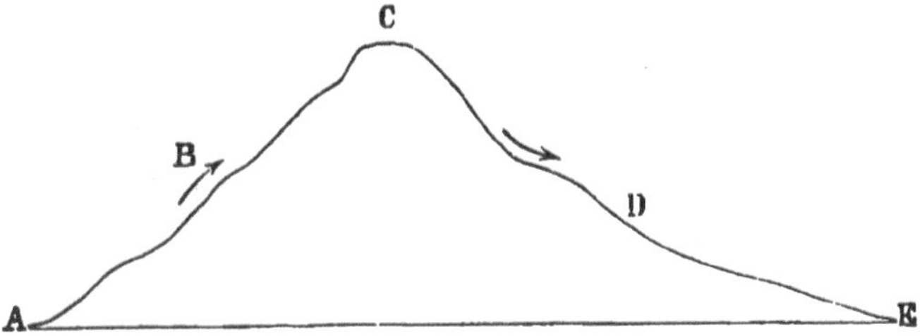

Fig. 14.

In dem Falle, welchen Fig. 14 darstellt, wenn nämlich beide Gehänge sammt dem Gipfel kahl sind, wird der ohnehin schon bei A feucht ankommende Wind — den wir als Westwind annehmen — beim Anstiege über B nach C Wasser verlieren und daher beim Hinunterwehen von C nach D und E sowohl absolut als relativ trockener ankommen.

Im Falle der Fig. 15 wird die Wirkung für DE dieselbe sein; denn beim Aufsteigen von A über B wird noch eher und noch reichlicher als im Falle der Fig. 12 ein

Niederschlag entstehen, und der dadurch am Westgehänge und am Gipfel erlittene Verlust von Wasserdampf wird auf dem Wege über das kahle Ostgehänge nicht ersetzt.

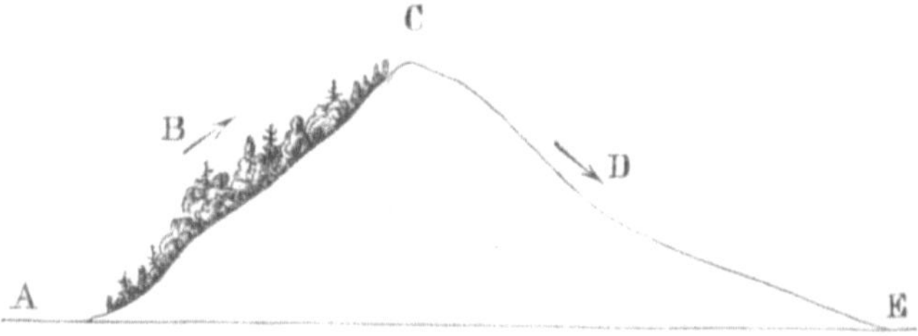

Fig. 15.

Nehmen wir endlich den Fall der Fig. 16 mit einem bewaldeten Ostgehänge, so tritt zwar aus den gleichen Gründen wie in den beiden vorhergegangenen beim Aufsteigen

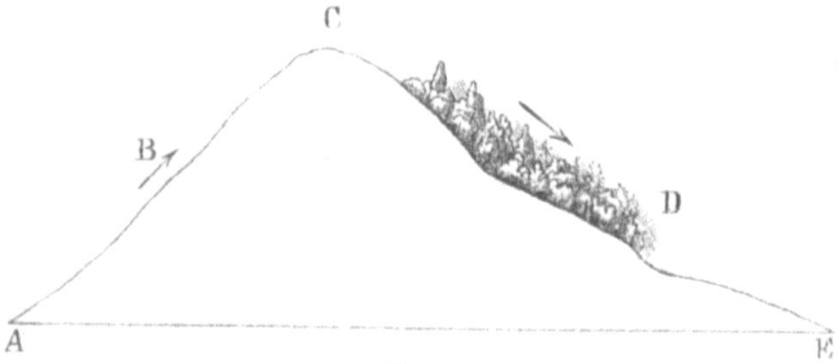

Fig. 16.

über ABC und spätestens in der Gipfelgegend C ein Niederschlag ein, beim Herabwehen über das Ostgehänge CD aber hat die Luftströmung wieder Gelegenheit, Wasser aus dem Walde aufzunehmen und dadurch wenigstens theilweise den jenseits erlittenen Verlust zu ersetzen, so daß das Culturland in DE feuchtere Luft erhält als in den beiden vorangegangenen Fällen. Fassen wir diese drei Fälle zusammen, so ergibt sich auch für feuchte Luftströmungen dieselbe Regel, welche oben für trocken ausgesprochen wurde: daß nämlich nur Wälder am Leegehänge entschieden günstig für die Steigerung der Feuchtigkeitsverhältnisse des darauffolgenden Freilandes wirken.

Es sind nun verschiedene Fälle hervorgehoben worden, in denen vermöge bekannter Naturgesetze der Wald auf seine Nachbarschaft einen mehr oder minder entschiedenen Einfluß üben muß. Leider fehlt es jedoch an genauen Daten hierüber, wie groß dieser Einfluß sei und wie weit er sich erstrecke, was bereits in dem Abschnitte über die Wirkungen von Wasserflächen sowie von Vegetationsflächen auf das Klima ihrer Umgebung beklagt wurde. Einen sehr verdienstlichen, wenn auch vorläufig nur kleinen Versuch zur ziffermäßigen Behandlung dieses Gegenstandes hat Oberforstmeister Julius Micklitz gemacht, indem er in einer Abhandlung „über die Einwirkung des Waldes auf Luft und Boden“*) nachwies, wie mit zunehmender Entfernung der Freilandsstationen von den dazu gehörigen Waldstationen in Bayern der Unterschied zwischen den Mitteltemperaturen des Freilandes und des Waldes zunimmt.

Entfernungen der Freilandsstationen von den Waldstationen	Die Mitteltemperaturen der Freilandsstationen unterscheiden sich von jenen der Waldstationen um folgende Grade Celsius				
	im Winter	im Frühling	im Sommer	im Herbst	im Jahresdurchschr.
5 Minuten (Rohrbrunn am Spessart	+ 0,22	+ 0,06	— 1,01	— 0,19	— 0,22
10 Minuten (Ebrach)	— 0,50	— 0,92	— 2,21	— 0,70	— 1,06
15 Minuten (3 Stationen: Altenfurth, Johanneskreuz, Duschlberg)	— 0,74	— 1,50	— 2,62	— 0,76	— 1,04
30 Minuten (Seeshaupt) . . .	— 0,74	— 2,06	— 2,92	— 1,20	— 1,44

*) Centralblatt für das gesammte Forstwesen 1877, 8. Heft.

Man sieht hieraus, daß eine nur 5 Minuten vom Waldrande gelegene Freilandsstation beinahe die gleichen Temperaturverhältnisse hat wie der Wald selbst, während die weiter entfernt gelegenen Freilandsstationen zu allen Jahreszeiten eine entschieden höhere Mitteltemperatur haben als die zugehörigen Waldstationen.

Betrachten wir die Höhe der angeführten Ziffern, so ist nicht zu verkennen, daß nur diejenigen Stationen, welche nicht mehr als höchstens 10 Minuten vom Walde entfernt sind, noch deutlich an den Temperaturverhältnissen des Waldklimas theilnehmen, so daß also eine viertel- oder halbstündige Entfernung vom Walde, selbst wenn dieser einen bedeutenden Complex ausmacht, kaum mehr einen deutlich hervortretenden Einfluß des Waldes auf die Temperaturverhältnisse des Freilandes aufkommen lassen würde.

Ueber die Niederschlagsverhältnisse der mehr oder weniger waldnahen Freilandsgegenden geben selbst Ebermayer's Publicationen keinen Aufschluß, da seine Stationen in zu verschiedenen Höhen liegen, mithin nicht ermessen werden kann, wieviel von der Regenvermehrung auf Rechnung der Höhenlage komme und wieviel dem Walde zuzuschreiben sei.

Gerade diese Frage aber, der Einfluß des Waldes auf die Regenverhältnisse seiner Umgebung, erregt im Publikum sowie unter den Fachmännern das größte Interesse. Wir wollen deshalb, obgleich wir bereits das Gesammtverhalten des Waldes zum Klima seiner Umgebung unter den verschiedenen in der Natur vorkommenden Fällen schon weitläufig behandelt haben, doch auch noch die Regenfrage speciell besprechen, soweit schon bekannte Grundsätze darüber zu sprechen gestatten.

Um die Grenzen des Einflusses einigermaßen richtiger zu erkennen, als dies im Allgemeinen zu geschehen pflegt, muß man vorerst mehrere wesentliche Punkte allgemeiner Natur in Erwägung ziehen. Zunächst muß man bedenken, daß die Seite 126—128 erwähnte „locale Circulation" zwischen Wald und Freiland zwar sicher auf Thau und Nebelbildung, aber kaum auf die Erzeugung von Regen innerhalb des Circulationsbereiches Einfluß haben kann; ferner setzt jene Circulation, wie wir wissen, bei Tage heitere, bei Tag und Nacht im Allgemeinen ruhige Luft voraus und hört alsbald auf, wenn eine allgemeine Trübung auf größere Disposition zu Regenwetter hinweist. Es können also bei der Regenfrage nur jene Luftströmungen in Betracht kommen, welche in Folge der allgemeinen Bewegungen des Luftmeeres, der periodischen und unperiodischen, ihren Weg über oder durch den Wald nehmen. Hiebei ist nun zu erwägen, daß immer nur die untersten Schichten der Luftströmungen mit dem Walde in Berührung kommen, während alle bedeutenderen Regenfälle aus den Höhenschichten von 5000—8000 Fuß zu kommen pflegen; ferner, daß bei der allgemeinen Regendisposition, mit welcher Trübungen und große relative Feuchtigkeit der Luft verbunden ist, die Transspiration der Bäume bedeutend vermindert wird. Solche Erwägungen mahnen zwar zu der Vorsicht, daß man dem Walde keine allzugroße Wirkung auf die Erzeugung von Regen beimessen dürfe, sind aber doch nicht geeignet, dem Walde jede solche Wirkung abzusprechen. Wir brauchen nur zu erinnern an alle nun schon weitläufig erörterten Fälle, in denen der Wald, sei es im ebenen oder im bergigen Lande, durch das in ihm aufgespeicherte oder durch das von ihm transspirirte Wasser trockene Luftströmungen mit Wasserdampf bereichert, der dann bei eintretender Temperaturerniedrigung wieder zur Condensation kommt; dann an jene zweite Gruppe von Fällen, wo der winterlich abgekühlte Wald aus feuchten Luftströmungen nicht nur auf sich selbst Regen niederschlägt, sondern auch unter Umständen diese Winde für eine weitere Strecke derart abzukühlen im Stande ist, daß wenigstens das Randgebiet des Freilandes neben dem Walde noch Niederschläge erhält, die sonst ausgeblieben wären; endlich an die hochsommerlichen „Nachregen", die nach abkühlenden Gewittern neben dem Walde herziehen.

Leider muß die hier sich aufdrängende Frage: ob denn nicht die Daten der vielen in Europa bereits seit langer Zeit bestehenden meteorologischen Stationen vollgiltige Beweise für den Einfluß des Waldes auf die Niederschlagsmengen liefern, verneinend beantwortet werden, weil die Vertheilung der Stationen nicht derart planmäßig ist, daß man eine größere Anzahl von Punkten, die in verschiedenen Abständen vom Walde liegen, mit einer eben so großen Anzahl von übrigens ganz gleich gelegenen und gleich exponirten Punkten gänzlich waldloser Gegenden vergleichen könnte. Die Einrichtung solcher Stationen ist eben eine der dringendsten Aufgaben der Gegenwart; bis dahin aber entgeht uns die Möglichkeit, quantitativ in genaueren Ziffern dasjenige auszudrücken, was wir als grundsätzlich richtig erkennen.

Eine nicht uninteressante Aufgabe ist es, die Frage zu verfolgen, welche Vertheilung von Wald und Freiland wenigstens in unseren mittleren Breiten am günstigsten sei. In dieser Beziehung ist es vor allem unverkennbar, daß die Wälder am auffallendsten ihre günstigen Wirkungen in solchen Gegenden ausüben, wo sich Wasser im Untergrunde findet, die Oberfläche des Bodens aber (z. B. wegen sandiger Beschaffenheit) sehr der Austrocknung unterliegt und zugleich die allgemeinen klimatischen Verhältnisse häufig sommerliche Dürre mit sich bringen. In solchen Gegenden nämlich bringen die Bäume das Wasser, welches sonst nutzlos oder nur mit sehr entferntem und mittelbarem Nutzen im Untergrunde ange=

sammelt bleiben würde, durch die Transspiration in die sonst trockene Luft, wodurch der Grad der allgemeinen Austrocknung wenigstens einigermaßen verringert, zu den Abkühlungszeiten Thau, Nebel oder Wolken erzeugt und bei dem Eintreten einer Niederschlagsconstellation die Bildung von Regen erleichtert wird. Am wenigsten wirksam hingegen und daher am leichtesten entbehrlich vom klimatischen Gesichtspunkte aus sind Wälder in Gegenden mit feuchtem Klima, wie Irland, England, die Nordwestküste Deutschlands.

Ob in solchen Gegenden, in denen eine Vermehrung der Niederschläge oder eine Verminderung der Trockenheit erwünscht ist, große continuirliche Wälder oder ein Wechsel von Wald und Freiland günstiger sei, mag durch folgende Darstellung klarer gemacht werden.

Die Behandlung dieser Frage muß auch hier wieder getrennt gegeben werden für die beiden hauptsächlichen Fälle, in denen überhaupt der Wald auf das Klima seiner Umgebung einen Einfluß üben kann, nämlich: für die Zeit der trockenwarmen und für die Zeit der feuchten Winde. In unserer Fig. 17 ist durch den Pfeil die Richtung eines

Fig. 17.

trockenwarmen Windes angedeutet, welcher über den Waldcomplex ABCD gegen das Freiland DE sich hinbewegt. Der trockenwarme Wind, welcher in A auf den Wald trifft, kann sich im äußersten Falle, während er den ganzen Complex ABCD passirt, bis zum Sättigungspunkte an Wasserdampf bereichern; ist dieser Punkt erreicht, ohne daß zugleich durch irgend eine besondere Ursache z. B. durch eine bedeutende Terrainerhebung, welche den Wind zum Aufsteigen nöthigt, oder durch die nachfolgende nächtliche Abkühlung die Temperatur erniedrigt wird, so entsteht trotz der Bereicherung mit Wasserdampf kein Niederschlag über dem Walde. Bis zum Sättigungspunkte aber wird der Dampfgehalt einer an sich trockenen Luftströmung selbst durch einen langen Contact mit dem Walde kaum in einer so mächtigen Schichte erhöht, daß daraus allein ein Regenniederschlag entstehen könnte; es dürfte wohl kaum jemand eine Erfahrnng aufzuweisen haben, daß trockene Ostwinde in Mitteleuropa während des Sommerhalbjahres blos durch ihren Contact mit einem noch so großen Waldcomplexe feucht genug wurden, um Regen fallen zu lassen; nur allenfalls Nebel- oder Thaufall nach weit fortgeschrittener nächtlicher Abkühlung mag dem Freilandstücke DE durch die Wirkung des Waldes ABCD auf den früher trockenen Ostwind vermittelt werden und auch das nur unter der Voraussetzung, daß es sich um eine sehr geringe Windstärke handelt, indem stärkere Winde bekanntlich die Bildung von Nebel und Thau verhindern. Nehmen wir nun an, daß unter denselben Umständen der mittlere Drittheil des Waldes, nämlich BC, gerodet und in Freiland verwandelt wäre (Fig. 18), und fragen,

Fig. 18.

ob dadurch das Klima des erst betrachteten Stückes Freiland DE geändert würde, so hängt die Beantwortung von der Beantwortung einer weiteren Vorfrage ab. Ist nämlich schon das erste Drittel des Waldcomplexes AB so lang, daß beim Punkte B jene Sättigung erreicht ist, die überhaupt unter den gegebenen Umständen erreichbar ist, dann nützt der weitere Weg von B bis D nichts für die weitere Dampfaufnahme und folglich auch nichts für die Feuchtigkeitszustände des Freilandes DE; ja sogar das nun eingeschaltete Stück Freiland BC würde von dem auf seiner Windseite gelegenen Walde AB denselben Vortheil haben, wie im früheren Falle DE vom ganzen dreimal größeren Walde ABCD hatte. Selbst dann aber, wenn die Luft in dem entholzten Streifen BC wieder etwas von ihrem Wassergehalte, den sie beim Wege über AB erhalten hat, z. B. durch Thaufall in den späteren Nachtstunden verloren hätte, würde sich das auf dem weiteren Wege über dem stehengebliebenen Waldtheile CD wieder ersetzen und DE hätte durch die Entholzung von CB doch nichts verloren. Es kommt also nur darauf an, daß AB und DE lang genug sind, damit der ursprünglich trockene Luftstrom schon bei B die erreichbare Sättigung erlangt habe; ist dieses geschehen, so erhält DE den vom Walde bewirkten Vortheil bei trockenem Winde auch dann, wenn BC gerodet, ja es wird derselbe Vortheil auch dem gerodeten Stücke BC zu Theil.

Fig. 19.

Nehmen wir nun umgekehrt einen feuchtwarmen Westwind an zu einer Zeit, wo der Wald durch seine niedrige Temperatur auf die Bildung von Niederschlägen hinwirkt. Die Richtung dieses Windes ist in Fig. 19 durch den Pfeil angedeutet, und es ist wieder ABCD ein Waldcomplex, DE das angrenzende Freiland. Kommt der hier vorausgesetzte feuchtwarme Wind schon bei A in gesättigtem Zustande an und wirkt, wie wir vorausgesetzt haben, der Wald abkühlend auf die mit ihm in Berührung kommende wärmere Luft, so fällt gleich anfangs, also etwa zwischen A und B, so viel Wasser heraus, bis der noch verbleibende Rest bei der durch den Wald erzeugten niedrigen Temperatur dampfförmig bleiben kann; dieser Rest ist natürlich kleiner als der ursprüngliche Wassergehalt, und der Abgang wird auch auf dem Weiterwege über BC bis D nicht ersetzt, da der Wald unter den hier vorausgesetzten Umständen kein Transspirationswasser verdampft und auch nicht jene höhere Temperatur liefert, die zur Aufnahme weiter Wassermengen aus der Kronenregion des Waldes erforderlich wäre. Der Wind kommt also bei D dampfärmer an, als er in A eingetroffen war, dagegen ist er kühler; ob durch diese Abkühlung die relative Feuchtigkeit größer wird, als sie bei A war, hängt von der Größe der Temperaturdifferenz zwischen der ursprünglichen Luftströmung und dem Walde ab, und es werden beiläufig eben so viele Fälle in dem einen wie in dem anderen Sinne eintreffen, so daß man also sagen kann: daß im Allgemeinen, wenn eine feuchtwarme Luftströmung durch einen erkalteten Wald gestrichen ist, das jenseits liegende Freiland an Regenniederschlägen weder gewinnt noch verliert.

War die feuchtwarme Luftströmung bei ihrem Zusammentreffen mit dem Walde in A noch nicht gesättigt, so wird sie durch die Berührung mit dem kühleren Walde jedenfalls dem Sättigungspunkte näher gebracht, oder auch sie erreicht denselben; geschieht das letztere noch vor dem Wiederverlassen des Waldes, so erhält die letzte Waldstrecke einen Niederschlag, der übrigens dem darauffolgenden Freilande DE nichts nützt; wird aber die zur Condensation erforderliche Temperaturerniedrigung erst am Rande des Waldes gegen das Freiland hin erreicht, so erhält der Gränzstreifen des letzteren den Niederschlag. Im Allgemeinen wird das eine so oft wie das andere eintreten und also auch der hier vorausgesetzte ursprünglich noch nicht gesättigte feuchtwarme Wind in seiner Wirkung auf die Regenverhältnisse des Freilandes DE kaum wesentlich abgeändert werden.

Wäre nun die Strecke BC aus dem Waldcomplexe herausgenommen (Fig. 20) und in einen Zustand versetzt, vermöge dessen sie den Schwankungen der Temperatur besonders bei heiterem Himmel mehr ausgesetzt ist, so würde

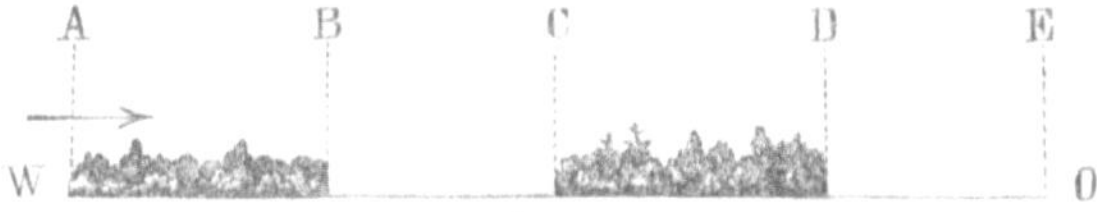

Fig. 20.

trotzdem an trüben Tagen und während der Erkaltungszeiten an dem geschilderten Gange der feuchtwarmen Luftströmung nichts geändert; an heiteren warmen Tagen aber, wo das gerodete Stück BC sich mehr erwärmt, als wenn auf demselben Boden Wald stünde, wird die darüber wehende Luft durch die erhöhte Temperatur befähigt, auf der weiteren Strecke CD mehr Wasser aufzunehmen, als wenn jene Temperaturerhöhung über BC nicht stattgefunden hätte, ohne daß jedoch nothwendiger Weise diese Erhöhung des Dampfgehaltes auch schon über der Waldstrecke CD selbst einen Niederschlag hervorbringen müßte; nur so viel ist gewiß, daß durch die Einschaltung eines Freilandsstückes BC in den Waldcomplex dem leewärts gelegenen Stücke CD mehr Wasser entzogen wird, als wenn jene Einschaltung nicht stattgefunden hätte, und daß der dadurch erhaltene höhere absolute Wassergehalt der Luft mit dem Winde auch über das darauffolgende Freiland getragen wird, wo es nur irgend eines energisch abkühlenden Einflusses — z. B. Anstieg des Terrains, verstärkte nächtliche Ausstrahlung ꝛc. — bedarf, um aus der dampfreicher gewordenen Luft einen stärkeren Niederschlag fallen zu machen, als wenn jene Bereicherung nicht stattgefunden hätte.

Es folgt also aus demjenigen, was bisher über die Wirkung von Waldungen auf feuchtwarme Luftströmungen gesagt wurde, daß die Einschaltung bedeutender Rodungen zwischen einen Waldcomplex in Gegenden, wo feuchte Winde vorherrschen und wo eben deswegen heitere und warme Tage selten sind, auf die Niederschlagsverhältnisse der leewärts gelegenen Freilandsstrecken nur eine verschwindend kleine, in Gegenden mit häufigeren heiteren und warmen Tagen aber eine stärkere Wirkung auf die Vermehrung des absoluten Wassergehaltes der Luft ausübt. Da nun in allen Fällen, wo der absolute Wassergehalt der Luft vermehrt wird, selbst in ebenen Lagen und im Sommerhalbjahre zum mindesten Ein erkaltender Umstand häufig eintritt, nämlich eine bedeutende Abkühlung der Luft während der Nacht über frischen Wiesen und Saatfeldern, wodurch dampfreichere Luft mehr als dampfarme zu Niederschlägen — seien es auch nur Thaufälle — veranlaßt wird, so ergibt sich aus den geschilderten Schicksalen, welche Luftströmungen auf ihrem Wege über Wälder zum Freilande erfahren: daß ein Wechsel zwischen größeren Waldungen und unbewaldeten Strecken in Gegenden, die nicht schon vermöge ihrer geographischen Lage vollauf Feuchtigkeit und mildes Klima haben, im Ganzen günstiger wirkt als ununterbrochene Bedeckung ganzer Länder mit Wald; denn die Temperatur wird im ersteren Falle gehoben, dadurch die Aufnahme größerer Dampfmengen aus den Wäldern in die Luft befördert; die locale Circulation, die nächtliche Abkühlung, das Aufsteigen der dampfreicher gewordenen Luft an Gehängen bringt Condensationen mit sich, die in Gestalt von Wolken oder Nebeln der zu großen

Erhitzung oder Erkaltung des Freilandes entgegenwirken und als Regen den Feldern zugutekommen können, während bei ununterbrochenem Waldlande oft lange die Wärme und die Luftbewegung fehlt, welche erforderlich wären, um die im Walde aufgespeicherten Wasservorräthe zu heben und weiter zu führen.

Da wir bisher nicht genau wissen, auf wie weite Entfernung vom Walde alle diese Erscheinungen noch eine meßbare Wirkung üben, ist es heutzutage auch noch unmöglich, bestimmte Zahlen darüber zu geben, wie viel Procent von der Fläche irgend eines Landes bewaldet sein sollen, um demselben ein möglichst günstiges Klima zu verleihen oder auch umgekehrt, wie weit die Entwaldung gehen dürfe, ohne das Klima eines Landes zu schädigen. Unbestritten ist nur, daß in Gegenden mit oceanischem Klima, mit vorwiegend feuchten Seewinden und häufiger Trübung, also z. B. im Westen oder Nordwesten von Mitteleuropa, insbesondere in England, welches beinahe ganz waldlos ist und doch ein fast zu feuchtes Klima besitzt, die Entwaldung nicht von solchem Belange ist wie in Gegenden mit continentalem Klima, wie etwa im Osten und Südosten Europas, im ungarischen Tieflande, Dalmatien, Griechenland u. s. w. Es unterliegt ferner auch ohne nähere Bezifferung keinem Zweifel, daß dort, wo dem Walde nicht kahle Flächen, sondern gut gepflegte anderweitige Culturen nachfolgen, wie z. B. in Belgien, in der Lombardei, eine beträchtliche Schädigung des Klimas durch die Entwaldung weniger zu befürchten ist.

Hier wäre nun der Platz, um nach einer allgemein beliebten Gepflogenheit aus alten Chroniken und neuen Reisebeschreibungen eine große Menge von Daten anzuführen, welche beweisen sollen, welche Folgen die Entwaldung nach sich ziehe; wir wollen dieser Seite des Gegenstandes die nächsten Blätter widmen.

8. Ueber die chronistische und touristische Behandlung der Waldklimafrage.

Wie schon in der Einleitung gesagt, scheint uns der Weg der Chroniken und Reisebeschreibungen nicht derjenige, welcher mit gehöriger Sicherheit zu instructiven Ergebnissen führen könnte, und wir ziehen es vor, uns auf jene Gründe und Folgerungen zu beschränken, welche in bekannten Naturgesetzen liegen. Vergleicht man die aus Chroniken geschöpften Daten mit kritischem Blicke, so ersieht man, daß sich darin Belege für die entgegengesetztesten Ansichten finden lassen. Während die Einen mit Vorliebe solche Nachrichten — je älter desto lieber — citiren, nach denen man glauben müßte, daß in früheren Zeiten, so lange noch mehr Wälder standen, das Klima milder und gleichmäßiger und insbesondere weniger trocken war, bringen die Anderen eben so viele Beispiele dafür, daß seit jeher bald große Dürre, bald außerordentliche Kälte herrschte, daß Hagelschlag und grauenhafte Gewitter in früheren Zeiten fast noch ärger hausten als heutzutage u. s. w.; beide Theile aber pflegen zu vergessen, daß aus ihren angeführten Beispielen nicht mit Nothwendigkeit gerade dasjenige folgt, was sie daraus folgern wollen. Dadurch wird es kritisch angelegten Köpfen leicht, den Satz aufzustellen, daß aus allen Chroniken nur hervorgehe: es habe seit jeher theils lange periodische Schwankungen im Klima, die ganze Welttheile betrafen, theils unperiodische Extreme von Hitze und Kälte, Nässe und Dürre gegeben, unabhängig davon, ob die Länder mehr oder weniger bewaldet waren.

Die älteren Nachrichten aus den Zeiten, wo noch keine exacten Beobachtungen angestellt wurden, sind schon wegen des bekannten Bestrebens vieler Chronisten nach Sensationsnachrichten nach beiden Seiten hin bedenklich, ganz besonders aber, wenn Leute, die ganz gute Compilatoren sein mochten oder mögen, die aber keine naturwissenschaftliche Bildung erlangt haben, ohneweiters für die von ihnen rapportirten klimatischen Ereignisse den Wald oder die Entwaldung verantwortlich machen wollen, ohne nach den anderen maßgebenden Ursachen zu forschen, ja ohne auch nur zu fragen, ob die Thatsachen selbst richtig seien. Durch solche Schwächen und Uebertreibungen werden dann Andere zur gegentheiligen Behauptung herausgefordert: daß der Wald gar keinen Einfluß auf das Klima habe. Das Resultat des Chronistenstreites ist wohl kein anderes als: daß mit Chroniken ein Problem der Naturwissenschaft nicht gelöst werden kann.

Sehen wir von den Zeiten der weniger verbürgten Nachrichten ab und wenden uns zu der Zeit, seit welcher einigermaßen zahlreichere exacte meteorologische Beobachtungen in Europa angestellt werden, so finden wir zwar Perioden von einem oder von mehreren Decennien, in denen die Temperaturmittel oder die Regensummen in einem oder dem anderen Theile der Erde, mit der vorhergehenden gleich langen Periode verglichen, zu- oder abnehmen; wir finden aber, daß nach kürzerer oder längerer Zeit auf die Zunahme wieder eine Abnahme oder umgekehrt auf die Abnahme wieder eine Zunahme folgte; ein allgemeiner Umschwung des Klimas blos nach einer Seite hin, z. B. eine stetige Verminderung der Niederschläge, stellt sich nicht heraus.

Wie mit historischen, so ist auch mit geographischen Nachrichten, wenn sie nur auf dem Niveau der Reisebeschreibungen ohne directen wissenschaftlichen Charakter standen, manche unhaltbare Behauptung in die Welt gesetzt worden. Häufig werden insbesondere Nachrichten aus tropischen Gegenden über die klimatischen Folgen der Entwaldung benützt, wobei gleichfalls voreilige Schlüsse mit unterlaufen. Die gewissenhaftere Forschung der Neuzeit corrigirt nach und nach derlei Irrthümer. So z. B. findet man in der „österreichischen Zeitschrift für Meteorologie“ (der einzigen in deutscher Sprache erscheinenden wissenschaftlichen Zeitschrift dieses Faches) über den Regenfall auf Sta. Cruz eine Abhandlung des Professors Emil Purkyně nach einem Werke von Baron Eggers über „St. Croix flora“ mit folgenden Aufklärungen: Die angebliche constante Regenabnahme auf dieser Insel, auf welche man sich in der Waldfrage nicht selten bezieht, existirt eben so wenig wie eine fortschreitende Entwaldung, indem das cultivirbare Terrain von Sta. Cruz seit 100 Jahren schon entwaldet ist, das nicht cultivirbare Bergland aber im Nordwesten der Insel Wald geblieben ist und der halbwüste östliche, regenarme und sandige Theil überhaupt niemals mit Wald, sondern nur mit niedrigem Gebüsche bestanden war. Baron Eggers zog Erkundigungen ein über die Regenverhältnisse der letzten 40 Jahre und kam zu der Ueberzeugung, daß Schwankungen immer stattgefunden haben, welche von großem Einflusse auf das Gedeihen der Vegetation, besonders der Culturgewächse waren, daß aber eine constante Abnahme der Regen durchaus nicht stattfindet, daß vielmehr gerade die verderblichste Dürre, die seither nicht wieder in solchem Grade stattgefunden hat, in den Anfang der Ansiedelungen fiel, als die Insel noch zum größten Theile bewaldet war (1661). Auch aus der Vergleichung der Flora von Sta. Cruz, wie sie 1793 von H. West geschildert wurde, mit jener des Baron Eggers von 1876 zeigte, daß sich in der Vegetation, welche doch den bedeutenderen klimatischen Aenderungen folgen müßte, sich nichts geändert habe. Auch noch für andere Fälle, insbesondere aus tropischen Gegenden, läßt sich gewöhnlich nachweisen, daß entweder die Entwaldung oder die constante Aenderung des Klimas gar nicht stattfindet, oder daß, wenn die erstere auch eingetreten ist, doch mehr die Natur des bloßgelegten absoluten Waldbodens als die Aenderung des Klimas dem Gedeihen der Pflanzen Einhalt that. Selbst über solche Gegenden, welche uns näher liegen, herrschen in Bezug auf die Folge der Entwaldung nicht selten unrichtige Ansichten. So z. B. nimmt man häufig an, daß durch die Entwaldung des Karstgebietes, insbesondere Dalmatiens, das ganze Gebiet steril geworden sei. So ausgedehnt ist nun in Wirklichkeit die Folge der Entwaldung keineswegs. Wo man den absoluten Waldboden mit der Unterlage von Kalkfelsen und einer schwachen Erddecke entwaldet hat, dort brennt nun allerdings die Sonne unmittelbar auf den glattgewaschenen Stein hernieder, die Niederschläge verlieren sich zum großen Theile in den Klüften und über ganzen Quadratmeilen solchen Landes herrscht nun eine weit größere Dürre, als sie zur Zeit des Waldbestandes gewesen sein kann. Trotzdem aber ist das Klima jener eingestreuten oder angrenzenden Parzellen, welche nicht absoluter Waldboden waren, nicht so ungünstig geworden, daß nicht darauf sehr üppige Culturen gedeihen könnten. Ebenso hindert z. B. die weit und breit kahle Umgebung des oberen Cettinathales bei Sign in Dalmatien nicht, daß sich zu beiden Seiten des Flüßchens unter der Gunst entsprechenden Wasserreichthums ein äußerst üppiger Wiesenwuchs entwickelt, und die Niederungen der Narenta, auf welche die ödesten und dürrsten Kalkfelsen herabsehen, besitzen unter dem Einflusse der dortigen Wasserausbreitungen eine wahrhaft tropische Fülle der reichsten Culturen. Wo also Wasser zur Verfügung steht und richtig benützt wird, sind die Folgen der Entwaldung für die Culturen der Umgebung von minderer Bedeutung. Auch in den oft angeführten Gebieten Griechenlands, Spaniens, Kleinasiens u. s. w. ist nicht so sehr die Entwaldung als die Vernachlässigung der früher bestandenen Bewässerungswerke der Grund des Verfalles ihrer Fruchtbarkeit, und diese letztere kehrt überall dort wieder, wo wenigstens die Krume erhalten blieb und derselben Wasser in entsprechender Menge zugeführt wird.

Auf der anderen Seite geht man ebenfalls zu weit, wenn man behauptet: weil auf Jahrgänge mit vermindertem Regen wieder solche mit reichlicheren Niederschlägen folgen, so kann die Entwaldung nichts mit der Verminderung der Niederschläge zu thun haben, indem sonst diese stetig abnehmen müßten und nicht bei fortdauernder Entwaldung wieder zunehmen könnten. Wenn nämlich eine solche Zunahme auch erfolgt, so bleibt immer noch die Annahme logisch, daß die Zunahme vielleicht noch eine größere wäre, wenn die Entwaldung nicht stattgefunden hätte, und umgekehrt, wenn in einer Gegend mit reichlicher Bewaldung auch Dürre-Perioden eintreten, läßt sich immer noch annehmen, daß diese vielleicht noch verhängnißvoller wären, wenn daselbst die Wälder fehlen würden. Nur ein richtig angelegtes System lange fortgesetzter Beobachtungen wird uns in den Stand setzen, alle diese fraglichen Punkte exact beantworten zu können; auf dem historisch-statistischen Wege und durch Controversen ohne die Basis verläßlicher Beobachtungsreihen läßt sich hier nichts entscheiden. Unsere Leser werden es uns also erlassen, dieses unfruchtbare Gebiet zu betreten, und werden sich begnügen, aus dem hier auf wissenschaftlicher Grundlage Dargelegten jene Schlüsse zu ziehen, welche nach dem Standpunkte der heutigen Forschung gezogen werden können. Sie werden es als bekannt annehmen, daß es nicht von den Bewaldungsverhältnissen abhängt, ob ein Land im Sommer oder zu den Aequinoctialzeiten oder im Winter die meisten Niederschläge hat, indem das von der Zonenlage abhängt; sie werden wissen, daß im Bereiche der feuchten Seewinde, wie an den Westküsten Europas, die Regenverhältnisse mit oder ohne Wald sehr günstig sind, daß in continentaler Lage, wie z. B. in Sibirien, die Anwesenheit riesiger Wälder und Meere nicht vor dem excessiven Klima schützt; sie werden bedenken, daß, wenn der Golfstrom seine Richtung um einen Windstrich weiter nach Westen ändern würde, hiedurch allein in ganz Westeuropa eine bedeutendere Verminderung der Luftfeuchtigkeit und der Niederschläge bewirkt werden müßte als durch die ausgedehntesten Entwaldungen. Wir wollen uns aber auch nicht zu dem Schlusse verleiten lassen, daß der Wald gar keinen Einfluß auf das Klima der Länder habe, und werden vielmehr erwägen, daß, wenn der Wald auch nicht die großen Grundzüge des Klimas regiert, er doch in praktisch fühlbarem Grade die untergeordneten klimatischen Erscheinungen beeinflussen kann; daß er beispielsweise, wenn er auch nicht das Wiederkehren trockener Jahre verhindert, doch den Grad der Trockenheit in solchen Jahren für die unter seinem Schutze gelegenen Gegenden verhindern kann, und daß wir überhaupt, wenn wir der Verdampfung aus dem Meere die Wirkung großer Luftfeuchtigkeit der Küstenländer zuschreiben müssen, auch genöthigt sind, der Verdampfung aus großen Waldmassen während der Zeit ihrer Transspiration eine ähnliche Wirkung zuzugestehen, welche über die locale Bedeutung hinausreicht und auf den Schwingen der Winde weiter getragen wird. Wie sich alles dieses in den einzelnen Fällen verhalte, dieses nach dem heutigen Standpunkte unserer Kenntnisse darzulegen, war eben die Aufgabe des Abschnittes, welcher hier endet.

II.

Wald und tellurisches Wasser.

Wald und Quellen.

Natur und Arten der Quellen.

Die tellurischen Gewässer, d. h. die Gewässer auf der Erde, sind theils stehende, theils fließende, und die letzteren unterscheiden sich wieder in offene und in bedeckte oder unterirdische Gerinne. Zu den offenen Gerinnen gehören die Bäche, Flüsse und Ströme, zu den bedeckten die in mannigfacher Gestalt und Größe und in verschiedenen Tiefen unter der Erdoberfläche sich fortziehenden Wasseradern. Die Stelle, wo ein unterirdisches Gerinne in ein offenes übergeht, ist eine Quelle. Ein- und dasselbe Gerinne kann auch abwechselnd bedecktes und offenes Gerinne haben, mithin mehrmals als Quelle auftreten. Es sind nicht wenige Fälle, besonders im spalten- und höhlenreichen Gebirge, bekannt, wo Gewässer, die sich in Höhlen gesammelt haben, bei höherem Stande ihres Spiegels ins Freie heraus treten, stundenweit als Bäche oder Flüsse fortrinnen, dann abermals unter dem Gebirge verschwinden, um noch ein- oder mehrmals an tieferen Stellen wieder hervorzutreten.

Zum großen Theile entstehen die bedeutenderen offenen Gerinne aus dem Zusammenflusse mehrerer von bedeckten Gerinnen herkommender Quellen; die Quellen kann man also im Allgemeinen nach der gewöhnlichen Auffassung, wenn auch nicht immer zutreffend, als die Anfänge der Bäche und Flüsse betrachten, und wir beginnen daher unseren Abschnitt über die Wasserfrage mit der näheren Betrachtung der Quellen.

Nach der Art, wie die Quellen austreten und ihre Gewässer weiter senden, kann man zunächst „stehende“ und „fließende“ unterscheiden.

Die stehenden haben nur eine verticale Bewegung, indem sie in einer Bodenvertiefung, von der sie begrenzt sind, steigen und fallen, und erst wenn der Rand der Vertiefung vom Wasser überschritten wird und wenn zugleich das Terrain an einer Stelle des Randes geneigt ist, einen eigentlichen Abfluß erhalten.

Die fließenden Quellen hingegen treten sogleich mit horizontaler Bewegung aus dem Boden hervor.

Die wichtigste Art der stehenden Quellen sind die Grundwasserquellen, in manchen Gegenden auch „Seeaugen“ genannt; das sind Stellen, an denen die Bodendecke, welche über dem Grundwasser liegt, natürlich oder künstlich abgetragen oder weggeführt ist, so daß der Spiegel des Grundwassers sichtbar wird. Wie ein solches Verhältniß zu Stande kommen kann, wird durch die beistehende Zeichnung (Fig. 21)

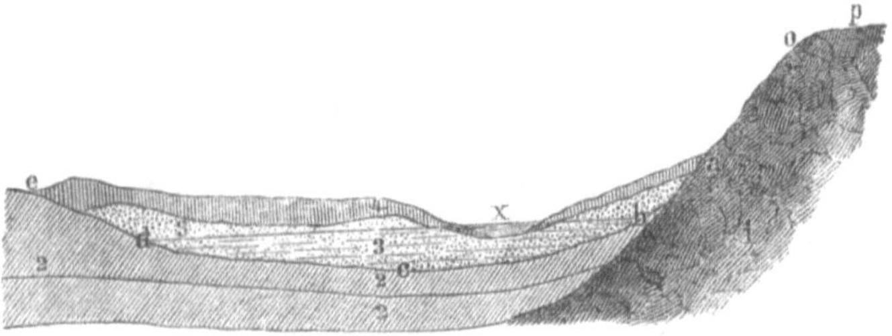

Fig. 21.

erklärt. Hier ist 1 ein aus festem Gestein bestehendes Gehänge, welches sich unter dem Boden muldenförmig oder beckenförmig fortsetzt und die feste Unterlage des ganzen Terrains ausmacht; 2, 2 sind Schichten von undurchlassendem Materiale, z. B. Thon, Letten oder Tegel, womit die Natur den Boden des Beckens zunächst bedeckt hat; darüber legt sich Schotter oder Grobsand 3 und über demselben eine mehr oder minder mächtige Krume 4, die an manchen Stellen (x) auch ausgelassen oder weggeführt ist und den darunter liegenden Schottergrund zu Tage austreten läßt.

Das Niederschlagswasser, welches auf das Plateau op und das Gehänge oa fällt und an dem letzteren herunterfließt, kann, wenn es beim Punkte a an dem undurchlassenden Thon angelangt ist, nicht in die Tiefe versinken, da jener undurchlässig ist; es bewegt sich also auf der Oberfläche der undurchlässigen Beckenauskleidung, nämlich von a über b gegen c hin. Da der darüber liegende Schotter oder Grobsand für das Wasser durchdringlich ist, steigt dieses ober der Thonschichte durch die Schottermasse nach aufwärts und bildet eine unterirdische Ausbreitung, beispielsweise mit der oberen Fläche oder dem Wasserspiegel bd. Zu dem auf diese Weise gesammelten Wasser gesellt sich noch der in den Boden versinkende Theil derjenigen Niederschläge, welche auf die Oberfläche des ausgefüllten Beckens selbst, also auf die Fläche, deren Durchschnitt hier mit ae bezeichnet ist, fallen. Ist die Menge der Niederschläge sowohl am Gehänge als über dem Becken eine längere Zeit hindurch bedeutend, so steigt der Grundwasserspiegel und kann möglicherweise in solche Höhe gelangen, daß er bei x, wo das bedeckende Terrain Vertiefungen hat, an den Tag heraustritt. Hat dann die Vertiefung bei x an irgend einer Stelle einen ausgebrochenen Rand, von dem aus das Terrain sich senkt, so beginnt mit dem Heraustreten des Grundwassers bei x ein Abfließen, also ein offenes Gerinne, welches beispielsweise den Anfang eines Baches oder Flusses bilden kann. Bei x haben wir also eine stehende Quelle, die aus dem Grundwasser hervorgegangen ist. Dieses Verhältniß findet thatsächlich in beckenartigen Ausbreitungen am Fuße von Bergzügen statt, und nicht wenige der bekanntesten Flüßchen nehmen auf diese Art ihren Ursprung, indem der Grundwasserspiegel in der Regel hoch genug steht oder die Vertiefungen, welche in den Grundwasserspiegel hineinreichen, tief genug hinabgehen, um mit wenigen kurz dauernden Ausnahmen ein continuirliches Heraustreten und Ueberfließen des Grundwassers herzuhalten. Selbstverständlich muß jede bedeutendere Verminderung der Niederschläge, von denen der Stand des Grundwasserspiegels abhängt, die Gefahr mit sich bringen, daß solche Quellen entweder ganz zurücktreten oder doch nicht mehr jene Höhe behalten, bei welcher sie einen Abfluß haben.

Unterirdische Wasseransammlungen, die zu stehenden Quellen Anlaß geben, können auch vom Seihwasser benachbarter Flüsse herrühren. Wenn nämlich das Bett eines Flusses in Schotter oder in Grobsand eingeschnitten ist, so daß diese durchlässigen Materialien die seitlichen Böschungen der Flußrinne bilden, zieht sich ein Theil des Wassers, besonders wenn der Grund undurchlässig ist, mithin nach unten kein Wasser einsickert, nach den beiden Uferseiten hin landeinwärts. Der unterirdische Spiegel dieser den Fluß begleitenden Gewässer (Seihwässer) steigt und fällt mit dem Spiegel des Flusses selbst und kann an Stellen, die wie x in Fig. 21 gestaltet sind, auch ebensolche stehende Quellen bilden.

Von den fließenden Quellen, welche selbstverständlich nur auf geneigtem Boden möglich sind, können wir für unsere Zwecke hauptsächlich dreierlei unterscheiden. Eine erste Gruppe, die man Erd- oder Bodenquellen nennen kann, entsteht auf die Art, daß auf einem sehr wenig durchlässigen Boden, z. B. plastischem Lehm, Thon, Letten u. s. w., nur an wenigen rissigen Stellen das Niederschlagswasser in ganz geringe Tiefe von wenigen Decimetern oder allenfalls einem Meter und wenig darüber versinkt und in dem am meisten aufgelockerten Theile der Bodendecke sich fortwindet, bis die bedeckende Erdschichte irgendwo abbricht und das Wasser ins Freie heraustritt. Nicht selten entstehen solche Quellen auf die Art, daß eine anfänglich offen rinnende ganz schmale Wasserader sich in lockeren Boden scharf einschneidet, daß dann die so entstandenen steilen Ränder des Bodeneinschnittes einstürzen und eine Decke über der Rinne bilden, in welcher die Wasserader ihren nun bedeckten Weg fortsetzt. Je näher an der Oberfläche des Bodens die lockere Beschaffenheit der oberen Decke aufhört und dagegen die fest zusammenhaltende und durchlassende Masse des Untergrundes anfängt, desto seichter liegen solche Quelladern, desto mehr also hängen sie in jeder Beziehung von den Vorgängen an der Erdoberfläche ab; sie haben gewöhnlich nur einen kurzen Lauf, vertrocknen leicht, wenn es längere Zeit nicht regnet oder wenn ihre dünne Decke der kräftigen sommerlichen Insolation ohne Beschattung länger ausgesetzt ist; sie erwärmen sich stark im Sommer, frieren im Winter leicht ein u. s. w. Es gibt ausgedehnte Gegenden, in denen man fast nur solche Quellen findet; es sind das die Gebiete, deren Grundgestein aus leicht verwitterbaren thonreichen Schiefern oder Sandsteinen besteht, die sich mit einem wenig durchlassenden seichten Verwitterungsmantel bedecken, oder auch Gegenden mit Lehmhügeln. Je mehr die obersten Schichten solcher Verwitterungsmäntel oder plastischer Bodenarten durch eingemengte unzersetzte Steinbrocken, Scherben ꝛc. locker erhalten werden, desto leichter dringt ein Theil des Niederschlagswassers ein bis zu den festeren Schichten des Grundgesteines oder zu den fester zusammenhaltenden Schichten des Untergrundes. Die ganze Zone des präalpinen Sandsteines (Flysch, Wienersandstein) in der Schweiz, in Bayern und Oesterreich, dann des Karpatensandsteines in Galizien, des Tassello in einem Theile des Karstgebietes, des Keupers im südwestlichen Deutschland u. s. w. gehören hieher.

Die zweite Gruppe der fließenden Quellen kann man „Schichtenquellen" nennen. Diese entstehen dadurch, daß das in größere Tiefe versinkende Niederschlags- oder Schmelzwasser durch Spalten und Risse oder durch die zahllosen Schieferungsklüfte der oberen Gesteinsschichten an die Oberfläche einer tiefer liegenden und zugleich geneigten Schichte gelangt, welche ein weiteres Versinken in die Tiefe verhindert und das Wasser nöthigt, an der Oberseite dieser Schichte, der Neigung derselben folgend, fortzurinnen, bis die Schichte irgendwo zu Tage ausgeht und dann auch die Quelle hervortritt. Die beistehende Zeichnung (Fig. 22) mag dieses näher erläutern.

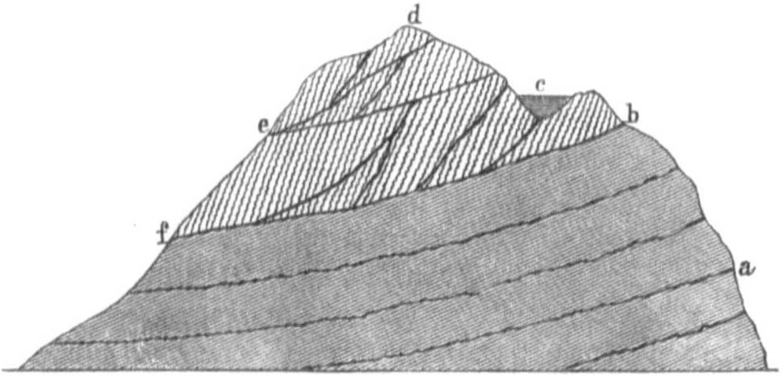

Fig. 22.

bcdef sei der Durchschnitt der oberen Parthie eines Berges oder Bergstockes, bestehend aus klüftigem Gestein, durch dessen Spalten ein Theil des Regenwassers und des Schmelzwassers, welch letzteres z. B. von der in einer Mulde c angehäuften Schneemasse herrührt, sich nach dem Gesetze der

Schwere nach abwärts bewegt. Liegen nun unter diesen wasserleitenden Gesteinsschichten von der Grenzlinie bf an nach unten andere, welche weder durchlässig sind noch irgend bedeutendere nach innen führende Spalten haben, so läuft das von der Kuppengegend bcde bis zur Schichtfläche bf eingedrungene Wasser längs dieser geneigten Fläche abwärts und tritt bei f, wo die Grenze beider Gesteine oder Formationsglieder zu Tage liegt, als Quelle heraus. Das ist fast überall der Fall, wo oben Kalk- oder Dolomitbänke und darunter feste thonige Schiefer oder harte Sandsteine oder auch Thonbänke liegen.

Solche Schichtengerinne können allerdings, wenn die zurückhaltende Schichte sehr seicht liegt, sich so wie die seichten Bodenquellen verhalten; es tritt aber wenigstens sehr oft und weit öfter als bei den Bodenquellen der Fall ein, daß die Schichtenquellen tiefer unter der Oberfläche laufen, daher viel weniger abhängig sind von den momentanen Veränderungen der Niederschläge und der Temperatur an der Erdoberfläche. Man findet deshalb unter diesen Quellen häufig solche, deren Wassermenge nur wenig schwankt, die nur sehr selten ausbleiben und deren Temperatur das ganze Jahr hindurch nahezu dieselbe bleibt.

Die dritte Gruppe umfaßt die Spalten- und Höhlenquellen, deren Eigenthümlichkeit darin besteht, daß zwar ihre Wässer auf ähnliche Art wie bei der zweiten Gruppe durch Spalten, Schieferungs- und Schichtungsklüfte in die Tiefe gelangt, daselbst aber in eine oder mehrere mit einander in Verbindung stehende Höhlen zusammenfließt und sich als Ablauf solcher unterirdischer Reservoirs endlich in das Freie ergießt. In der nebenstehenden Figur 23 ist abc das Aufnahme- oder Speisungsgebiet, von welchem aus mehrfach verzweigte Spalten wie defghi zu den zwei mit einander communicirenden Höhlen A und B führen. Dadurch wird zunächst der untere schüsselförmige Theil der Höhle A mit Wasser gefüllt, welches dann über den Rand des Höhlenbeckens gegen B hin abfließt und, wenn auch dieses gefüllt ist, über den nach außen gerichteten Rand des letzteren als Quelle in Freie heraustritt. Ein solches System von tiefgehenden Spalten und Höhlen besitzen hauptsächlich Kalk-

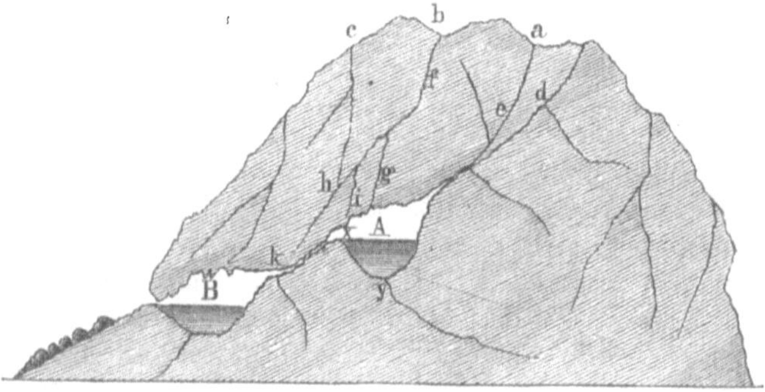

Fig. 23.

gebirge; in den Kalkalpen und insbesondere im Karstgebirge finden sich häufig, ja in manchen Gegenden sogar ausschließlich, solche Quellen. Da diese ihr Wasser sehr oft aus Regionen erhalten, welche häufig mehr als 1000 Meter höher gelegen sind als die Austrittsstelle, haben sie gewöhnlich eine auffallend niedrige Temperatur; und da das Wasser in den Höhlenbecken alle Sinkstoffe absetzt, kommt es mit der größten Klarheit zu Tage. Auch bewirkt der lange Aufenthalt im tiefen Erdinneren, wo meist schon eine unveränderliche Bodentemperatur herrscht, daß das Wasser solcher Quellen eine sehr beständige Temperatur das ganze Jahr hindurch bewahrt. Da die Austrittsstelle einer solchen Quelle nur dann Wasser haben kann, wenn das Becken überläuft, dieses aber nur dann geschieht, wenn aus dem Speisegebiete reichlich

Wasser zufließt, kommt es zur Zeit der verminderten Niederschläge, besonders also im Winter bei gefrorenem Boden, bisweilen vor, daß der Ausfluß gänzlich aufhört. Da ferner von derlei unterirdischen Höhlen weitere Spalten oft nach mehreren verschiedenen Richtungen abgehen, durch welche sich das Wasser weiter drängt, so kann es geschehen, daß jene Spalte, durch welche Jahrhunderte lang der größere Theil des Wassers nach einer bestimmten Richtung zu Tage hinausbefördert wurde, plötzlich verlegt wird und die Entleerung des Ueberwassers dann gänzlich und für alle Zukunft durch eine oder mehrere der anderen Spalten nach einer ganz anderen Richtung hin erfolgt. So könnte z. B., wenn wir uns auf unsere Zeichnung Fig. 23 beziehen, durch einen Einsturz bei x oder auch dadurch, daß die Spalte bei y sich stärker erweitert, oder durch beide Umstände zugleich, bewirkt werden, daß das Quellenbecken bei B kein Wasser mehr erhielte, dagegen auf der entgegengesetzten Seite des Berges irgendwo eine bisher ganz unbedeutende Quellader sich in eine reiche Quelle verwandelte. Im österreichischen Küstenlande und in Dalmatien brechen ganze Flüsse mit diesem Charakter aus den Felsen hervor, wie z. B. die Poik, die Rečina bei Fiume, die Ombla in Dalmatien.

Sowie wir nun die hauptsächlichsten geotektonischen Verhältnisse kennen, unter denen Quellen entstehen, ergibt sich aber eben daraus auch, daß es umgekehrt Gegenden geben muß, durch deren Geotektonik die Bildung von Quellen verhindert wird. So z. B. können weit gedehnte Ebenen oder flachhügeliges Land, wenn ihr Boden von der Oberfläche bis in bedeutende Tiefe hinunter aus dicht gefügten oder undurchlassenden Schichten besteht, zwar Sümpfe und Lachen, aber keine Quellen aufweisen. Plateaux aus klüftigen Kalken, Dolomiten, spaltenreichen Gneisen oder Graniten müssen ebenfalls arm an Quellen sein, wie denn z. B. der gegen

10000 Hektar umfassende Ternowarer-Wald auf einem Kalkplateau bei Görz ungeachtet seines dichten Schlusses keine einzige Quelle besitzt; dagegen brechen an den unteren Theilen der Abhänge desselben Gebirges, oft tief unter dem Plateau, die auf diesem versunkenen Wässer theils als Schichten- theils als Höhlenquellen zu Tage. Der ganze ausgedehnte Wienerwald, soweit er auf Wienersandstein steht, ist sehr arm an bedeutenderen Quellen und hat meist nur Bodenquellen und Naßgallen.

Es ergibt sich aus allem bisher Gesagten, daß die Erscheinung von Quellen, im Gegensatz zu offenen Gerinnen, hauptsächlich vom geologischen Baue einer Gegend abhängt, mithin nicht ohne Kenntniß der localen Geotektonik verstanden werden kann. Das Geheimniß der Quellenfinder besteht hauptsächlich in dem natürlichen Talente oder in der erworbenen Befähigung zur raschen und sicheren Beurtheilung der geotektonischen Verhältnisse einer Gegend.

Die Schwankungen im Gange der Quellen, ihre Ursachen und die Beziehungen des Waldes hiezu.

Allen Quellen gemeinsam sind drei Hauptabschnitte ihres Laufes: erstens ein Aufnahme-, Sammel- oder Speisegebiet, d. h. das ganze Terrain, von welchem aus ein Theil des daselbst vorhandenen Niederschlags- oder Schmelzwassers, in den Boden versinkend, das Material zur Quelle liefert; dann zweitens der unterirdische Lauf; drittens die Austrittsstelle. Sobald in der Natur des einen oder anderen dieser Abschnitte eine wesentliche Veränderung eintritt, erleidet auch die Quelle in irgend einer Beziehung eine Veränderung; insbesondere die nie rastende Minirarbeit, welche das im Inneren des Bodens drängende und wühlende Wasser vollführt, hat nicht selten Richtungsabweichungen, Einstürze, Qualitätsveränderungen des Wassers u. s. w. zur

Folge; und da das Aufnahmsgebiet oft sehr weit von der Austrittsstelle entfernt, das bedeckte unterirdische Gerinne aber fast immer ganz unbekannt ist, beobachtet man am Ausflusse der Quellen nicht selten Veränderungen, deren Ursache völlig räthselhaft erscheint. Uns interessiren hauptsächlich nur jene Aenderungen, welche in Bezug auf die Menge und Stetigkeit des Wassers entweder im Allgemeinen oder nach den Jahreszeiten wechselnd stattfinden, indem nur in diesen Quantitätsbeziehungen an einen Einfluß des Waldes gedacht werden kann.

Die Menge des quellenden Wassers hängt ab: von der Menge der Niederschläge, welche innerhalb des Aufnahms- oder Speisegebietes fallen*); dann von jenem Antheile des Niederschlagswassers, der in den Boden versinkt; ferner von der Möglichkeit der ungeschmälerten Erhaltung der unterirdischen Wasseradern während ihres bedeckten Laufes bis zum Austritte; endlich von der Gestaltung der Austrittsstelle.

*) Im Allgemeinen betrachtet man alles im Boden befindliche Waser als eingedrungenes Niederschlags- oder Schmelzwasser; in neuster Zeit sind in verstärktem Maße wieder jene Zweifel aufgetreten, welche von Bergleuten schon längst gehegt wurden: daß nämlich ein Theil der sogenannten „Gebirgsfeuchtigkeit", die sich fast bei allen noch so tiefen Grubenbauten auch schon im frisch angebrochenen Gesteine zeigt, nicht von den oberirdischen Niederschlägen der Gegenwart, sondern aus den Zeiten der Bildung und chemischen Umsetzung der Gesteine herrühre. O. Volger legt sich nun die Sache (Zeitschrift des Vereines deutscher Ingenieure 1877, Band XXI, Heft 11) so aus, daß man annehmen müsse, die atmosphärische Luft sammt ihren Wassergehalte sei von den unterirdischen Regionen nicht wie mit einer Glasplatte hermetisch abgeschlossen, sondern stehe durch die Poren der Erddecke und Gesteine in steter Verbindung mit mehr oder minder tiefen Schichten der Erdrinde. Wenn aber diese letzteren Luft und mit dieser auch Wasserdampf enthalten, so finde daselbst,

Wie verhält sich nun in allen diesen Beziehungen der Wald? Einige von den Eigenthümlichkeiten des Waldes kommen hier ganz allgemein in Betracht für alle Arten von Quellen; in anderen Beziehungen müssen die verschiedenen Hauptgattungen von Quellen und die drei Abschnitte eines jeden Quellenlaufes unterschieden und abgesondert betrachtet werden.

Für das Speisegebiet ist am wichtigsten die Vermehrung oder Verminderung der Niederschläge, dann das Eindringen des Wassers in den Boden; für die Strecke des unterirdischen Gerinnes ist von größter Bedeutung die unverminderte Erhaltung der eingedrungenen Wassermengen; endlich für die Austrittsstelle die Wegsamkeit derselben.

Was nun die Niederschlagsmengen anbetrifft, so wissen die Leser aus dem Abschnitte über Wald und Klima, daß nicht jeder Wald und zu jeder Zeit die Niederschläge, welche auf ihn selbst und auf seine Umgebung fallen, vermehren kann, daß aber Fälle eintreten, in denen Wälder auf die größere Reichlichkeit von Niederschlägen Einfluß haben. Es kann hier wieder nur auf die Resultate der vorangeschickten Abschnitte über das Klima im Walde und in der Umgebung des Waldes verwiesen werden. Es kommt eben alles auf

---

wie über der Erde beim Ueberschreiten des Sättigungspunktes, insbesondere also bei Temperaturerniedrigung, eine Condensation, ein „unterirdischer Niederschlag" statt, und da dieser nicht so leicht wie an der Oberfläche verdampfe, sammle sich das unterirdisch gebildete Niederschlagswasser immer mehr an und mache die Hauptmasse der Gebirgsfeuchtigkeit sowie der meisten Quellenzuflüsse aus. Diese Theorie, welche allerdings noch einer weitergehenden Begründung und Bestätigung bedarf, werden wir zwar in dieser Schrift nicht als erwiesen zum Ausgangspunkte weiterer Schlüsse machen, jedoch muß man den Fall ins Auge fassen daß sie sich bestätigen sollte und was dann weiter daraus folgen würde.

das Zusammentreffen bestimmter Luftströmungen mit Waldungen in bestimmten Terrainlagen und zu bestimmten Jahreszeiten an, wie denn z. B. der Wald für die auf ihn selbst fallenden Niederschläge am entschiedensten im Winter und Erstfrühling, für die weitere Umgebung oder fürs Allgemeine am meisten im Sommer und Frühherbste wirkt; wie ferner Wälder, die sich trockenen Winden entgegenstellen, die Niederschläge für sich selbst und für die noch weiter leewärts folgenden Gegenden, besonders wenn diese ansteigen, vermehren können, während Wälder unter dem Einflusse feuchter Winde diese Wirkung weniger oder gar nicht ausüben u. s. w.

Noch wichtiger als die Quantität der Niederschläge ist für die Quellenfrage das Eindringen des Niederschlags- oder Schmelzwassers in den Boden, da eben nur die eingedrungenen Wassermengen, welche zu den oberflächlich abfließenden selbstverständlich in verkehrtem Verhältnisse stehen, für die Quellenbilduug in Betracht kommen können. Auf den ersten Blick sollte man glauben, daß ganz allgemein der unbewaldete und insbesondere der vollkommen kahle und vegetationslose Boden einen größeren Theil der auf ihn gefallenen Niederschläge in tiefere Schichten eindringen lasse, als dies beim bewaldeten Boden der Fall sei; eine nähere Betrachtung zeigt jedoch, daß diese Annahme nicht allgemein giltig sein könne. Wenn beispielsweise die Geotektonik der Hochebene ab (Figur 24) eine solche ist, wie die folgende Figur zeigt, daß nämlich oben die Schichtenköpfe ausgehen und daher durch die Zwischenräume der Schichten dem auf das Plateau fallenden Wasser der Weg in das Innere erleichtert wird, besteht wohl kein Zweifel, daß beim Mangel jeder Vegetationsdecke eine größere Menge Wasser zwischen die Schichtungsklüfte in das Innere eindringen und dann unten bei c und d u. s. w. reichere Quellen entstehen lassen wird, als wenn die Ausgänge der Spalten durch Moosrasen oder eine darüber lagernde Streudecke verstopft wären. Bestünde hingegen das Plateau aus horizontalen Steinplatten ohne senkrecht hinabgehende Spalten oder Schieferungsklüfte, so könnte in keinem Falle, weder bei bewaldetem noch bei kahlem Boden, ein irgend beträchtliches Eindringen der Niederschläge in die tieferen Schichten stattfinden. Wenn jedoch in beiden Fällen die Schichten, aus denen das Terrain besteht, hinreichend verwitterbar sind oder eine derart geringe Consistenz haben, daß sie den Wurzeln der Bäume eine reichliche Ausbreitung und ein tieferes Eindringen gestatten, so vermitteln die durch das Wurzelsystem erzeugten Kanäle, besonders dann, wenn der trockener gewordene Boden sich

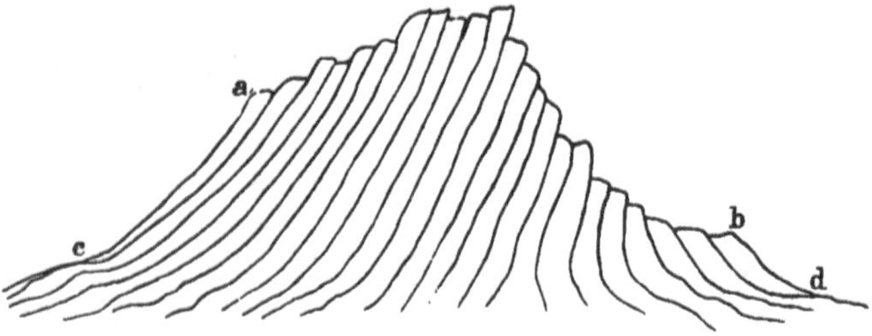

Fig. 24.

etwas von den Wurzeln zurückzieht, ein reichlicheres Eindringen des Wassers in die Tiefe. Es liegen Erfahrungen vor, daß Stellen, über welchen oberflächlich stagnirendes Wasser sich zu Sümpfen angesammelt hatte, durch die Bewaldung entsumpft und nach der Entwaldung wieder versumpft wurden, was man sich so erklärt, daß längs der Wurzeln das Wasser einen Abzug nach unten fand, dagegen nach der Entwaldung der Boden sich wieder fester zusammensetzte und deswegen wie ehedem oberflächlich versumpfte. Jedenfalls aber hat in solchen Fällen auch die Transspiration der Bäume, deren Wurzelsystem im Bereiche des eingedrungenen Wassers lag, einen großen, vielleicht den größten Antheil an der Entsumpfung. Die Leitung des Wassers längs des Wurzelsystemes kann jedoch großentheils oder gänzlich verhindert werden durch eine zu dichte Streu- oder Moosdecke, welche das auf den Waldboden gelangte Wasser in sich festhält und zugleich die erwähnten Kanäle verstopft. Es wurde schon im Abschnitte über Wald und Klima, als von den Eigenthümlichkeiten des Waldbodens die Rede war, auf den Irrthum aufmerksam gemacht, der begangen wird, wenn man der Moos- und Streudecke des Waldes die Eigenschaft zuschreibt, Wasser an die tieferen Schichten abzugeben, da doch eben die Hygroskopicität und wasserhaltende Kraft dieser Substanzen selbstverständlich ein Hinderniß des Wasserdurchlassens und der Wasserabgabe bilden muß*). Die Natur

*) Daß die Rolle dichter Moosdecken für die Bodenfeuchtigkeit nur in der Erhaltung des schon vorhandenen Zuschußwassers, nicht aber in der Abgabe tropfbaren Wassers an austrocknende Bodenschichten zur Zeit der Dürre bestehen könne, wird bei eingehender Erwägung der betreffenden Naturvorgänge klar und läßt sich auch Jedermann experimentell nachweisen. Die Austrocknung des Bodens geht ja selbstverständlich nicht von unten, sondern von oben her vor sich, und dichte Moosdecken, besonders von jenen Moosen, die man am ehesten mit Schwämmen vergleichen kann, nämlich von Sphagnum und Leucobryum, siedeln sich nur auf solchem Boden an, der schon vor ihrem Auftreten entschieden feucht ist. Damit nun dieser Boden in die Lage käme, von der Moosdecke Wasser zu beziehen, müßte er vor allem trocken werden; das kann er aber nur von oben her, d. h. es müßten vorher die Moose trocken geworden sein; in diesem Fall aber können sie an den Boden kein Wasser abgeben, sondern entziehen ihm vielmehr Wasser, da letzterer noch solches hat, wenn erstere schon trocken geworden sind. Derlei Moosdecken sorgen also dafür, daß die

und Beschaffenheit des Waldbodens ist also dem Eindringen des Wassers überhaupt nur dann günstig, wenn derselbe möglichst locker und frei von einer ununterbrochen zusammenhängenden schwer durchlässigen Decke ist, und es gibt Bodenarten oder Schichtungsverhältnisse, die im kahlen Zustande dem Versinken des Wassers mehr Vorschub leisten als im bewachsenen oder bewaldeten Zustande. Es muß daher immer im einzelnen Falle die Natur und das Gefüge des Bodens erkannt sein, ehe man entscheiden kann, ob an der fraglichen Stelle die Bewaldung dem Inneren des Bodens mehr oder weniger Wasser zuführt, als wenn dieselbe Stelle kahl wäre.

Die Einsickernug in den Boden hängt aber nicht nur von der Natur und dem inneren Baue dieses letzteren, sondern auch von der Form der Niederschläge und von der

---

Oberfläche des Bodens von unten herauf zur Zeit der Dürre noch Nachschub an Wasser erhalte und daher Wasserdampf an die Atmosphäre abgeben könne, während die Umgebung keines mehr abzugeben hat; aber nach unten hin, für die Quellen, erfolgt unter diesen Umständen keine Abgabe.

Experimentell kann man den hier fraglichen Vorgang nachahmen, wenn man in ein Gefäß mit stark durchfeuchteter Erde obenauf eine Schichte von Torfmoosen breitet, das Gefäß vor seitlicher Erwärmung schützt, die Oberfläche aber der trocknenden Luft aussetzt. Man wird da sehen, daß die Erde in diesem Gefäß länger durchfeuchtet bleibt als in einem zweiten, welches keine solche Moosdecke hat, aber man wird nie dazu kommen, zu bemerken, daß das Moos Wasser an die Erde abgibt. Würde man feuchtes Moos auf trockene Erde legen, dann würde allerdings das erstere an die letztere durchfeuchtendes Wasser langsam abgeben (nicht abtropfen); da aber in der Natur feuchtes Moos auf trockener Erde nicht vorkommt, entspricht die vielverbreitete Meinung, daß Moosdecken zur trockenen Zeit dem darunterliegenden Boden Wasser für die Quellen liefern, keineswegs dem wirklichen Naturvorgang.

Jahreszeit, zu der sie auf den Boden gelangen, ab. Im Sommer, wo Schneefälle ausgeschlossen sind und nur Regenniederschläge stattfinden, bei denen, wie wir wissen, eine nicht unbedeutende Menge (nach Ebermayer durchschnittlich 26 %) Wasser in den Kronen hängen bleibt, gelangt eine geringere Menge Wasser auf den Waldboden als im Winter, wo die entblätterten Laubbäume dem Boden keinen nennenswerthen Theil der Niederschläge vorenthalten, die Nadelbäume aber bei Wind oder bei beginnendem Thauwetter den ganzen auf den Aesten angesammelten Schnee zu Boden gleiten lassen. Ueberdies verdampft im Sommer wegen der erhöhten Temperatur, und gelegentlich auch befördert durch die locale Luftcirculation, von dem auf den Waldboden gelangten Wasser ein weit größerer Antheil als im Winter. Ferner wird im Sommer ein bedeutendes Procent des bereits eingedrungenen Wassers von den Wurzeln aufgenommen und durch Transspiration wieder in die Luft entlassen, was im Winter nicht stattfindet. Es folgt daraus, daß die Abzüge, welche die auf den Wald gefallenen Niederschläge sich gefallen lassen müssen, ehe sie in tiefere Schichten unterhalb der Wurzelregion der Waldbäume eindringen können, im Sommer viel größer sind als im Winter, daß also zur Speisung der Quellen im Sommer weniger übrig bleibt als im Winter. Das eigentliche Eindringen in die Tiefe geht allerdings erst im Frühlinge vor sich, wenn der Boden aufgethaut und doch, besonders in den immer schattenden Nadelwäldern, die Wärme der Luft noch nicht so groß ist, daß ein bedeutender Antheil des Schmelzwassers verdampfen könnte. Diese Zeit des reichlichen Aufthauens ist denn auch diejenige, in der die Schnee- und Eismassen, welche der Winter aufgespeichert hat, am meisten zur Bereicherung der unterirdischen Gerinne beitragen können. Ist der Weg, den diese letzteren bis zum Austritte einer Quelle zurücklegen müssen, lang, schwierig oder durch Becken unterbrochen, die erst überlaufen müssen, bevor Wasser an die Quelle geliefert wird (Fig. 23), so kann die eingedrungene Winterfeuchtigkeit oft erst im darauffolgenden Sommer am Orte der Quelle ihre Wirkung äußern.

Ein anderer Factor, welcher für die Quantitäten des versinkenden Wassers maßgebend ist, liegt in der Verlangsamung des oberflächlichen Abrinnens; je rascher das Niederschlags- oder Schmelzwasser an der Oberfläche eines Gehänges abfließt, desto weniger kann davon unterwegs auf demselben Gehänge in den Boden eindringen, und umgekehrt: je länger des Wasser an einer und derselben Stelle verweilt, desto günstiger ist bei übrigens gleichen Umständen die Gelegenheit zum reichlicheren Eindringen in die Tiefe. Die Oberfläche des Waldbodens nun bietet, wie später noch eingehender gezeigt werden soll, so wie jede Vegetationsdecke überhaupt, im Allgemeinen mehr Hindernisse des raschen oberflächlichen Abströmens als kahle Gehänge; die zahllosen Stämme nöthigen das abrinnende Wasser zu außerordentlich vielen Umwegen, die bodenständige Vegetation des Waldes, ja selbst eine rauhe Streudecke, setzen dem Abfließen Schritt für Schritt Hindernisse entgegen, zu deren Ueberwindung immer gewisse, wenn auch oft nur kurze Zeittheilchen nothwendig sind, die sich jedoch im Ganzen zu bedeutenden Verlangsamungen summiren; und mit der Verlangsamung ist, wie eben gesagt, die Gelegenheit, einen Theil des Wassers an tiefere Schichten abzugeben, vorhanden. Wenn aber dieselben mechanischen Ursachen, aus denen die Verlangsamung hervorgeht, nicht zugleich wegen ihrer physikalischen Eigenschaften dem Eindringen des Wassers in den Boden hinderlich werden sollen, wie es z. B. bei dichten ununterbrochen ausgebreiteten Streudecken, Moosteppichen, Rasengeflechten der Fall wäre, müssen kahle oder wenigstens durchlassende

Stellen reichlich mit jenen abwechseln. In diesem Falle nämlich bewirken die vertheilten Moospolster, Rasenstöcke u. s. w. die Umwege des abrinnenden Wassers und ein längeres Verweilen desselben an den dazwischen liegenden durchlässigen Stellen, während diese letzteren dem Wasser die Gelegenheit geben, theilweise in den Boden einzudringen, was eine continuirliche Moos=, Streu= oder Rasendecke nicht bewirkt.

Vergleichen wir damit die Verhältnisse im Freilande, so fällt daselbst der Unterschied, den die Niederschlagsformen (ob Schnee oder große oder kleine Tropfen u. s. w.) auf das Eindringen des Wassers in den Boden üben, nicht allein bei kahlem Terrain, sondern auch bei vielen Vegetationsformen geringer aus als im Walde.

Dagegen wird im Freilande die Verdampfung von der Oberfläche im Sommer, dann bei geneigtem Terrain der oberflächliche Abfluß zu allen Jahreszeiten, so lange die Niederschläge nicht gefroren sind, größer, daher die nach unten hin eindringende Menge bei sonst gleichen Bodenverhältnissen geringer als im Walde, d. h. die Versickerung kann im Freilande besonders zur Frühjahrs= und Sommerszeit ungünstiger werden als im Walde. Ob aber diese Benachtheiligung des Eindringens nicht wieder aufgewogen wird durch den Empfang des vollen (nicht durch Baumkronen verminderten) Niederschlages und unter Umständen auch durch die Abwesenheit schwer durchlässiger Bodendecken, wie wir sie im Walde öfter finden, hängt immer von den localen Verhältnissen ab; so z. B. werden Wiesen mit dichtem Wurzelgeflechte und reichlicher Transspiration jedenfalls weniger Wasser in die tieferen Bodenschichten eindringen lassen als ein Wald mit ziemlich offenem Boden; dagegen leitet kahles Freiland, wenn es nach unten gerichtete Schichtungsklüfte und an der Oberfläche vielerlei den Ab=

fluß verlangsamende Unebenheiten hat, mehr Wasser in das Innere der Erdrinde als ein Waldboden, der jene Klüfte verdeckt und die Unebenheiten mehr ausgleicht.

Man kann daher nicht allgemeingiltig behaupten, daß der Waldboden allzeit und überall mehr und stetiger Wasser an die unterirdischen Gerinne abgeben muß, als der Freilandsboden; aber richtig ist es, wenn man sagt, daß in der Natur des Waldes unter anderen auch solche Momente gelegen sind, welche das Eindringen des Oberflächenwassers in die tieferen Schichten begünstigen können.

Der dritte Factor, welcher für die Wassermenge der Quellen von maßgebendem Einflusse ist, besteht in der Erhaltung des in den Boden eingedrungenen Wassers während seines unterirdischen Laufes bis zum Ausflusse. Mögen die Niederschläge noch so reichlich auf den Boden fallen und in den Boden eindringen, so werden daraus keine reichlichen Quellen entstehen, wenn während des unterirdischen Wasserlaufes entweder ein großer Theil des Wassers wieder verdampft oder sich nach allen Seiten hin als Durchfeuchtungswasser im Boden vertheilt; nur dann, wenn keiner von diesen Verlusten in namhafter Weise stattfindet, kommt das eingedrungene Wasser der Quellenbildung wirklich zu gute. In diesen beiden Beziehungen stehen sich die Interessen der Vegetation (also auch des Waldes) einerseits und der Quellen andrerseits entgegen; denn die Vegetation verlangt, daß das eingedrungene Wasser sich möglichst reichlich durch capillare Attraction innerhalb der gesammten Bodenschichten, welche von den Wurzeln durchdrungen sind, sowie auch in der nächsten Umgebung derselben gleichmäßig vertheile, und ebenso erfordern die Bedürfnisse der Vegetation, daß das auf diese Art im Boden vertheilte Wasser in reichlichem Maße seinen Weg durch die Pflanzen (im Walde also durch die Bäume) nehme und durch Transspiration in die

Luft zurückkehre. Die Quellenbildung hingegen verlangt, daß das in den Boden eingedrungene Wasser in Gestalt möglichst reicher Wasseradern sich zusammenhalte, nach den Seiten hin sich nicht vertheile und nicht durch Transspiration oder sonstige Verdampfung vermindert werde.

Sehen wir nun zu, wie der Wald seiner Natur nach auf jenes Gewässer wirkt, welches sich unter der bewaldeten Bodendecke bewegt. Wir müssen da zweierlei Vertheilungszustände des unterirdischen Wassers unterscheiden: erstens das in mehr oder minder mächtigen Wasseradern vereinigte, welches deutlich und stetig begrenzte Bahnen (Rinnsale, Betten) durchläuft, daher nur mit verhältnißmäßig wenigen Baumwurzeln in Berühung kommt und für die allgemeine Durchfeuchtung des Bodens wenig leistet; dann zweitens das Durchfeuchtungswasser, insbesondere dasjenige, welches im Bereiche der Baumwurzeln im Boden mehr oder minder gleichmäßig vertheilt ist und von demselben theils festgehalten, theils an die Wurzelfasern der Vegetation abgegeben wird, folglich nicht fließt und daher auch nicht direct zur Bereicherung von Quellen beitragen kann.

Beiden Gruppen von unterirdischem Wasser kommt im Walde, besonders wenn derselbe mit Streu oder Moos reichlich bedeckt ist, die verminderte Verdampfung aus dem Boden zu gute, welche uns bereits als eine Eigenthümlichkeit des Waldinneren bekannt ist. Dieser günstigen Wirkung des Waldes für die Quellenbildung steht für das „Durchfeuchtungswasser" die sommerliche Transspiration entgegen, welche ohne Zweifel dem Boden mehr Wasser entnimmt, als ihm die Beschattung und die Bodendecke des Waldes erhalten. Da jedoch das Durchfeuchtungswasser auf keinen Fall, ob nun Wald darüber steht, oder nicht, für die Quellenbildung maßgebend ist, so fällt auch die weitere Betrachtung dieser Partie des Wassers und der Wirkung des Waldes auf dieselbe außerhalb unserer gegenwärtigen Aufgabe. Dagegen unterliegt es keinem Zweifel, daß jener Theil des unterirdischen Wassers, welcher sich in Gestalt zusammenhaltender Wasseradern bewegt und nur mit einer geringen Zahl von Baumwurzeln in Berührung kommt, durch die Transspiration weniger verliert, als er durch die verminderte Verdampfung, die dem Waldinneren eigen ist, gewinnt; und da gerade dieser Theil des Bodenwassers es ist, welcher schließlich als Quelle erscheint, so unterliegt es wohl keinem Zweifel, daß der Wald auf die Erhaltung der schon vorhandenen unterirdischen Quellenzuflüsse günstig wirkt.

Wenn wir im Folgenden noch öfter von den unterirdischen Quellenzuflüssen und deren Erhaltung sprechen, wird darunter immer nur das in bestimmten Adern sich bewegende, nicht aber das Durchfeuchtungswasser des Bodens verstanden. Jene conservirende Wirkung einer Vegetationsdecke ist da um so entschiedener, je weniger tief die Bodenschichten liegen, in denen das Wasser sich bewegt. Nehmen wir an, daß ein Wald, unter welchem in geringer Tiefe von etwa 4—6 Decimeter sich ein System von Quellenadern bewegt, entholzt werde und längere Zeit oder auch für immer unbestockt bleibe, so werden zuerst die obersten Schichten im Sommer rascher austrocknen, als es unter dem Schutze des Waldes der Fall war; es werden — wenigstens bei vielen Bodenarten und in trockenen Lagen — viele Risse und Spalten im Boden entstehen und ein Theil des darunter hinfließenden Gewässers wird einer bedeutenderen Verdampfung unterliegen, als es während des Bestandes des Waldes der Fall war. Je tiefer hingegen das Wassergeäder läuft, desto weniger ist seine Erhaltung von dem Schirme des Waldes abhängig, und man kann daher nicht behaupten, daß allzeit und überall die Erhaltung der Quellenzuflüsse in ihrem ursprünglichen Reichthum vom Walde in meßbarer Weise begünstigt werde;

wohl aber ist es andrerseits gewiß, daß es Fälle gibt, in denen der Wald der Verminderung der unterirdischen Quellzuflüsse entgegenwirkt. Uebrigens wirkt die Berasung des Bodens, wenn sie dicht und continuirlich ist, für die Conservirung der darunter fließenden Quelladern (aber nicht auch des Durchfeuchtungswassers der oberen Schichten) günstig.

Es erübrigt nun noch die Betrachtung der Austrittsstellen. Da der Austritt einer Quelle mit hydrodynamischer Nothwendigkeit dort erfolgen muß, wo der unterirdische Weg des Wassers ins Freie herausführt und wo zugleich der geringste Widerstand gegen das Weiterfließen vorhanden ist, der Wald aber in beiden Beziehungen keine bedeutsame Wirkung ausüben kann, können wir eine detailirtere Betrachtung dieses Punktes unterlassen. Nur das Eine sei den Lesern empfohlen, daß sie in Fällen, wo Quellen ausbleiben oder spärlich fließen, unter anderem auch sich erkundigen mögen, ob nicht die Verlegung der bisherigen Austrittsstellen oder die Eröffnung anderer, bisher unwegsamer Ausflußöffnungen (was bisweilen in der Natur vorkommt) die Ursache der eingetretenen Aenderung sei und der Wald als solcher mit der Sache nichts zu thun habe.

Wenn nun auch der Wald den Austritt einer Quelle nicht wesentlich beeinflußt, hat er doch unbezweifelt eine günstige Wirkung auf die Erhaltung des Wassers auf seinem weiteren Laufe nach dem Austritte; denn ein Quellbach, der durch den beschattenden Wald weiterfließt, wird selbst zur trockensten Zeit weit weniger durch Verdampfung verlieren als ein über kahlen Boden oder selbst durch baumfreie Wiesen laufender, und kleine Bächlein der letzteren Art vertrocknen nicht selten im Sommer oder Frühherbste, während eben so kleine, die aber durch Wald beschattet sind, noch ausdauern. Diese Betrachtung gehört übrigens mehr in den Abschnitt von den offenen Gerinnen als in jenen von den Quellen.

Es sollen nun alle Grundsätze, welche bisher bezüglich der Bildung und Erhaltung von Quellen aufgestellt wurden, auf die uns bekannten vier Hauptkategorien von Quellen (Grundwasserquellen, Bodenquellen, Schichtenquellen, Höhlenquellen) angewendet werden.

Wir beginnen mit der Betrachtung der Grundwasserquellen, deren Natur schon oben Seite 193 skizzirt wurde, und beziehen uns dabei auf die nebenstehende Figur 25, welche eine Wiederholung der schon dort abgedruckten Fig. 21 ist. Zum Aufnahms- oder Speisegebiet der hier angedeuteten Quelle **x** gehört nicht in allen Fällen die ganze Fläche **e a o p**;

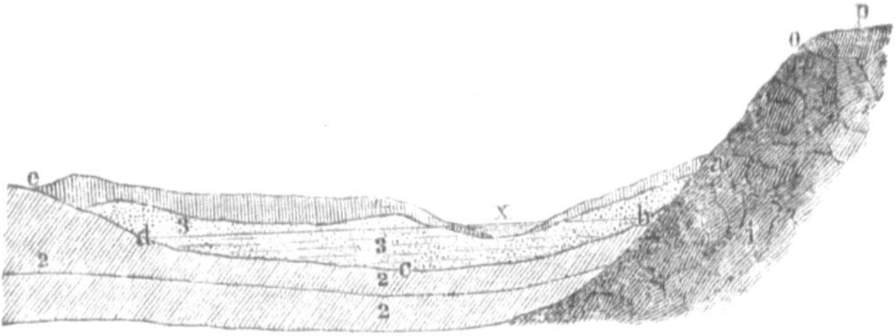

Fig. 25.

wenn nämlich die Bodendecke **e a** undurchlässig ist, so kann der darauffallende Niederschlag für die Vermehrung des Grundwassers nichts beitragen, und es wird dann nur das vom Plateau **o p** und vom Gehänge **o a** nach unten abrinnende Wasser für die Bereicherung der Quelle **x** in Betracht kommen. Beginnen wir nun mit der Betrachtung des plateauartigen Theiles **o p** vom Aufnahmsgebiete. Dieses Terrain wird nach den uns bekannten Gesetzen schon vermöge seiner höheren Lage, und zwar desto entschiedener, je höher es liegt, eine Vermehrung der Niederschläge während der Herrschaft feuchter Winde, die dahin aufsteigen, erfahren müssen. Liegt also unsere Quelle x in einer Gegend, in welcher häufig feuchte Winde wehen, die jedoch erst beim Aufsteigen in höhere Regionen Niederschläge fallen lassen, so wird die Plateaulage von op schon durch ihre Elevation allein, ob sie nun bewaldet sei oder nicht, die Bildung reichlicher Niederschläge mit sich bringen. Die Anwesenheit des Waldes in einer solchen Lage vermehrt, wie wir wissen, hauptsächlich nur gegen Ende des Winters und zu Anfang des Frühlings die Menge der Niederschläge; da aber der Wald, insbesondere der Nadelwald, zugleich die Menge des auf den Boden gelangenden Niederschlages vermindert, da ferner die Bodendecke des Waldes, wenigstens in den meisten Fällen, das Eindringen des Wassers in die Tiefe weniger begünstigt als kahler Boden bei günstiger Schichtung oder Schieferung, wird es in einer Lage wie die hier angenommene für die Wasserlieferung zur Quelle x ziemlich gleichgiltig sein, ob das Plateau op des Aufnahmsgebietes bewaldet ist oder nicht. Dagegen ist es von größerer Wichtigkeit, daß das Gehänge oa bewaldet sei, besonders dann, wenn das zum Quellenbecken sich bewegende Wassergeäder in geringer Tiefe unter dem Boden hinzieht. Die Bewaldung von oa wird in diesem Falle zwar nicht wegen Vermehrung der Niederschläge oder des Eindringens, wohl aber wegen Erhaltung des vom Plateau her eingedrungenen und sich abwärts bewegenden Wassers von Wichtigkeit sein. Was endlich die Decke des Beckens, ea, anbelangt, so wurde bereits gesagt, daß sie, wenn undurchlässig, zur Bereicherung des Grundwasservorrathes nicht beitragen könne, weßhalb nur noch die Frage bleibt, ob sie zum Zwecke der Conservirung jenes Vorrathes bepflanzt oder bewaldet sein soll oder nicht. Das kann wieder nur entschieden werden, wenn man weiß, ob sie dünn oder mächtig ist. Im letzteren Falle ist es gleichgiltig, ob sie eine Vegetationsdecke hat oder nicht; im ersteren Falle ist eine stark wasserzehrende Vegetation nachtheilig, weil sie gerade während der wärmeren Zeit viel Wasser dem Boden, und mittelbar dem seicht darunter liegenden Grundwasserspiegel, entzieht. Damit ist natürlich nicht gesagt, daß man in solchen Fällen überhaupt keinen Wald erziehen soll, sondern nur, daß dann die Grundwasserquellen ein wenig tiefer stehen werden; ob das einen praktischen Nachtheil veranlaßt, hängt davon ab, wie stark die Zuflüsse aus dem Aufnahmsgebiet sind. Liefert dieses nachhältig große Wassermengen, gegen welche die Transspirationsmengen verschwindend klein sind, dann wird allerdings auch der anspruchsvollste Wald am Wasserstand solcher Quellen keine meßbare Erniedrigung hervorbringen können.

Ist die Bodendecke e a des Beckens durchlässig, so kann sie vermöge dieser ihrer Eigenschaft, besonders wenn das Beckengebiet eine große Ausdehnung hat, als ein zweites Aufnahmsgebiet für das darunter liegende Grundwasser in Betracht kommen, und sie wird natürlich desto mehr Wasser nach unten hin abliefern, je kahler sie ist. Für die Conservirung im unterirdischen Reservoir wird es, wie schon oben bezüglich einer undurchlassenden Decke gesagt, wenn diese m ä c h t i g ist, gleichgiltig sein, ob eine Vegetation vorhanden oder nicht; ist aber die Deckschichte nur seicht, so wird — immer vom Standpunkte der Wassererhaltung aus gesprochen — die Berasung der Bewaldung vorzuziehen sein, da die erstere weniger Wasser aus dem Untergrunde heraufholt.

Die für großen Reichthum der Quelle x günstigste Combination wäre offenbar: in r e g e n r e i c h e r Lage ein kahles Plateau mit stark zerküfteten Schichten, deren Spalten und Klüfte gegen das Becken hin geneigt sind; ein mit Nadelholz bestockter Abhang o a und eine mächtige durchlässige Decke ea des Beckens. In regenarmer Lage aber, falls nach ihrer Exposition und Elevation durch die Ansiedelung von Wald der Bildung von Niederschlägen Vorschub geleistet würde, ist für das Aufnahmsplateau eine Abwechselung von Bestockung und kahlem Boden dem ganz geschlossenen Walde vorzuziehen, damit die Summe der Waldparzellen die Regenmenge der Gegend vermehre, während die dazwischen eingestreuten kahlen Stellen das Eindringen des Wassers mehr begünstigen.

Für die Schichtenquellen gilt bezüglich des Aufnahmsgebietes in der Hauptsache dasselbe, was soeben bei den Grundwasserquellen gesagt wurde. Der bedeckte Lauf der Schichtenquellen liegt gewöhnlich so tief, daß die Anwesenheit oder Abwesenheit einer Vegetationsdecke, folglich auch des Waldes, auf die Erhaltung der Wassermenge kaum Einfluß nehmen kann; nur dann, wenn etwa die letzte Strecke des bedeckten Laufes, was bisweilen vorkommt, nur unter einer seichten Decke liegt, wodurch eine solche Strecke sich der Natur einer Erd- oder Bodenquelle annähert, kann es von Belang sein, daß eine schützende Vegetationsdecke sich einer reichlicheren Verdampfung entgegenstelle. Für die Austrittsregion endlich ist, wie bei jeder Quelle, die Beschattung nur dann von einiger Wichtigkeit, wenn die Quelle sehr klein und daher der Gefahr ausgesetzt ist, bei kräftiger Insolation bald nach ihrem Austritte wieder zu vertrocknen.

Die Höhlenquellen haben ganz dieselben Beziehungen zur Vegetation überhaupt und zum Walde insbesondere, wie die Schichtenquellen; nur ist für die ersteren die Begrünung der Gesteinsdecke, unter welcher die Spalten, Höhlen und die diese letzteren verbindenden Gänge liegen, noch weniger von Belang, da diese Behälter meist sehr tief im Inneren der Berge liegen, wo eine Wiederverdampfung nur in ganz irrelevantem Grade stattfinden kann.

Bei den seicht fließenden Erd- oder Bodenquellen endlich liegen das Aufnahmsgebiet, das bedeckte Gerinne und der Ausfluß meist sehr nahe an einander; nur wenige Are oder allenfalls Hektare liefern durch ihre oberflächliche Abtraufe oder Einschlürfung die Hauptmasse des Wassers für solche Quellen, und nach einigen hundert Metern bedeckten Laufes treten sie schon wieder zu Tage aus. Da nun die seichte Lage des ganzen Gerinnes bei ohnehin nur geringer Wassermenge die Gefahr des Vertrocknens mit sich bringt, ist für die Bodenquellen die Begrünung oder Bewaldung der Gerinnestrecke besonders wichtig, und der größte Theil jener Quellen, die im Sommer leicht ausbleiben, dürfte zur Gruppe der Bodenquellen an waldlosen Gehängen gehören.

Auch bei diesem Abschnitte haben wir es vermieden, chronistische oder geographische Beweise in größerer Anzahl anzuführen, da sie meist ohne eingehende klimatologische oder geotektonische Details sind, ohne diese aber nichts beweisen.

Unsere Leser werden, ungeachtet wir ihnen die ganze Lehre von Wald und Quellen nicht in einem einzigen bequemen Satze (z. B. „je mehr Wald, desto mehr Quellen") zusammenfassen können, doch nicht den Eindruck empfangen haben, daß man über das Verhältniß von Wald und Quellen nichts wisse — vielmehr dürften sie zur Einsicht gelangt sein, daß man Vieles und Genaues darüber weiß und im einzelnen Falle erforschen kann, wenn man nur die richtigen Unterscheidungen an der Hand der Klimalehre und der Bodenkunde zu machen versteht.

Wald und offene Gerinne.

Natur und Arten der offenen Gerinne.

Nachdem im vorigen Abschnitte jener Theil der tellurischen Wässer betrachtet wurde, der einen unterirdischen Lauf nimmt, soll nun noch jener andere Theil verfolgt werden, welcher sich in offenen Gerinnen bewegt; also die Quellwässer nach ihrem Austritte aus dem bedeckten Gerinne, dann die Bäche und Flüsse mit Inbegriff der Seen, insofern die meisten dieser letzteren nur große Bach- oder Flußweitungen sind.

Die offenen Gerinne beginnen zwar oft, aber doch nicht immer, mit Quellausflüssen; ein großer Theil der Bäche sammelt sich aus kleineren und kleinsten Furchen der Bodenoberfläche, ja theilweise sogar aus der unmittelbaren Abtraufe, die sich nach Niederschlägen oder beim Schneeschmelzen bahnlos über die mehr oder minder geneigten Abhänge zu den gebahnten Rinnen bewegt.

Solche Bäche, die gar keinen Zufluß aus nachhältigen Quellen haben, sondern nur durch jenes Wasser gespeist werden, welches unmittelbar von den jeweiligen Niederschlägen herrührt, hängen bezüglich ihrer Wassermenge selbstverständlich von den momentanen Niederschlägen oder Schmelzprocessen ab, füllen sich rasch nach starken Regengüssen, liegen aber trocken, wenn es längere Zeit nicht geregnet hat; es sind das die sogenannten Regen- oder Gießbäche, in Italien „Torrenti“ genannt, von der verschiedensten Größe, darunter manche von der Ausdehnung nicht unbedeutender Flüsse. Je mehr hingegen die Ausflüsse beständiger Quellen an der Wasserlieferung für ein offenes Gerinne Antheil haben, desto constanter ist die Wassermenge des betreffenden Baches oder Flusses. Ein wesentlicher Unterschied im ganzen

Verhalten der fließenden Gewässer wird also dadurch bedingt, daß die einen aus mehr oder minder beständigen Quellen, die anderen aus der Abtraufe und dem oberirdischen Zusammenflusse der jeweiligen Niederschläge vorwiegend gespeist werden. Uebergänge und Mittelformen zwischen diesen beiden Haupttypen sind zahlreich, und mancher Fluß, der als Quellader beginnt, erhält weiterhin fast nur Regenzuflüsse, während es andererseits Flüsse gibt, die als Gießbäche beginnen und weiterhin sehr bedeutende Quellenzuflüsse erhalten, dann wieder andere, die ihr Wasser zu ziemlich gleichen Theilen auf beiden Wegen beziehen.

Wir haben bei den Quellen das „Aufnahmsgebiet" und den (bedeckten) „Lauf" unterschieden; eine analoge Unterscheidung läßt sich zwar in der Theorie auch bei den offenen Gerinnen machen, allein es ist nicht praktisch, dieselbe streng festzuhalten, da die Aufnahme oder der Hinzutritt von Gewässern während des ganzen Laufes stattfindet, also der ganze Lauf eines Baches oder Flusses zugleich auch Aufnahmsgebiet ist. Wir wollen demnach „Aufnahmsgebiet" und „Lauf" nicht im selben Sinne wie bei den Quellen als zwei aufeinanderfolgende Abschnitte des Gerinnes betrachten, aber doch zuerst die Momente, welche auf die Wasseraufnahme und folglich Wassermenge Einfluß haben, und dann zweitens jene Bedingungen in Erwägung ziehen, welche den Gang oder Lauf beeinflussen.

Herkunft der Zuflüsse.

Die Wassermenge der offenen Gerinne hängt, wie jene der bedeckten, in erster Linie von der Niederschlagsmenge des betreffenden Gebietes und erst in zweiter Linie von der Art der Abfuhr dieser Wassermengen in die Betten der Gerinne ab.

In der ersteren Beziehung unterscheiden sich nicht allein regenreiche und regenarme Gegenden durch die größere oder geringere Fülle ihrer fließenden Gewässer von einander, sondern es findet ein wesentlicher Unterschied auch statt, je nachdem außer den Regenfällen noch die Schneeschmelze an der Wasserbeschaffung Antheil hat. Die Regenniederschläge machen sogleich, oder doch nur mit kurzem Aufenthalt, der durch mechanische Ursachen bedingt wird, ihren Weg zu den Bach- und Flußbetten; in der Schneedecke und im Gletschereis hingegen liegt die Summe einer größeren Anzahl einzelner Niederschläge aufgehäuft, die aber dann zur Zeit des durchgreifenden Thauwetters plötzlich in Bewegung gerathen und in kurzer Zeit Wassermassen liefern, welche in gleich kurzer Zeit vom Regen nur selten geliefert werden. Unter den Regenniederschlägen selbst finden wieder die bekannten Unterschiede statt, daß entweder kurze und unbedeutende, oder kurze aber heftige, oder langdauernde schwache, oder endlich anhaltende starke Regenfälle vorkommen, und daß dieses Vorkommen entweder typisch für gewisse Gegenden, oder periodisch für gewisse Jahreszeiten, oder auch scheinbar ganz regellos ist. Selbstverständlich spiegeln sich alle diese Verschiedenheiten alsbald auch in der Wasserführung der Gerinne; die tropischen Flüsse haben ihre höchsten periodischen Stände alljährlich ein- oder zweimal, je nachdem sie ein- oder zweimal Regenzeit haben; in den Gegenden mit vorwiegenden Aequinoctialregen — wie Südeuropa — treten im Frühling (auch wo keine Schneeschmelze dazu beiträgt) und im Herbst die normalen Hochwasserstände ein, während die Betten im Sommer und im Winter oft nahezu trocken liegen; aus gewitterreichen Berggegenden kommen im Sommer kurzdauernde aber mächtige Fluthen, während der daselbst meist trockene Herbst ein tiefes Sinken der Bergbäche zur Folge hat u. s. w.

Wie sich die Niederschläge nach Zonen und nach dem

Einflusse der Modificatoren des Klimas über die Länder und Jahreszeiten vertheilen, ist aus dem ersten Abschnitte bekannt; hier fragt es sich nur noch, ob und wiefern der Wald auf die Beschaffung der Niederschlagswässer für die Speisung der offenen Gerinne Einfluß habe oder nicht. Auch in dieser Beziehung sind bereits die Fälle bezeichnet worden, in denen Wald auf die locale Vermehrung des Regens, sei es innerhalb der Waldesgrenzen oder sei es auch für die weitere Umgebung, hinwirkt, ohne daß wir aber genau beziffern können, wie groß in solchen Fällen die durch den Wald bewirkte Vermehrung der Niederschlagsmenge sei. Eine allgemeine Verminderung der Niederschläge hingegen, aus welcher die Abnahme des Wassers in den Flüssen als nothwendige Folge hervorgehen müßte, kann bisher nicht constatirt werden. Es wurde bereits Seite 36 als das Resultat der eingehendsten Nachforschungen gewiegter Meteorologen angeführt, daß eine stetige Aenderung der Niederschlags- oder Temperaturverhältnisse sich auch nach mehrhundertjährigen Daten nicht herausstellt; da man aber gerade in Bezug auf die Wasserabnahme in Flüssen — welche allerdings keine allgemein nachgewiesene ist — häufig die Behauptung aufstellt, daß dieselbe nur einer Verminderung der Regenmenge und diese wieder nur den zunehmenden Entwaldungen zuzuschreiben sei, mögen hier noch einige Daten angeführt werden, welche zeigen, daß eine allgemeine und stetig fortschreitende Abnahme der Niederschläge gerade seit den letzten Jahrhunderten und Decennien, in welche die stärksten Entwaldungen fallen sollen, nicht stattgefunden hat.

Für England weiset dieses Symons*) aus einer mehr als hundertjährigen Beobachtungsreihe von 17 Stationen nach:

---

*) Report of the British Association for 1866.

Periode	Verhältnißzahl	
1726—1735	94,6	86,7
1736—1745	78,7	
1746—1755	78,6	83,5
1756—1765	88,3	
1766—1775	103,6	98,4
1776—1785	93,2	
1786—1795	96,6	93,2
1796—1805	89,7	
1806—1815	94,6	99,3
1816—1825	103,9	
1826—1835	101,3	100,8
1836—1845	100,2	
1846—1855	100,6	98,5
1856—1865	96,3	

Für Frankreich gibt Marié Davy*) folgende Uebersicht aus den fast zweihundertjährigen Beobachtungen in Paris:

Periode	Regenmittel per Jahr
1688—1700	517 mm
1701—1710	481
1711—1720	465
1721—1730	378
1731—1740	411
1741—1750	420
1773—1780	540
1781—1790	507
1791—1798	414
1804—1810	518
1811—1820	496

*) Annuaire météorologique de l'Observatoire physique central 1873.

Periode	Regenmittel per Jahr
1821—1830	514 mm
1831—1840	507
1841—1850	529
1851—1860	520
1861—1870	493

Aus St. Petersburg endlich liegen folgende mehr als hundertjährige Daten vor*):

Periode	Regenmittel per Jahr
1741—1785 (14 Jahre)	527,5 mm
1823—1835 (13 „)	405,4
1837—1849 (13 „)	455,0
1850—1862 (13 „)	385,0
1863—1875 (13 „)	566,3

Es erscheint also nach diesen Daten weder im Westen noch im Nordosten Europas ein anderer Gang der Niederschläge als ein Auf- und Abschwanken constatirt; und Blodget kommt bei seinen Untersuchungen über die Regenmengen Nordamerikas zum selben Resultat, obgleich gerade dort die großartigsten Entwaldungen stattgefunden haben. An der k. k. österr. Centralanstalt für Meteorologie sind die Regenmengen von etwa 120 Stationen in Europa und Nordamerika untersucht worden, wobei sich auch keine allgemeine oder auch nur vorwiegende Abnahme zeigte.

Allerdings muß man erwägen, daß viele der untersuchten Stationen vermöge ihrer Lage ein mehr oder minder ausgesprochenes Seeklima haben und daß im Bereiche eines solchen die Wirkung des Waldes auf die Hydrometeore weniger deutlich hervortritt als in rein continentalen Lagen,

*) Vergl. Zeitschrift der österr. meteorolog. Gesellsch. 1876, Nr. 15.

aus denen wir aber keine so langen und zugleich verläßlichen Reihen besitzen, daß also immerhin möglicherweise an anderen Stationen eine Abnahme der Niederschläge stattgefunden haben oder später nachgewiesen und mit Grund der localen Entwaldung zugeschrieben werden mag; über die locale Bedeutung aber dürfte dieser Einfluß nicht hinausreichen, und unter welchen Umständen diese locale Bedeutung eintrete, ist eben im ersten Abschnitte bereits dargelegt.

In Bezug auf jene Wassermengen, die vom Schnee herrühren, hat der (wintergrüne) Nadelwald die specifische Wirkung, daß er das Schmelzen verlangsamt, indem theils die aufgespeicherte Winterkälte, theils der Schirm gegen die Besonnung unter übrigens gleichen Umständen den Schnee länger erhält.

Bevor wir auf die Abfuhr des tellurischen Wassers übergehen, muß auch hier nochmals des schon früher eingehend besprochenen Umstandes erwähnt werden, daß der Wald, besonders so lange seine Kronen beblättert sind, bis zu einem gewissen Grade die Niederschlagsmenge, welche auf den Boden gelangt, vermindert, daß einerseits geringe Niederschläge, wenn sie auf längere Trockenheit folgen, gänzlich in den Kronen und der Rinde zurückgehalten werden, andererseits aber sehr starke Niederschläge, wenn einmal an den Bäumen Alles vollkommen benetzt und gesättigt ist und die Blätter schlaff herunterhängen, in den Kronen und an den Stämmen fast gar keine Abhaltung mehr finden und in gesammelten Strömen zum Waldboden niederrinnen.

Wasserabfuhr.

Wir kommen nun zur Betrachtung des Weges, den die auf den Boden gelangten Wassermengen einschlagen. Um die Wasserzufuhr zu den offenen Gerinnen richtig zu verstehen, muß, wie wir schon bei den Quellen gesagt, die Natur des Bodens oder Gesteins, auf welches die Niederschläge fallen, und die Terraingestaltung berücksichtigt werden. In der ersteren Beziehung kommen hier nur die Gegensätze zwischen undurchlässigem und durchlässigem Boden in Betracht. Der erstere bindet, so lange er noch nicht gesättigt ist, vor Allem einen Theil der darauffallenden Niederschläge, wird dadurch bindig oder plastisch, läßt aber dann alle weiter darauffallenden Wässer, wenn nur die geringste Neigung des Terrains vorhanden ist, oberflächlich abrinnen; der zweite hingegen leitet einen bedeutenden Theil des empfangenen Niederschlagswassers in immer tiefere Schichten, so daß für die oberflächliche Abfuhr weniger Wasser übrig bleibt als auf undurchlässigem Boden und kleinere Niederschläge sogar überhaupt nicht zum Gerinne gelangen. Liegt also eine bedeutende Strecke eines Flußgebietes nur auf undurchlässigem Boden, so muß schon hiedurch allein das ganze Verhalten des Flusses ein wesentlich anderes werden, als wenn dieselbe Strecke des Flußgebietes einen durchlässigen Boden hätte; insbesondere wird im ersten Falle selbst bei mäßigen Niederschlägen ein rascheres Zusammenlaufen und eine reichlichere Ansammlung in den Gerinnen dieses Gebietes stattfinden als im zweiten Falle*).

---

*) Belgrand hat in seinem umfassenden Werke „La Seine“ (Paris 1873) die Rolle der Durchlässigkeit oder Undurchlässigkeit des Bodens besonders eingehend in Betracht gezogen, ja diesem physikalischen Verhalten die weitaus größte Bedeutung für den Wasserverlauf der Flüsse beigemessen. Er unterscheidet für das Seine-Gebiet nur imperméable Gesteine (nach dem dortigen Vorkommen Granit, Liasmergel, untere Kreide, tertiärer Thon) und perméable (wie oolithischen Kalkstein, weiße Kreide, Grobkalk, Grus, Sand, Schotter).

Die Gebiete der ersteren findet Belgrand überall durchfurcht von zahlreichen Wasserläufen, die sich an den Gehängen herunterziehen, die Natur von Gießbächen oder Torrenten haben, selten das ganze

Da die Reichlichkeit der oberflächlichen Abfuhr im umgekehrten Verhältniß zur Menge des in den Boden eindringenden und theilweise in Quellen verwandelten Wassers steht, ergibt sich von selbst, daß nicht eine und dieselbe Bodenart (oder auch Bodendecke) und Bodengestaltung zugleich auf die Bereicherung der offenen Gerinne und der unterirdischen Quellenansammlungen derselben Oertlichkeit wirken kann, daß vielmehr, je reichlicher an einem Orte die Quellen gespeiset werden, desto weniger ebendaselbst den Bächen und Flüssen direct zugeführt wird, obgleich allerdings auch die Quellenausflüsse an entfernteren Stellen wieder in die offenen Gerinne gelangen.

Nebst der physikalischen Beschaffenheit der oberen Bodenschichten übt die Gestaltung des Terrains den größten Einfluß auf die Wasserlieferung zu den offenen Gerinnen. Auf ganz ebenem Terrain ist selbstverständlich ein Abfluß nicht möglich; bei undurchlässigem Boden entstehen in diesem Falle vorübergehende oder auch bleibende Kothsümpfe, bei durchlässigem Boden eine reichliche Ansammlung von Grundwasser, welches, wenn es schließlich bis an die Bodenoberfläche gestiegen ist, ebenfalls Sumpfbildungen hervorbringt. Eine mehr oder minder ausgesprochene Neigung des Bodens

Jahr Wasser führen und sehr selten von Quellen begleitet sind. In den Gegenden mit permeablem Grunde hingegen kommen weit weniger zahlreiche Wasserläufe und zwar meist nicht an den Gehängen, sondern im Thalgrunde vor, werden reichlich von Quellen gespeiset, sind meist perennirend und haben einen ruhigen stetigen Lauf. Ob dabei der Boden bewaldet, sonst bepflanzt oder kahl sei, das soll nach Belgrand wenigstens im Seine-Gebiet keinen Einfluß auf das Verhalten der fließenden Gewässer haben. Hierin geht nun wohl Belgrand zu weit, und noch weniger haben jene Recht, welche diesen Ausspruch Belgrand's verallgemeinern und in der ganzen Welt dem Walde allen Einfluß auf die Wasserabfuhr absprechen wollen.

ist also eine Grundbedingung der oberflächlichen Abfuhr; diese letztere aber gestaltet sich auch auf geneigtem Boden sehr verschieden, je nach der verschiedenen Entwickelung des Bodengepräges, d. h. je nachdem das Terrain mehr oder minder durch Falten, Furchen, Gräben, Rundhügel, steilere oder schwächere Gehänge u. s. w. in plastische Abschnitte verschiedener Ordnungen getheilt ist. Wird das Gebiet, um dessen Wasserführung es sich handelt, nur von wenigen sammelnden Rinnsalen durchzogen, so ist umgekehrt die Ausdehnung der dazwischen liegenden Erhebungen und Gehänge verhältnißmäßig groß; es muß daher auf jede einzelne Rinne eine größere Wassermenge entfallen. Wenn aber ein Bach eine größere Mächtigkeit (Tiefe) besitzt, so leidet er auf seinem Wege weniger Verluste durch Verdampfung oder Versickerung als ein gleich langer von geringerer Tiefe. Auf einem vielfach gefalteten Terrain hingegen ist das auf jede einzelne Furche entfallende Wasserquantum geringer; ferner ist vermöge der zahlreichen Hindernisse, die mit der reichlichen Faltung verbunden sind, meist auch die Geschwindigkeit eine geringere, und deßhalb geht einem solchen Bache unterwegs verhältnißmäßig viel Wasser durch Verdampfung und Versickerung verloren. Die Entwickelung des Terrains steht also annähernd im umgekehrten Verhältnisse zur Menge des Wassers, welches aus einem Sammelgebiete schließlich zu einem Hauptbache oder Flusse gelangt.

Ein weiterer Factor, welcher bei der Abfuhr der Gewässer eine mächtige Rolle spielt, ist die Bildung und Fortschaffung von Sinkstoffen, die aus der Zerbröckelung und stufenweisen Abreibung der Gesteine hervorgehen und eben mit Rücksicht auf diesen ihren Ursprung auch als „Detritus" bezeichnet werden. Da die von einem fließenden Gewässer mitgeführten Schuttmassen oder Sinkstoffe sich überall dort absetzen, wo die Geschwindigkeit des Wassers unter jenen

Grad herabsinkt, der zu ihrer Fortschaffung nothwendig ist, und da auf diese Weise Schutt- und Sandbänke sowohl im Bette selbst als auch (bei Hochwässern) im Ueberschwemmungsgebiete verursacht werden, da ferner dergleichen Bänke den Lauf des Gewässers vielfach ablenken, bald zu Umwegen nöthigen, bald zu Anstauungen Anlaß geben, die schließlich nicht selten mit gewaltsamen Durchbrüchen endigen, läßt sich nicht verkennen, daß der Detritus auf das Verhalten des Gewässers in seinen Gerinnen bedeutenden Einfluß üben kann und daher nicht außer Betracht bleiben darf. Derselbe entsteht ursprünglich theils aus der Verwitterung bei dem mechanischen oder chemischen Zerfallen der Gesteine und wird dann nur von einem über solche Massen hinfließenden Wasser mitgerissen, theils erzeugt erst das Wasser selbst Detritus, indem es, wenn seine bewegende Kraft einen hohen Grad erreicht hat, hervorragende Kanten oder Ecken des Gesteins wegnimmt, wozu wieder der Anprall der schon früher mitgeführten Verwitterungstrümmer wesentlich beiträgt. Die feinsten Theile des Detritus, Feinsand und Erde, bleiben bei größerer und mittlerer Geschwindigkeit des Wassers in demselben suspendirt; die gröberen Stücke werden meistens nur am Grunde hingeschleift, an einander abgerieben, dadurch verkleinert und abgerundet, und die von ihnen abgeriebenen Theilchen vermehren die Menge der feineren und folglich länger suspendirt bleibenden Sinkstoffe. Nur in seltenen Fällen werden ganze Schuttbänke vom anprallenden Strome gehoben und eine Strecke weit mitgeführt. Da die aus solchen Schuttmassen, Geschieben, Geröllen u. s. w. im Bette eines Gewässers hervorgegangenen Ablagerungen sich sehr verschieden verhalten, je nachdem die Consistenz, das specifische Gewicht, die Zersetzbarkeit u. s. w. der Gesteine, aus denen sie bestehen, verschieden ist, bildet das Studium des Ursprungs und der weiteren Schicksale des Bach- und Flußdetritus einen Gegenstand, der des eingehendsten Studiums werth erscheint. Hier sollen nur ganz kurz die wichtigsten Momente hervorgehoben werden*). Die Entstehung von Detritus wird hauptsächlich durch folgende Bedingungen befördert: Erstens durch geringe Cohäsion und Härte des Gesteins, wie bei Talk, Chlorit, Mergel, Letten. Zweitens, durch die größere Löslichkeit eines der Gemengtheile im reinen oder kohlensäurehältigen Wasser, welch letzteres in der Natur häufig zu Gebote steht (weßhalb z. B. Salzthon und viele eisenreiche Gesteine sehr leicht zerfallen). Drittens, durch die gemengte Beschaffenheit eines Gesteins, da nicht nur die Adhäsion verschiedenartiger Gemengtheile häufig geringer ist als die Cohäsion der Theilchen eines homogenen Gesteins, sondern auch unter verschiedenen Gemengtheilen gewöhnlich einer mehr als die anderen der Zersetzung unterliegt und durch den Eintritt dieser letzteren auch das Auseinanderfallen der übrigen veranlaßt wird. Viertens, durch die Abweichung von der dichten Structur und zwar desto mehr, je mehr Structurrichtungen vorhanden sind. Körnige, schieferige, blätterige, stängelige Gesteine, noch mehr aber körnig-schiefrige (wie viele Gneise), stängelig-schiefrige (wie viele Hornblendegesteine), blätterig-schiefrige (Glimmerschiefer, Thonglimmerschiefer, Chloritschiefer u. s. w.) bilden aus diesem Grunde viel reichlicheren Detritus als dichte Kalksteine, Basalte und ähnliche Gesteine. Fünftens, auch die Absonderungsspalten, Klüfte und Risse der Gebirgsmassenstücke befördern die Bildung von Schuttmassen, da jene stets die ersten Angriffspunkte der Verwitterung sowie der mecha-

*) Vergl. „Untersuchung der Versumpfungen in den oberen Flußthälern der Salzach, Enns und Mur" von Dr. J. R. Lorenz. Sitzungsberichte der kaiserl. Akademie der Wissenschaften in Wien. 1857. Band XXVI.

nischen Zerstörung durch die Gewalt des Wassers darbieten. Ist insbesondere die Richtung der Absonderungsspalten quer über den Weg des darüber rinnenden Wassers, so wird das Gestein sehr leicht angegriffen. Sechstens, außer diesen in der Natur des Gesteins liegenden Ursachen der leichteren Schuttbildung kommt auch noch die klimatische Einwirkung in Betracht; ein solches Klima nämlich, welches häufigen Wechsel von Frost und Thauen mit sich bringt, befördert schon dadurch allein das Zerfallen von Gesteinen, da der Frost in der bekannten Weise Gesteine zersprengt und beim Thauen die zersprengten Trümmer, welche früher noch vom Eis an einander gehalten waren, sich loslösen und zugleich der Boden durch das Eindringen von Feuchtigkeit für abermalige Frostwirkungen zugänglicher gemacht wird.

Nach der Natur der Gesteinstrümmer nimmt der Detritus selbstverständlich verschiedene Formen an, welche sich beim weiteren Transporte verschieden verhalten, daher den Lauf der Gewässer in verschiedener Weise beeinflussen.

So wird Plattenschutt vermöge seiner Form leichter vom Hochwasser getragen als eckiger Trümmerschutt und Kugelschutt; der erstere läßt, wenn er als Schuttbank irgendwo angetragen ist, bei nachfolgenden Ueberwässerungen das Wasser leicht zwischen den Platten hindurch communiciren, so daß er Anstauungen bis zu einem gewissen Grade verhindert; er ist also im Ganzen minder schädlich als manche andere Formen.

Trümmer- und Kugelschutt wird schwer vom Wasser getragen, daher nicht so weit wie der Plattenschutt abwärts geführt; seine größten Massen lagern sich am Austritte der Nebenbäche in ein Hauptthal ab und bilden dort leicht sehr widerstandsfähige und daher das Wasser rückstauende Wälle; die in der Mitte von Bächen und Flußbetten aus solchem Materiale gebildeten Bänke werden nur sehr schwer bei nachfolgenden Hochwässern weiter geschwemmt und sind auch auf künstlichem Wege schwierig zu beseitigen.

Grus und Sandschutt wird leicht vom Wasser getragen, aber eben so leicht, wenn er irgendwo angehäuft ist, vom Wasser durchbrochen und wieder weitergeführt. Von dieser Schuttform sind daher bedeutende Anstauungen nicht zu besorgen, jedoch bringt ihre leichtere Tragbarkeit auch wieder Nachtheile mit sich, indem sie schon von seichteren und minder mächtigen Ueberwässern auf die anliegenden Gefilde mitgeführt und daher auch solche Stellen verschüttet werden, wohin weder Platten- noch Trümmerschutt gelangen könnte.

Der Lettenschutt endlich wird leicht vom Wasser getragen, oder auch in großen Massen fortgewälzt, bildet mit demselben leicht eine mehr oder minder dickflüssige Masse, welche noch leichter als der Sandschutt allen Ausbreitungen des Wassers folgt und überdies, wenn er irgendwo angehäuft und daher compact geworden ist, den späteren Fluthen ein sehr zähes Hinderniß entgegensetzt. Diese Form, möge sie nun allein oder als reichliche Beimengung, gewissermaßen als Bindemittel einer anderen Schuttform, auftreten, ist bei Gebirgsbächen die am meisten gefürchtete.

Schon aus diesen kurzen Andeutungen über die Verschiedenheit und die Wirkungen der Schutt- oder Detritusmassen ist ersichtlich, daß zwei Flüsse, selbst wenn sie in allen übrigen bisher betrachteten Beziehungen, also was die Menge der Niederschläge, die physikalischen Eigenschaften des Bodens und die Beschaffenheit des Terrains anlangt, ganz gleich, jedoch in Bezug auf die Detritusbildung verschieden wären, kein übereinstimmendes Régime haben könnten. Noch deutlicher wird sich dieses zeigen, wenn wir von dem Verhalten der Flüsse in Hinsicht auf ihre Ablagerungen und die dadurch hervorgebrachten horizontalen und verticalen Schwankungen der bewegten Wassermasse sprechen werden.

Die Wirkungen der bisher betrachteten drei ersten Factoren der Wasserabfuhr in offenen Gerinnen können bis zu einem gewissen Grade durch einen vierten Factor aufgehoben oder wesentlich modificirt werden; es ist dies die Bewachsung des Terrains. Die Vegetationsdecke des Bodens kann nämlich sowohl das Verhältniß zwischen dem in die Tiefe eindringenden und dem oberflächlich abfließenden Antheile des Wassers, als auch die Geschwindigkeit und Vollständigkeit der Wasserabfuhr beeinflussen; und hiemit sind wir bei der Frage angelangt: wie wirkt die Vegetation überhaupt und der Wald insbesondere auf die Speisung der Bäche und Flüsse?

Bei der Beantwortung dieser Frage muß vor Allem ein Unterschied festgehalten werden, den wir schon oben beiläufig angedeutet haben und der, wie es scheint, gemeiniglich viel zu wenig beachtet wird. Das offen abrinnende Wasser bewegt sich nämlich nicht nur in bestimmten schon gebildeten Rinnsalen, sondern diese selbst erhalten einen großen Theil des Niederschlagswassers von ihren seitlichen Böschungen her in der Art, daß es über diese ohne bestimmte Bahnen abläuft. Dieses Abtraufwasser wird nun durch die Vegetation in mancher Beziehung anders beeinflußt als das Wasser der Rinnsale, wie sich bei der Betrachtung der verschiedenen Vegetationsformen alsbald zeigen wird.

Die ursprünglichen Vegetationsformen sind: Wald und Weide, und diese sollen nun zuerst betrachtet werden.

Der unangetastete sowie der gut behandelte Wald, welcher zwischen den Bäumen eine Bodendecke von Streu und Moos hat, paralysirt durch diese auf jeden Fall für das Wasser wenig durchdringliche Decke bis zu einem gewissen Grade den Einfluß der physikalischen Beschaffenheit des Mineralbodens, auf dem er steht. Mag dieser Boden durchlässig oder undurchlässig sein, so läßt die Streu- oder Moosdecke, je mehr sie geschlossen ist, desto weniger von den gefallenen Niederschlägen in den Boden eindringen. Sie sättigt sich, wenn sie nicht schon vorher gesättigt war, beim Beginne eines Niederschlages zunächst selbst mit Wasser, läßt dann das noch weiterhin darauffallende Wasser bei geneigter Oberfläche über sich hin abrinnen und nur zu einem sehr geringen Theile in den Untergrund eindringen, und schützt das auf anderen Wegen oder von anderen Seiten her in den Boden gelangte Durchfeuchtungswasser — wie wir schon wiederholt hervorgehoben — vor dem raschen Verdampfen. Durchlässiger Boden wird also durch eine solche Bodendecke zu einem annähernd undurchlässigen, folglich günstiger für die Bereicherung der Bäche und Flüsse in seiner nächsten Umgebung; ein undurchlässiger hingegen bleibt in dieser Beziehung unverändert. Je mehr Lücken oder je weniger Mächtigkeit die Streu- und Moosdecke eines Waldes hat, desto deutlicher treten die Unterschiede zwischen dem durchlässigen und undurchlässigen Boden hervor, und ein Kiefernwald mit sehr dünner Nadelstreu und ohne eine bedeutende Menge von Moospolstern auf durchlässigen Sande wird die Durchlässigkeit seines Bodens bei Niederschlägen fast eben so deutlich erkennen lassen, als wenn er kahl läge. Durch Wald mit dichter Bodendecke wird also die Abfuhr der Niederschlagswässer zu den kleineren und größeren Rinnsalen insofern begünstigt, als sie den Abzug vermindert, den sich die Abtraufe durch Einsickerung gefallen lassen müßte, wenn der Boden kahl wäre, was bei durchlässigem Boden von unverkennbarem Belange ist.

Fragen wir weiter um die Beziehungen des Waldes zur **Plastik** des Terrains, so ist vor Allem unzweifelhaft, daß die große Menge der Stämme und Strünke, dann in kleinerem Maßstabe Moospolster, Streuhaufen, Grasbüschel u. s. w. das abtraufende Wasser zu zahlreichen Umwegen nöthigen, in Folge deren es später, als es sonst der Fall wäre, an den Fuß des Gehänges zu dem betreffenden Rinnsale gelangt. Diese Verspätung ist um so entschiedener, als schon die Kronen der Bäume eine Verlangsamung des Anlangens auf den Boden bewirken. „Jedes Blatt, jede Nadel, jedes Zweiglein wird,“ wie Professor Simony in seiner Abhandlung „Schutz dem Walde“ sagt, „zum vorübergehenden Träger eines oder mehrerer Wassertropfen, welche erst zur Erde gelangen, wenn ein anderer Theil schon Zeit gefunden hat, sich unten am Boden zu vertheilen.“ Auch die Wucht eines heftigen Regens wird durch den Schirm der Kronen derart gebrochen, daß wenigstens das Auftreffen auf den Boden mit geringerer Heftigkeit erfolgt und daher auch die in der Richtung des Abflusses liegende Componente der lebendigen Kraft jedes Wassertropfens nicht so groß ist, als wenn derselbe Tropfen auf einen gleich geneigten kahlen Boden fiele. Die Gesammtwirkung des Kronenschlusses der Wälder auf die Abfuhr des Niederschlagswassers besteht also ebenso wie jene der Stämme und sonstigen Bodenhindernisse in einer Verlangsamung jener Abfuhr, vermöge deren, wie jedermann weiß, auch abgesehen von allen anderen Ursachen aus dem Walde nach Niederschlägen noch längere Zeit Wasser abfließt, nachdem an sonst gleich gestalteten kahlen Gehängen der Abfluß bereits aufgehört hat.

Wir gehen nun über zur Beurtheilung des Einflusses, welchen der Wald auf die Geschiebeführung der Bäche und Flüsse hat. Hiebei muß man zwei Gesichtspunkte unterscheiden: erstens die Bildung des Detritus an Ort und Stelle, und zweitens die Wegfuhr desselben mit dem Wasser.

In der ersten Beziehung wirkt der Wald auf folgende Weise. Die Wurzeln der Bäume befördern besonders auf solcher Gesteinsunterlage, welche mit Spalten und nicht horizontal verlaufenden Schichtungs- und Schieferungsklüften versehen sind, durch ihr eigenes Eindringen auf mechanischem Wege, dann durch die chemischen Eingriffe der Wurzelfasern auf das Gestein, ferner indem sie längs ihrer Oberfläche Wasser in das Innere des Gesteins dringen lassen, besonders wo dasselbe im Winter gefriert, das Zersprengen und Verwittern des Gesteins in tieferen Schichten, während ein bloßgelegtes Gestein vorwiegend an seiner äußersten Oberfläche von Schichte zu Schichte fortschreitend verwittert. Die Baumwurzeln aber halten andererseits die von ihnen gelockerten Gesteinstrümmer derart umschlungen, daß diese wie in einem Netze festgehalten und vom Wasser nicht leicht fortgeführt werden, während die oberflächlichen Verwitterungsproducte kahler Gesteine ohne alles Hinderniß vom Wasser mitgenommen werden. Der Wald erschwert also zwar im Großen und Ganzen nicht den Zerfall der Gesteine, welche seinen Untergrund bilden, aber er verhindert oder erschwert die Abfuhr des Gesteinsschuttes durch das Wasser in die Betten der Bäche und Flüsse. Wenn umgekehrt auf einem vorher durch den Wald vor den Angriffen des Wassers lange geschützten Boden eine Abholzung ohne Wiederaufforstung stattfindet, so treten besonders bei stark geneigtem Terrain oft unheilvollere Wirkungen ein, als wenn derselbe Boden schon ursprünglich nicht bewaldet gewesen wäre; denn die ganze tiefreichende Masse des durch die Wurzeln gelockerten Schuttes verliert, nachdem die Wurzeln morsch geworden, ihren Zusammenhalt und wird bei einem etwas stärkeren Gusse leicht mit einemmale weggeschwemmt, während auf ursprünglich kahlem Boden bei gleicher Neigung sich niemals so bedeutende Schuttmassen anhäufen, wie es unter dem Schutze des Wurzelgeflechtes möglich ist.

Außerdem wirkt die Moos- und Streudecke des Waldes schützend für den Boden gegen die Angriffe des Niederschlagswassers, welches, wie schon vorhin bemerkt, bereits mit einer geringeren bewegenden Kraft zum Boden gelangt, indem durch die Kronen die Wucht des niederströmenden Regens bedeutend gebrochen ist. Wenn man die verhängnißvolle Rolle erwägt, welche eine reichliche, besonders aber eine plötzliche massenhaft eintretende Schuttführung im Régime von Bächen und Flüssen spielt, wird man diesen doppelten Schutz, den der Wald durch Verminderung der bewegenden Kraft des Abtraufwassers und durch Festhalten des Ober- und Untergrundes gewährt, richtig würdigen. Allerdings kann die Anwesenheit von Wald nicht hindern, daß in den bereits bestehenden, durch die Furchung des Terrains schon ursprünglich gegebenen Rinnsalen das Wasser ebenso herniederrauscht, seine Ufer angreift und denselben Schuttmassen entführt; aber im Waldgebiete bleibt eben diese Wirkung leichter auf dergleichen Rinnsale beschränkt und erstreckt sich nicht auf das bedeutende Gebiet der bahnlosen Abtraufe.

Die Abhaltung großer Detritusmassen von den Flußbetten ist übrigens nur die eine Seite, von welcher aus der Schutz, den der Wald gewährt, als wichtig betrachtet werden muß; eine andere Seite ist noch die Erhaltung der Bodenkrume überhaupt und damit auch die Erhaltung der Culturfähigkeit mancher Gehänge. Indem nämlich der Wald das Erdreich, auf welchem er steht, vor der Abfuhr in die Bäche und Flüsse schützt, erhält er dasselbe zugleich als die Grundlage einer nutzbaren Vegetation an Ort und Stelle, mag nun diese Vegetation in fortgesetztem Waldwuchs oder in irgend einer anderen darauffolgenden Cultur bestehen. Das Gegentheil ist besonders dann verhängnißvoll, wenn steiniger oder felsiger Untergrund nur mit einer dünnen Erdschichte bedeckt ist, welche sich eben nur unter dem Schutze des Wurzelgeflechtes erhält. Fällt dieser Schutz weg, so wird durch häufigere Niederschläge, mitunter auch durch heftige Stürme die Erdschichte fortgetragen und es bleibt kahler, für jede weitere Cultur schwer zugänglicher Gesteinsboden zurück, so daß also einerseits die Flüsse durch die Zufuhr des unerwünschten Detritus, andererseits aber auch die entblößten Gehänge unter den Folgen der Entwaldung leiden. Solche kahle Oedungen, welche auf Entwaldungen in ungünstiger Lage gefolgt sind, bietet insbesondere der Karst dar.

Weit geringer ist der Schutz, den Grasflächen gegen die rasche Abfuhr des Abtraufwassers, sowie gegen die Bildung und Abfuhr von Detritus gewähren. In der ersten Beziehung leisten Grasflächen beinahe nichts; denn sie halten nur ganz unbedeutende Niederschläge zwischen ihren Halmen und Stolonen zurück, während jeder stärkere Regen das Gras umlegt und über dasselbe ungehindert abläuft. Geneigte magere Hutweiden, wie sie in Bergländern so häufig vorkommen, verhalten sich demnach in Bezug auf Wasserabfuhr nicht günstiger als kahler Boden, ja sogar ungünstiger, wenn der letztere stark gelockert und durchlässig ist. Dagegen gewähren Rasenflächen, besonders wenn sie dicht geschlossen eine große Ausdehnung besitzen, sehr bedeutenden Schutz gegen die Verwitterung, gegen die Schuttbildung und gegen die Abfuhr des Detritus. Die Graswurzeln greifen nämlich immer nur eine dünne Schichte des unterliegenden Grundes an, halten mit ihrem dichten Wurzelnetze den Boden fest und bewahren denselben vor den Angriffen des darüberfließenden Wassers, welches daher über Grasgehänge meistens sehr rein abfließt.

Ackerflächen üben im Allgemeinen durch die Lockerung des Bodens, welcher mit der Ackercultur verbunden ist, durch Gräben und Furchen, besonders wenn die Ackerung quer über die Richtung des Gehänges geht, einen vermindernden und verlangsamenden Einfluß auf die Abfuhr der Niederschlagswässer, wenn dieselben nicht mit ganz ungewöhnlicher

Wucht aufreten; überdies mildern dichtere und blattreichere Culturen die Gewalt des zu Boden gelangenden Niederschlages, so daß die an und für sich allerdings am leichtesten abschwemmbare Ackererde dennoch in geringerem Maße mit dem Wasser weggeführt wird, als wenn der gleiche Boden kahl wäre.

Von allen Vegetationsformen wirkt also der Wald am entschiedensten auf Verlangsamung der Wasserabfuhr und zugleich auf Verminderung der Schuttabfuhr, während das Grasland nur in der zweiten, das Ackerland hauptsächlich in der ersten Richtung wirksam ist.

Erhaltung der Wasserzuflüsse und Verhalten des Waldes hiezu.

Für ein günstiges Verhalten der offenen Gerinne ist es nicht nur von Belang, daß ihnen überhaupt Wasser, und zwar möglichst ohne Detritus, zugeführt werde, sondern es frägt sich auch ob die Wasserzufuhr in einer Weise vor sich geht, daß unterwegs möglichst wenig Wasser verloren wird, oder ob umgekehrt die Bahn der Zuflüsse die Eigenschaft hat, viel Wasser zu verzetteln. Es kann zwar nicht behauptet werden, daß immer und überall die Conservirung einer unveränderten Zuflußmenge durch Abtraufe und Rinnsale für das Verhalten eines Baches oder Flusses günstig sei; denn es gibt Fälle, in denen man umgekehrt wünschen muß, daß nicht allzureichliche Wassermengen in ein zu Ueberfluthungen geneigtes Gerinne gelangen; aber zum Verständniß des Régimes von Bächen und Flüssen ist es nothwendig, sich auch jene Momente gegenwärtig zu halten, welche auf die Verminderung der Wasserzufuhr hinwirken können. Solche Ursachen sind: die Einsickerung in den Boden, die Verdampfung, die Consumtion durch künstliche Culturen und der Verbrauch von Seite der Menschen.

Nicht nur im Momente des Auffallens von Niederschlägen auf den Boden, sondern auch während des ganzen weiteren Weges, den das Wasser, sei es in Gestalt bahnloser Abtraufe oder in bestimmten Rinnsalen zurücklegt, kann unter Umständen eine mehr oder minder reichliche Einsickerung in den Boden stattfinden, und selbst in vollkommen ausgebildeten Bach- und Flußbetten, wenn dieselben in durchlässiges Material, insbesondere in Grobsand oder Schutt, eingeschnitten sind, verliert sich ein Theil des Wassers seitwärts und nach unten und bildet das schon früher erwähnte Seihwasser, welches wenigstens vorläufig dem offenen Gerinne entgeht. Sehr viele fließende Gewässer sind demnach von parallel und unter ihnen hinfließenden Grundquellwässern begleitet, aus welchen unter Umständen, von denen noch später die Rede sein wird, wieder Wasser an den Fluß zurück abgegeben werden kann. Gegen solche Verluste im Bette selbst kann natürlich weder der Wald noch überhaupt eine Vegetation Schutz gewähren, aber gegen die Einsickerung des Abtraufwassers vor dem Anlangen desselben in bestimmten Rinnsalen schützt, wie bereits erwähnt, eine dichte Grasdecke, sowie ein Wald mit dichter Streu- und Moosdecke.

Die Consumtion von Wasser seitens der Landwirthschaft ist eine sehr erhebliche und entzieht selbstverständlich in solchen Gegenden, wo künstliche Bewässerung den Feldern und Wiesen reichliche Wassermengen zuführt, den Flüssen bedeutende Wassermengen; auch manche Industrien ziehen große Quantitäten von Wasser an sich, und der Verbrauch für die stetig anwachsende Bevölkerung ist ebenfalls bedeutend. Es besteht aber zwischen den beiden letzterwähnten Arten des Wasserverbrauches gegenüber dem ersten der Unterschied, daß die Landwirthschaft einen großen Theil des in Anspruch genommenen Wassers im Boden und in den Producten zurückhält*), während die Industrie und die menschliche Consumtion das Wasser nur in vielfache Verzweigungen ableitet, nach kurzen Umwegen aber, wenngleich mehr oder weniger verunreinigt, den Gerinnen wieder zurückgibt.

Den Anforderungen der eben genannten drei Consumtionsrichtungen kann man nicht wohl entgegentreten, um dafür in den Flüssen reichlichere Wassermengen beisammengehalten zu sehen, da es sich schließlich bei allen Maßnahmen um Interessen der Menschheit handelt, denen zwar die Wassermenge der Flüsse nahe, der Feldbau, der Wiesenbau, die Beschaffung von Trink- und Nutzwasser aber noch näher steht.

Dagegen ist der Wasserverlust, welcher durch Verdampfung aus den natürlichen Gerinnen hervorgeht, im Interesse der Conservirung der Wassermengen auf ein geringeres Maß zurückführbar durch Erhaltung von Wäldern oder wenigstens beschattenden Gebüschen an den Ufern der Gerinne. Die Menge von Wasser, welche oberflächlich verdampft, ist, wie bereits im ersten Abschnitte gezeigt wurde, unter Umständen sehr bedeutend, und der Verlust, den die Gesammtmasse eines Baches oder Flusses dadurch erfährt, ist verhältnißmäßig um so größer, je kleiner das Gerinne ist, so daß kleine Wasseradern oder Bächlein, wenn sie offen und nicht allzurasch dahinfließen, nicht selten während ihres Laufes geradezu austrocknen. Wenn beispielsweise ein Bachbett 2 Meter breit ist und der Bach eine mittlere Tiefe von 0,3 Meter hat, beträgt der Cubikinhalt einer 10 Meter langen Strecke dieses Baches 6 Cubikmeter, und wenn wir nur die oberste, 1 Millimeter mächtige Wasserschichte als die verdampfende annehmen, beträgt der Cubikinhalt dieser

*) Uebrigens liefert die Landwirthschaft andererseits wieder durch Drainage Wasser an die Bäche und Flüsse ab, welches ohne Cultur im Boden geblieben wäre.

verdampfenden Schichte 0,02 Cubikmeter, das ist den dreihundertsten Theil vom Cubikinhalte der ganzen in Betracht gezogenen Bachstrecke. Nehmen wir dagegen von einem Flusse, der 20 Meter breit und 3 Meter tief ist, ebenfalls eine 10 Meter lange Strecke, deren Cubikinhalt sich auf 600 Cubikmeter berechnet, so macht die auch hier wieder mit 1 Millimeter bezifferte Verdampfungsschichte 0,2 Cubikmeter, das ist den dreitausendsten Theil der Wassermenge dieser Flußstrecke aus. Man sieht daraus, um wie viel mehr die kleinen Gewässer der Beschattung bedürfen, um keine allzubedeutende Verminderung ihrer Wassermenge durch Verdampfung zu erleiden.

Gestaltungen und Veränderungen innerhalb der Gerinne und Einfluß des Waldes darauf.

Bisher wurden nur jene Momente betrachtet, welche für die Beschaffung und Zufuhr des Wassers zu den Bächen und Flüssen von Wichtigkeit sind; es erübrigt nun noch, auch jene Bestimmungsstücke zu erwägen, welche zum Laufe eines Baches oder Flusses innerhalb seines Bettes gehören. Diese sind: die Gestalt des Bettes in verticaler und horizontaler Richtung und die Aenderungen, welche innerhalb des Bettes vor sich gehen können.

Nach der Längenrichtung des Gerinnes ist hauptsächlich von Belang das Gefälle, von welchem die Geschwindigkeit des fließenden Wassers abhängt. Das Gefälle oder der Neigungswinkel, den der Grund mit einer horizontalen Ebene bildet, ist selten auf längere Strecken gleichmäßig, sondern vergrößert oder verkleinert sich streckenweise und erzeugt also eine größere oder kleinere Geschwindigkeit des Wasserlaufes. Die Breite des Bettes pflegt ebenfalls, wenigstens bei ungeregelten Gerinnen, zu wechseln, so daß Verengungen und Weitungen auf einander folgen. Ebenso unterliegt die

Tiefe, welche mit der Breite zusammen den Fassungsraum bestimmt, theils vermöge der ursprünglichen Terraingestaltung, theils durch die Wirkungen des fließenden Wassers vielen Veränderungen. Durch diese Veränderungen in den Begrenzungen des Flußbettes, im Vereine mit den Geschieben, die das Wasser führt, werden natürlich auch Aenderungen im Laufe des Wassers und im ganzen Verhalten desselben bewirkt. Hier können nur die Grundzüge dieser Veränderungen in den allgemeinsten Umrissen und nur insofern angedeutet werden, als sie auf das Régime der Gewässer einen wesentlichen Einfluß haben und mit der Waldfrage in einer mittelbaren Verbindung stehen.

Wenn das Bett an beiden Seiten sowie am Grunde von festem, schwer angreifbarem Gestein begrenzt ist, kann nur eine ganz minimale Veränderung eintreten, und zwar durch den bei jedem Gestein schließlich unvermeidlichen Zerfall, besonders an den Uferrändern, dann durch die Austiefung des Grundes in Folge der Reibung mit den durchgeführten Grundgeschieben, — aber auch umgekehrt durch die Ablagerung von Geschieben auf dem Grunde. Es wird von Hydrotekten gewöhnlich als Axiom angenommen, daß ein in festes Stein eingeschnittenes Flußprofil, wie z. B. jenes der Donau am eisernen Thore bei Orsowa, durch Jahrhunderte unveränderlich sei und daher ganz sicher zur Vergleichung der Wassermenge eines Flusses in verschiedenen Decennien oder selbst Jahrhunderten dienen könne; das darf aber nicht so ohneweiters angenommen werden; im Gegentheile lehrt uns die bekannte Erscheinung des Rückwärtseinschneidens von Stromschnellen und Wasserfällen, daß der zerstörenden Wirkung des strömenden Wassers und seiner Geschiebe kein noch so festes Bett widersteht. Um so mehr fallen jene Veränderungen ins Gewicht, welche an weniger festen Betten vor sich gehen.

16*

Je leichter angreifbar oder beweglich das Material ist, aus welchem die Ufer oder der Grund oder beide bestehen, desto größer sind die Veränderungen, welche unter dem Einflusse der verschiedenen Wassergeschwindigkeiten und der herbeigeführten Geschiebe vor sich gehen. Im Allgemeinen haben die fließenden Gewässer die Tendenz, sich in abwechselnd rechts und links gewendeten Krümmungen zu bewegen; an jener Seite des Ufers, wo dieses concav gestaltet ist, geht der Stromstrich; d. h. die Hauptmasse des Wassers drängt sich mit der größten Geschwindigkeit dorthin und hat das Bestreben, das Ufer anzugreifen, zu unterwühlen, wodurch dann Einstürze stattfinden, der Fluß sich immer tiefer nach derselben Seite einfrißt und die Krümmung immer schärfer wird. An der entgegengesetzten Seite, wo das Land convex vorspringt, ist die Geschwindigkeit die geringste und es setzen sich daselbst eben deßwegen die von weiter oben herbeigeführten Detritusmassen als Letten-, Sand- oder Schuttbänke oder sogenannte „Randhaufen“ an. Dabei rückt der Scheitel der Krümmung allmälig weiter stromabwärts, während die äußersten Vorsprünge der Randhaufen ebenfalls entsprechend vorrücken, und nach einer längeren oder kürzeren Reihe von Jahren, deren Dauer von dem Grade der bewegenden Kraft des Gewässers und von der größeren oder geringeren Angreifbarkeit des Ufers abhängt, sind die Scheitel der Krümmungen derart verrückt, daß an die Stelle der früheren Concavitäten die Convexitäten getreten sind und umgekehrt. Abermals nach längerer Zeit kommt wieder an die Stelle der ursprünglichen Concavität eine neue, die von oben herabrückt, ebenso an die Stelle der Convexität u. s. w. Nicht selten findet dieses Vorrücken eine Abkürzung oder Unterbrechung dadurch, daß, wenn die Krümmung schon eine sehr excessive geworden ist, der Strom den bereits sehr spitz vorragenden Randhaufen quer durchreißt und der Stromstrich dann plötzlich eine kurze Zeit durch in der Sehne der früheren Krümmung geht, um dann bald nach der entgegengesetzten Seite hin sich zu verlegen. Das Bestreben in Krümmungen zu laufen äußert sich auch innerhalb solcher Betten, die ursprünglich gerade gestreckt sind, wenn das Wasser Geschiebe mit sich führt und die Gestalt des Bettes nicht für die jeweilige Wassermenge eine solche Geschwindigkeit ermöglicht, wie sie zur Abfuhr der Geschiebe erforderlich wäre. Es entstehen in diesem Falle innerhalb der beiden parallelen Ufer abwechselnd rechts und links Sandbänke, zwischen denen der Stromstrich sich abwechselnd in Links- und Rechtswindungen durchzieht. Auch die Scheitel dieser Windungen rücken in derselben Weise vor, wie es oben angedeutet wurde, und dasselbe gilt auch von den Sandbänken, welche den früher erwähnten Randhaufen entsprechen. Es ist selbstverständlich, daß die Angriffe des Stromstriches auf die jeweiligen concaven Ufer oft den Verlust von cultivirtem Boden zur Folge haben, an dessen Stelle später, wenn die Concavität in eine Convexität, in einen Randhaufen, übergeht, werthloser Sand oder Schutt zu liegen kommt, während das fortgetragene feine Erdreich mit dem Wasser weitergeführt und an derselben Stelle nicht wieder ersetzt wird. Ebenso leuchtet es ein, daß Etablissements, wie z. B. Mühlen oder andere Wasserwerke, Anländplätze, Magazine u. s. w., welche nur am Stromstrichufer einen Sinn haben, an derlei veränderlichen Gewässern nicht mit Beruhigung angelegt werden können, da eben nach längerer oder kürzerer Zeit an die Stelle des Stromstriches eine Sand- oder Schotterbank treten wird.

Eine andere Gruppe von Veränderungen besteht in der Ablagerung von sogenannten „Mitterhaufen“ (d. h. Bänken in der Strommitte), die auf zweifache Weise entstehen. Wo nämlich der früher eingeengte und schneller fließende Strom eine Uferweitung hat und dabei seine Geschwindigkeit sich vermindert, setzt sich ein Theil des Geschiebes, welches durch die engere Strecke, und zwar hauptsächlich längs der Mitte derselben, durchgeführt wurde, in der Mitte der Verbreiterung ab. Ebenso wird an Stellen, wo der früher breite Strom plötzlich eine Verengung erfährt, durch den Rückstau, welcher hinter ihr entsteht und wobei die Geschwindigkeit sich vermindert, sowohl an den beiden Ufern als auch bisweilen etwas weiter stromaufwärts in der Mitte des Flusses eine Ablagerung bewirkt. Da jede Ablagerung den Raum für das Wasser vermindert, während das Einfressen des Stromes in das Ufer oder in den Grund diesen Raum vergrößert, sind selbstverständlich bedeutende Aenderungen im Wasserstande mit jenen Veränderungen des Bettes verbunden, wodurch abermals Schwankungen herbeigeführt werden, die für die Praxis sowohl der Schifffahrt als der auf Wasser basirten Unternehmungen von großer Bedeutung sind.

Bekanntlich hat man, um die hier kurz angedeuteten fortwährenden Veränderungen im Bette ungeregelter Bäche und Flüsse zu verhindern oder auf ein unschädliches Maß zurückzuführen, seit Jahrhunderten Wasserbauten der verschiedensten Art hergestellt — nicht immer mit glücklichem Erfolge, ja im Gegentheile oft mit solchen Wirkungen, die schlimmer waren als die Uebelstände, welche man beseitigen wollte. Jedenfalls kosten derlei Bauten und Correctionen riesige Summen, die im besten Falle zu Gunsten eines nothwendigen Uebels verausgabt werden, oft aber gänzlich verloren sind. Da nun der größte Theil jener Unregelmäßigkeiten von großen Schwankungen in der Wasserführung sowie von der Detritusführung der Flüsse herrührt oder durch dieselbe verschlimmert wird, gewinnen alle Umstände, welche eine gleichmäßige Zufuhr des Wassers zu den Betten und die Hintanhaltung des Detritus bewirken, eine große Bedeutung für alle diejenigen, deren Interessen mit den Wasserläufen verknüpft sind.

Den Gang der Schwankungen, denen der Wasserstand innerhalb eines Bettes oder Inundationsgebietes periodisch oder unperiodisch ausgesetzt ist, bezeichnet man als das „Régime“ eines Baches oder Flusses. Die hauptsächlichsten Momente, auf die es dabei ankommt oder in die man gewissermaßen den Begriff von Régime zerlegen kann, sind folgende: Erstens, die gesammte Wassermenge, welche während einer gewissen Zeit im Gerinne sich bewegt; zweitens, die durchschnittliche Wassermenge für einen beliebigen Zeitraum; drittens, die größten und die geringsten Wassermengen, gewöhnlich ausgedrückt durch die höchsten und niedersten Wasserstände; viertens, die Art des Ansteigens oder Anschwellens zu den höchsten und des Zurücksinkens zu den niedrigsten Wasserständen, insbesondere die Schnelligkeit, mit welcher das Steigen oder Fallen vor sich geht; fünftens, die Häufigkeit des Eintretens der Extreme, insbesondere der Hochwässer.

Alle diese Momente können ziffermäßig nur dann constatirt werden, wenn man anzugeben im Stande ist, wie lange und zu welchen Zeiten im Flusse sich eine mehr oder minder mächtige Wassermasse bewegt. Wir sagen: „die gesammte Wassermenge eines Flusses während eines bestimmten Jahres ist doppelt so groß gewesen wie in einem anderen Jahre“, wenn wir constatiren können, daß im ersteren Jahre durch jedes beliebige Querprofil dieses Flusses eine doppelt so große Menge von Wasser geflossen ist wie im anderen Jahre.

Die Vorstellung eines solchen Querprofils erleichtert man sich, wenn man sich eine Brücke quer über den Fluß denkt und nach der Wassermenge frägt, welche in der Zeiteinheit, also in einer Secunde, oder während eines ander=

weitig gewählten Zeitraumes, z. B. während 24 Stunden, während eines Sommers, während eines Jahres u. s. w. unter jener Brücke hindurchfließt. Der Weg, welchen das Wasser, von dieser Brücke an gerechnet, in einer Secunde stromabwärts zurückgelegt, bildet gleichsam die Länge des Wasserkörpers, den wir messen wollen; die zweite Dimension ist die Breite von einem Uferjoche der Brücke zum entgegengesetzten, und die dritte Dimension ist die Tiefe, welche man allenfalls an einem Pegel ablesen kann, der an einem der Joche angebracht wäre. Der Wasserkörper, der allein als Maß für die gesuchte Wassermenge dienen kann, wird schon ein größerer sein, wenn entweder die Länge (d. h. also die Geschwindigkeit) oder die Breite oder die Tiefe zunimmt, jedoch nur unter der Bedingung, daß keine der anderen Dimensionen abnimmt. Noch entschiedener ist die Zunahme jenes Wasserkörpers, wenn zwei jener Dimensionen ohne Verminderung der dritten, oder wenn gleichzeitig alle drei Dimensionen zunehmen. Es folgt daraus, daß, wenn bloß die Höhe, die man am Pegel ablesen kann, sich zu einer gewissen Zeit größer herausstellt als zu einer anderen, daraus noch nicht geschlossen werden darf, daß der Wasserkörper oder die durch das Profil gehende Wassermenge größer geworden sei; denn es kann gleichzeitig entweder die Geschwindigkeit oder die Breite verringert worden sein. Aber selbst wenn keine dieser beiden Compensationen stattgefunden hat, liegt in der Beurtheilung nach dem Pegel noch eine andere sehr bedenkliche Fehlerquelle; denn die Pegelablesung geht von einen beliebigen Punkte, den man mit 0 bezeichnet, aus, welchen man bei einem beliebigen Wasserstande fixirt hat. Wenn aber später der Fluß sich tiefer in seinen Grund einfrißt, ohne daß die Wassermasse sich im geringsten geändert hat, so sinkt die Oberfläche des Wassers und der Pegel zeigt einen niedrigeren Wasserstand an, der aber in diesem Falle nicht berechtigt, auf eine Verminderung des Wasserkörpers zu schließen. Wenn umgekehrt innerhalb des Profils, auf welches sich der Pegel bezieht, am Grunde des Bettes eine Sandbank sich ablagert, so drängt diese das Wasser nach oben, der Wasserspiegel hebt sich und der Pegel zeigt ein Steigen des Wassers an, ohne daß jedoch der Wasserkörper ein größerer geworden. Aus alledem folgt, daß man nur dann von einer reichlicheren oder minder reichlichen Wassermenge eines Gerinnes sprechen kann, wenn man alle drei Dimensionen, und zwar zu der Zeit, für welche die Rechnung gelten soll, gemessen hat, und daß man aus zwei oder mehreren zu verschiedenen Zeiten stattgefundenen Pegelablesungen nur dann auf die jeweilige Wassermenge schließen kann, wenn in der Zwischenzeit das ganze Profil vollständig unverändert geblieben ist. Da aber, wie schon oben erwähnt wurde, vollständig unveränderliche Querprofile eine große Seltenheit, ja streng genommen eine Unmöglichkeit sind, ergibt sich der geringe Werth, ja sogar die große Bedenklichkeit der bloßen Pegelablesungen für die Vergleichung des Wasserreichthums von Flüssen und Bächen zu verschiedenen Zeiten. Hierauf zurückzukommen wird sich noch später Gelegenheit ergeben.

Wie sich nun das Régime eines Flusses nach den Jahreszeiten und nach verschiedenen Jahrgängen verhält und wie dieses Verhalten durch das Terrain und dessen Zusammensetzung und Bedeckung beeinflußt wird, soll durch ein schematisches Beispiel erläutert werden. Wir stellen uns einen Fluß vor, welcher aus zwei Zuflüssen entsteht, von denen der eine aus den Alpen, der andere aus dem hercynischen Berggebiete kommt. Es ist das nur eine Vereinfachung der concreten Fälle, in denen sich z. B. der Rhein und die Donau befinden, welche beide theils aus den Alpen, theils aus dem hercynischen Berglande (im weiteren Sinne) ihre Zuflüsse erhalten. Um das schematische Beispiel zu vervollständigen, möge man sich noch vorstellen, daß jeder der beiden Zuflüsse wieder aus zwei Zweiggerinnen entstehe, von denen das eine auf undurchlässigem (impermeablem), das andere auf durchlässigem (permeablem) Boden verläuft.

Wir beginnen nun das Schicksal dieses Flußsystemes im **Winter** zu betrachten. Das Schmelzen des Gletschers, welcher während der Sommerhälfte des Jahres dem Anfange des impermeabeln Zweiggerinnes Wasser geliefert, hat sein Ende gefunden, und der Inhalt der seitlichen Wasseradern, welche diesem Gerinne sich zuneigen, ist gefroren; die Niederschläge bestehen nur in Schnee, welcher vorläufig kein Wasser liefert; diese impermeable Rinne führt also zu dieser Zeit so viel wie gar kein Wasser. Im Gebiete des permeablen Zweiges hingegen befinden sich mehrere Quellen, welche, aus unterirdischen Reservoirs von constanter Temperatur gespeist, nicht gefrieren und daher, wenngleich anderweitige seitliche Zuflüsse und Abtraufen nicht stattfinden, so viel Wasser geben, daß der alpine Zufluß auch im Winter wenigstens einiges Wasser führt. Ganz analog wird es sich mit dem hercynischen Zuflusse verhalten, nur vielleicht mit dem Unterschiede, daß wegen der geringeren Höhenlage und damit verbundener höherer Wintertemperatur auch einige oberflächliche Wasseradern, die zur impermeablen Rinne convergiren, auch im Winter Wasser führen. Wenn gegen Ende des Winters zeitweise Thauwinde wehen, so lassen diese den hochgelegenen Gletscher und die Schneelagen in den oberen Alpentheilen noch unberührt und schmelzen nur ganz oder theilweise den Schnee in den alpinen **Vorbergen** sowie im hercynischen Berggebiete; es füllen sich daher **für einige Zeit** auch wieder die beiden impermeablen Rinnen, und zwar steigt in ihnen das Wasser, wenn auch seine Menge nicht besonders groß ist, doch dann sehr hoch, wenn das Eis dieser Rinnsaale nicht vorher geschmolzen ist und daher das

Wasser der Schneeschmelze über dem Spiegel des Eises abrinnen muß.

Der Frühling verhält sich für die Wasserlieferung im Hochgebirge in der Nähe der Gletscher und der großen aufgehäuften Schneemassen noch nicht wesentlich anders als der Winter, da die geringe Erhöhung der Temperatur, welche in diesen Regionen im März, April und selbst noch bis Mitte Mai eintritt, nicht genügt, um irgend bedeutendere Mengen der erstarrten Wasservorräthe zu schmelzen. Es kommt also für den Frühling nur das unterhalb dieser Region gelegene Berggebiet des alpinen, und das ganze Aufnahmsgebiet des hercynischen Flusses in Betracht. Theils Thauwinde und Regen, theils die zunehmende Tagestemperatur wirken in diesen Gegenden auf die Schmelzung des Schnees und die daraus hervorgehenden Wässer rinnen anfänglich über der gefrorenen Bodenunterlage, so daß die sonstige Beschaffenheit dieser letzteren (z. B. ob sie eine Streu- oder Moosdecke hat oder nicht, ob der Boden permeabel ist oder nicht) nicht zur Geltung kommt und reichlicher Abfluß auf glatter Bahn überall stattfindet. Ist diese ausgleichende Eisdecke verschwunden, dann tritt insbesondere der Unterschied zwischen dem durchlässigen und undurchlässigen Boden hervor. Auf dem ersteren versinkt ein beträchtlicher Theil des Schmelzwassers und bildet im Inneren der Berge Höhlen- oder Schichtenquellen, die weiter unten zu Tage treten, während an der Oberfläche eine geringere Wassermenge abfließt als unter sonst gleichen Umständen auf dem undurchlässigen Boden. Die beiderseitigen Gerinne auf permeablem Boden führen also zu dieser Zeit zwar reichlich Wasser, sorgen aber zugleich auch für Vorräthe an Quellen, und zwar desto mehr, je weniger Wasser zur oberflächlichen Abfuhr gelangt; die beiderseitigen Gerinne auf undurchlässigem Boden hingegen führen beinahe das ganze Schmelzwasser dem Hauptflusse zu. Der Gang des Schmelzungsprocesses im Frühlinge, ob er z. B. ununterbrochen oder mit oft wochenlangen Unterbrechungen, ob rasch oder langsam verlaufe, hängt selbstverständlich nur vom Gange der Witterung ab, die in den einzelnen Jahrgängen sich sehr verschieden verhalten kann; in jedem Falle aber ist die Frühlingszeit diejenige, zu welcher am sichersten auf anhaltend reiche Zuflüsse gerechnet werden kann. Der Wald kann dabei bis zu einem gewissen Grade nur etwas verlangsamend für die Wasserabfuhr wirken, indem das rinnende Wasser zu den schon früher erwähnten Umwegen genöthigt wird und beim Nadelwalde auch der Kronenschluß sowohl den auflösenden Regen als den Sonnenschein weniger zur Wirkung kommen läßt, so daß in solchen Wäldern das Schneeschmelzen langsamer vor sich geht als im Freilande und auf dem Boden der Laubwälder. Bei Wäldern auf permeablem Boden kommt hiezu noch die schon mehrmals erwähnte Verminderung der oberflächlichen Abfuhr durch Speisung unterirdischer Quellen, deren Ausfluß jedoch an anderen Orten wieder dem offenen Gerinne zugute kommt. Diese Eigenthümlichkeit eines permeablen Gebietes kann selbstverständlich nur dann zur Geltung kommen, wenn der Boden nicht von einer continuirlichen dichten Moos- oder Streudecke bekleidet ist, welche sich dem Versinken des Wassers entgegenstellt.

Ob jene Verlangsamung und theilweise Verminderung der Wasserabfuhr günstig oder ungünstig für die zum Flußgebiete gehörigen Gegenden wirke, hängt ganz von lacalen Umständen ab; denn nicht überall ist die Verlangsamung oder Verminderung erwünscht, da in manchen Gegenden die Interessen der Bevölkerung gerade das Gegentheil verlangen können. Ein hieher gehöriger Fall ist unter anderen auch der, daß es nicht vortheilhaft ist, wenn von beiden Seiten gleichzeitig die Frühlingshochwässer in den Hauptstrom gelangen und denselben durch ihre vereinten Wassermassen hoch anschwellen und aus seinem Bette drängen; unter solchen Umständen ist es daher vortheilhafter, wenn auf der einen Seite die Abfuhr schneller als auf der anderen erfolgt, damit die von dem einen Zuflusse herrührenden Hochwässer schon verlaufen seien, wenn jene des anderen ankommen.

Der Sommer charakterisirt sich in Mitteleuropa in der Regel durch eine größere Anzahl von Niederschlägen, jedoch selten durch größere Mächtigkeit der einzelnen Regenfälle, worin allerdings die Höhenlage Unterschiede hervorbringt, so daß z. B. in den Alpengegenden und im höher gelegenen Berglande die Ergiebigkeit eine bedeutend größere ist als in den niedrigeren Lagen. Von diesen Niederschlägen wird im Sommer ein größerer Theil als zu jeder anderen Jahreszeit durch den in trockenen Zeiten ausgedörrten Boden, durch die Streu- und Moosdecken und durch die Vegetation aufgesogen und gleichfalls mehr als zu jeder anderen Jahreszeit oberflächlich verdampft. Ungeachtet wir also in der Zone der Sommerregen liegen, sind doch zu dieser Jahreszeit im Allgemeinen die offenen Gerinne nicht besonders reich an Wasser; ja auf permeablem Boden kommt es öfter vor, daß oberflächlich fast kein Wasser abrinnt und nur die Quellenausflüsse einige Stetigkeit in den Wassergehalt der Zuflüsse bringen während die Gerinne auf impermeablem Grunde abwechselnd bald ziemlich viel Wasser führen, bald wieder trocken liegen.

Dem Sinken der Flüsse im Sommer wirkt in Gegenden mit permeablem Boden das seitliche Zuströmen aufgespeicherten Seihwassers entgegen. Dieses begleitet, wie schon früher angedeutet wurde, die Flüsse, welche in permeablen Boden eingeschnitten sind, beiläufig in gleichem Niveau mit dem Stande des Flusses. Diese Gleichheit des Niveaus ist jedoch nicht wörtlich zu verstehen; denn es bedarf immer einer gewissen

Zeit, ehe sich ein Steigen oder Fallen des Wassers im Flusse durch die vielfachen Hindernisse und verlangsamenden Massen des Schotters oder Grobsandes hindurch im Bereiche des Seihwassers bemerklich macht. So kommt es, daß, wenn das Wasser im Flusse sinkt, das Niveau des Seihwassers noch Tage, ja sogar Wochen lang höher bleibt und eben deßwegen ein Rückfluß des Seihwassers in seitlicher Richtung nach dem Flusse hin stattfinden muß, bis das Seihwasser nicht mehr höher steht als die Oberfläche des Flusses. Dadurch wird nun das Sinken des Wassers im Flusse theilweise wieder paralysirt, jedenfalls vermindert und verlangsamt.

Man bemerkt bei vielen Flüssen, daß sie nach lang anhaltender Trockenheit rasch bis auf ein gewisses Niveau sinken, dann aber, wenn dieser Stand erreicht ist, auch bei fortdauernder Trockenheit doch nur mehr sehr wenig und langsam sinken, während andere unter gleichen Witterungsverhältnissen fortwährend fallen und schließlich für einige Zeit ganz austrocknen. Die ersteren sind eben solche, welche von Seihwässern begleitet werden, die letzteren entbehren derselben.

Ein anderer Zuschuß kommt während der sonst im Allgemeinen wasserarmen Sommerszeit jenem unserer beiden Flüsse zu, welcher theilweise von Gletscherwasser gespeist wird; denn dieses fängt erst im Sommer zu fließen an, und bei solchen Flüssen tritt demnach in den ersten Wochen des Sommers eine Anschwellung ein, welche lediglich dem Gletscherwasser zuzuschreiben ist. Dieses periodische Verhalten der Wasserabfuhr im Sommer wird aber nicht selten durch unperiodische Erscheinungen unterbrochen und in ganz anderer, schwer berechenbarer Weise umgestaltet. Dieses ist der Fall, wenn die auf den Sommer beschränkten heftigen Gewitter und Wolkenbrüche eine große Intensität oder Ausdehnung erreichen. In solchen Fällen ist die Wasserabfuhr, wenn auch meist nur für wenige Stunden oder Tage, eine reichlichere als zu jeder anderen Jahreszeit und erzeugt, wenn auch nur kurz dauernde, doch verheerende Ueberschwemmungen, Abrutschungen riesiger Schuttmassen, welche von den Fluthen mitgerissen werden, ausgedehnte Verschüttungen an der Mündung von Nebenbächen in ein Hauptgerinne, dadurch Rückstauung der ersteren, später wieder Durchbruch der entstandenen Schuttwälle u. s. w.; lauter Erscheinungen, die nur höchst selten zu einer anderen Jahreszeit eintreten.

Für den periodischen Verlauf der Wasserabfuhr im Sommer wirkt der Wald in dem Sinne, daß er einerseits die Menge und Gewalt des auf den Boden gelangenden Niederschlages einigermaßen vermindert, andererseits der raschen Verdampfung der oberflächlich abrinnenden Gewässer entgegensteht. Auf impermeablem Boden ist diese Wirkung des Waldes hervortretender als auf permeablem; aber auch hier hängt es von den localen Umständen ab, ob den Anwohnern die unverminderte Erhaltung des abrinnenden Wassers erwünscht sei oder ob sie im Gegentheil Ursache habe, größeres Gewicht auf die Reduction der Wassermenge in den offenen Gerinnen zu legen. Uebrigens darf man von dem Walde gegenüber *sehr heftigen* Wolkenbrüchen keinen ausgiebigen Schutz erwarten; denn es gibt so wuchtige Niederschläge, daß der Widerstand des Waldes dagegen verschwindend klein ist, selbst die dichteste Streu- oder Moosdecke unterwühlt und weggetragen, Erdreich und Steine sammt den Bäumen als riesige Detritus weggeschwemmt, ganz neue Gerinne ausgefurcht, kurz großartige Elementarschäden auch im bestbestellten Waldgebiete angerichtet werden.

Im *Herbste* endlich fällt bereits der Tribut, welchen die Gletscher im Sommer geliefert haben, wieder weg, indem die Temperatur jener Höhen den größten Theil des

Tages unter Null bleibt; in den permeablen Gebieten ist der Wasservorrath der hauptsächlich von den Frühlingswässern gespeisten Quellen schon stark erschöpft; der alpine Zufluß unseres Stromes erreicht daher zu dieser Jahreszeit ein Minimum. Die Niederschläge des Herbstes sind im Allgemeinen nicht sehr zahlreich oder wenigstens gewöhnlich durch längere Perioden trockener, heiterer Witterung unterbrochen; die bedeutenden Regengüsse des Sommers fallen ganz weg; auch außerhalb des Alpengebietes also führen zu dieser Zeit die offenen Gerinne in der Regel wenig Wasser.

Unser angenommener Hauptstrom wird also ein periodisches Minimum im Spätherbste und in der ersten Winterhälfte, ein periodisches Maximum im Frühjahr haben; unperiodische Maxima werden sich im Winter nach mächtigeren Föhnwinden, im Sommer nach Wolkenbrüchen einstellen; andererseits werden in manchen Jahrgängen zur Sommerszeit, nachdem die Schnee- und Gletscherschmelze im ganzen Aufnahmsgebiete vorüber, auch unperiodische Minima auftreten, falls das Wetter ungewöhnlich lang trocken bleibt.

Vegetation und Wald können bis zu einem gewissen Grade, wie wir gesehen haben, die Extreme mildern, den periodischen Gang aber und die Wirkungen ungewöhnlich mächtiger Witterungserscheinungen nicht in fühlbarer Weise abändern.

Der Chronistenstreit über die Wald- und Wasserfrage.

Aus allem bisher Angeführten ergibt sich ganz unzweifelhaft, daß die Abfuhr der Gewässer und das davon abhängige Régime der Flüsse eine Erscheinung ist, die aus einer Complication verschiedener theils sich unterstützender, theils gegenseitig aufhebender Ursachen herrührt und eben deßwegen nicht aus einer einzigen Ursache erklärt werden kann. Leider haben gerade die meisten Schriftsteller, welche sich mit dem Régime der Flüsse beschäftigten, bei der Erklärung der von ihnen gefundenen oder behaupteten Erscheinungen und Veränderungen für je eine einzige Ursache Partei ergriffen. Eben darum war es den Gegnern nicht schwer, die Allgemeingiltigkeit der aufgestellten Erklärungen zu widerlegen, für jedes Beispiel, das in der einen Richtung etwas beweisen sollte, eines in der entgegengesetzten Richtung anzuführen und mit demselben Rechte oder Unrechte eine andere einseitige Erklärung an die Stelle der widerlegten zu setzen. Der Streit, ob in historischen Zeiten wesentliche Aenderungen im periodischen wie im unperiodischen Gange der fließenden Gewässer stattgefunden haben und welchen Ursachen im bejahenden Falle diese Aenderungen zuzuschreiben seien, ist schon sehr alt. Schon zu Ende des 16. Jahrhunderts behandelte man diese Frage in Frankreich; Brice sagt zu Anfang des 17. Jahrhunderts, „es gibt Gelehrte, welche die stetige Abnahme der Wässer schon seit Jahrhunderten beobachten und constatiren, während andere Gelehrte derselben Zeit die stetige Zunahme der Hochwässer beweisen und daraus für die Culturanlagen der Menschen die größten Gefahren prophezeien". Unter den Vertretern der exacten Wissenschaften genügt es, die Namen Arago, Gay-Lussac, Becquerel, Boussingault und Humboldt anzuführen, welche auch unseren Gegenstand in den Kreis der Untersuchung oder Beurtheilung einbezogen haben. In neuester Zeit haben sich Belgrand, Torrelli, Berghaus, Wex, Hagen, Grebenau, Herrich, und zwar in vielfach abweichenden Richtungen, mit dem Gegenstande beschäftigt, und eine umfassende Arbeit des genannten Herrn Hofraths R. v. Wex, Oberleiters der Donauregulirung bei Wien, hat insbesondere zu einer Rundfrage der österreichischen kaiserlichen Akademie der Wissenschaften bei den Akademien anderer Länder sowie in Fachkreisen der Ingenieure geführt, worauf auch größtentheils die Antworten bereits eingelangt sind. Es kann nicht unsere Aufgabe sein, die ganze Discussion hier, wenn auch nur auszugsweise, wiederzugeben, und es wird derselben nur zu dem Zwecke erwähnt, um die Leser auf die lebhafte Bewegung aufmerksam zu machen, welche in neuester Zeit anläßlich dieser Fragen eingetreten ist.

Wir legen uns den Gegenstand mit Rücksicht ebenso auf ältere wie auf neuere Forschungen über den Gegenstand zurecht, indem wir zunächst unterscheiden: einerseits die Thesen oder Behauptungen über thatsächliche Erscheinungen oder Veränderungen im Régime der Flüsse, andererseits die Erklärungen, welche man versucht hat.

Die Behauptungen lassen sich kurz so zusammenfassen: „Es hat die Gesammtmenge des jährlich von den Flüssen abgeführten Wassers und ebenso der mittlere Wasserstand der Flüsse abgenommen; die tiefsten Wasserstände haben sich weiter gesenkt als in früheren Jahrhunderten, die höchsten Wasserstände steigen nun rascher und höher an und treten öfter ein als in früheren Zeiten". Diesen positiven Behauptungen stehen andere gegenüber, welche dieselben geradezu verneinen, und am wenigsten Einigkeit herrscht bezüglich der Maxima der Wasserstände, indem einige der Fachmänner, welche für die Abnahme der Wassermengen oder Wasserstände eintreten, diese Abnahme auch auf die Hochwasserstände erstrecken wollen, während andere speciell für die Maxima doch eine Erhöhung behaupten.

Man sollte glauben, daß in solchen Fragen, welche lediglich durch Messungen genau beantwortet werden können, unter Fachleuten ein Streit gar nicht möglich wäre, und in der That, derselbe besteht auch nur darum so lange ungeschlichtet, weil es an exacten Messungen fehlt und man an deren Stelle sich auf andere mehrdeutige Wahrnehmungen beruft. Das Einzige, was einigermaßen in das Gebiet der Messungen gehört und bei allen diesen Streitigkeiten als Waffe aus dem Arsenale wissenschaftlichen Rüstzeuges ins Treffen geführt wird, sind Pegelmessungen. Es ist aber schon oben gezeigt worden, daß Pegelmessungen — und überhaupt Daten über Wasserhöhen — keinen richtigen Maßstab für die abfließenden Wassermengen abgeben und daß ganz gleiche Pegelablesungen ungleiche Abflußmengen repräsentiren können, während umgekehrt ungleiche Pegelstände bei gleichen Abflußmengen möglich sind. Es entbehrt also der vorliegende Streit leider gerade jenes Elementes, durch dessen Zuhilfenahme allein eine Entscheidung in exacter Weise getroffen werden könnte. Dessenungeachtet wollen wir, um die Leser mit dem Charakter der bisherigen Behandlung des Gegenstandes einigermaßen bekannt zu machen, ganz kurz die sich entgegenstehenden Behauptungen skizziren.

Was zunächst die Frage nach der Abnahme der Gesammtmenge des jährlich fortbewegten Wassers betrifft, so hat wohl niemand ausdrücklich die Behauptung aufgestellt, daß diese Menge auf der ganzen Erde abgenommen habe, was zu der weiteren Folgerung führen würde, daß die Niederschläge überall abgenommen hätten, woran bei der Constanz der großen Wasserflächen, der Oceane und allgemeinen Windverhältnisse kaum zu denken ist; aber indirect sehen viele der gedruckten Behauptungen danach aus, als ob sie sich nicht scheuen würden, aus einer angeblich wahrgenommenen Verminderung der Wassermengen in einem Lande oder in einem der Welttheile auf eine Abnahme der Wasserabfuhr im Allgemeinen zu schließen. Wenn wir zunächst Europa ins Auge fassen, so tritt uns sehr häufig die Erscheinung entgegen, daß die Flüsse von hohen Geschiebe-Terrassen begleitet sind, deren Rand heutzutage die höchsten Hochwässer nicht mehr erreichen; Ansiedlungen oder Gebäude, welche viele Hunderte und selbst Tausende von Jahren alt sind, stehen auf diesen Terrassen und geben davon Zeugniß, daß schon vor so langer Zeit diese Positionen als vollkommen sicher vor den Angriffen des Wassers betrachtet wurden und es bis heute geblieben sind. Diese Terrassen schreiben wir der Diluvialzeit zu und leiten sie davon her, daß dieselben Flüsse, an deren Ufern sie sich heutzutage noch hinziehen, zur Diluvialzeit eine vielfach größere Wassermasse enthielten, welche im Stande war, auch um so viel größere Schuttmassen abzusetzen. Gegen diese allgemein angenommene Auslegung läßt sich wohl nichts Ernstliches einwenden, und es folgt, wenn man dieselbe annimmt, selbstverständlich, daß in den betreffenden Theilen Europas die Masse des von jenen Flüssen geführten Wassers seit der Diluvialzeit sehr bedeutend abgenommen hat. Auf die Ursachen dieser Abnahme näher einzugehen würde unsere Aufgabe weit überschreiten; aber es muß wenigstens constatirt werden, daß die Diluvialerscheinungen in jedem Welttheile localer Natur sind und daß die diluvialen Flußanschwellungen und Ablagerungen durchaus nicht in allen Welttheilen gleichzeitig stattgefunden haben müssen.

Ob aber nach der Diluvialzeit, oder ob insbesondere in den letzten Jahrhunderten und nach ausgedehnten Entwaldungen die abgeführten Gesammtmengen des Wassers abgenommen haben, darüber bieten uns weder Naturdenkmale, wie die Diluvialterrassen, noch exacte Messungen der Wassermassen sichere Kunde. Wir sind leider auf Daten über die Wasserhöhen angewiesen, die jedoch, wie wir wissen, für die Beurtheilung der Wassermengen nicht maßgebend sind, wenn man nicht zugleich weiß, wie tief jeweilig die Sohle des Bettes lag, welche Gestalt und insbesondere welche Breite dieselbe hatte und wie das Gefälle oder die Geschwindigkeit des Flusses beschaffen war. Ueber die mittleren Wasserhöhen nun liegen einige Daten aus dem letzten Jahrhunderte vor, aus denen man auf eine stetig fortschreitende Abnahme jener Wasserstände schließen will. Berghaus führt die betreffenden Daten für den Rhein, die Elbe und die Oder an. Wex bestätigt nach eingehender Controle die Resultate von Berghaus und fügt den gleichen Nachweis für die Donau hinzu. Abgesehen davon, daß die ältesten dieser Beobachtungen, soweit sie überhaupt als brauchbar angesehen werden können, nicht über ein Jahrhundert zurückreichen und an den verschiedenen Flüssen sehr ungleich lange Zeiträume umfassen, daß man also nicht ein Jahrhundert mit einem anderen, sondern nur kürzere Abschnitte des letzten Säculums mit einander vergleichen kann, liegen andererseits auch Pegelablesungen vor, nach welchen sich, theils bei verschiedenen, theils sogar bei den gleichen Flüssen, nur an verschiedenen Pegeln gemessen, die Wasserstände in den letzten Jahrzehnten theils erhöht, theils vermindert haben. So führt Ebermayer in einer Abhandlung: „Die Bedeutung der Wälder für unsere Culturverhältnisse“ *) nach amtlichen Daten, welche er vom Oberbaudirector v. Herrmann in München erhalten hatte, als Hauptresultat an:

Der mittlere Wasserstand verminderte sich in den letzten 25 Jahren

im Bodensee (am Lindauer Hafen) um	0,174	Meter
im Main bei Würzburg um	0,003	„
in der Donau bei Dillingen um . .	0,683	„
im Inn bei Mühldorf um	0,212	„
in der Salzach bei Burghausen um .	0,092	„
in der Amper und dem Ammersee um	0,093	„

*) Centralblatt für das gesammte Forstwesen, Wien, Augustheft 1876.

Dagegen erhöhte sich der mittlere Wasserstand in den letzten 25 Jahren

im Inn bei Wasserburg um	0,013	Meter
im Inn bei Neuötting um	0,091	„
in der Salzach bei Laufen um . . .	0,067	„
in Saalach bei Staufeneck um . . .	0,106	„
in der Alz und dem Chiemsee bei Seelbruck um	0,016	„
in der Würm und dem Würmsee bei Starnberg um.	0,108	„

Sagt man, daß die Erhöhungen durch locale Umstände (Ablagerungen, Rückstauungen, Flußbauten &c.) herbeigeführt sein mochten, so muß man zugeben, daß auch die Erniedrigungen locale Ursachen haben konnten (Einfressen des Flusses in den Grund, Entfernung von Ablagerungen, Correctionen); eine allgemeine Abnahme scheint also nicht einmal für die Wasserhöhen, noch weniger für die Wassermassen erwiesen.

Bezüglich der niedrigsten Wasserstände führt Wex nebst dem Rhein, der Elbe und der Oder auch die Donau als Beispiel an, und Torrelli fügt Beobachtungen über den Abfluß aus dem Comersee (durch den die Adda fließt) zur Zeit der Seichtwasserstände desselben an, welche ebenfalls ein allmäliges Sinken der Minima in der letzten Zeit erkennen lassen. Dieser Abfluß betrug nämlich in dem 9jährigen Zeitraume von 1834—1842 innerhalb 24 Stunden 4959360 Cubikmeter; nach 20 Jahren, nämlich im Jahre 1862, betrug dieser Ausfluß nur mehr 4199360 Cubikmeter, daher eine Verminderung um 700000 Cubikmeter in 24 Stunden.

Was endlich die Hochwasserstände anbelangt, so wurde schon oben gesagt, daß Berghaus für Rhein, Elbe und Oder ein höheres Anwachsen jener Extreme verzeichnet, daß aber Wex für die Donau ein Sinken auch der Maxima nachweist. Jenen Angaben von Berghaus fügt die kaiserl. Akademie der Wissenschaften in Petersburg in ihrer Aeußerung über das Werk von Wex auch noch Angaben über die Wolga und den Dniepr an, daß die Hochwässer dieser zwei Ströme jetzt einen höheren Stand erreichen als in früheren Zeiten, und Torrelli kommt zu einem ähnlichen Resultate bezüglich des Flusses Adda. Dagegen findet Herrich*) nach Daten französischer Autoren, daß die höchsten Wasserstände der Seine seit 2 ½ Jahrhunderten immer abgenommen haben. Die Maxima betrugen nämlich:

im Jahre 1615	. . . .	9,14	Meter
„ „ 1649	. . . .	7,65	„
„ „ 1651	. . . .	7,85	„
„ „ 1711	. . . .	7,55	„
„ „ 1751	. . . .	6,70	„
„ „ 1799	. . . .	6,97	„
„ „ 1807	. . . .	6,66	„
„ „ 1850	. . . .	6,07	„

Diesen ziffermäßigen Angaben fügt Herrich eine Reihe von Beispielen bei, welche, wenn die betreffenden historischen Daten genau sind, auch für andere Flüsse Frankreichs wenigstens die Behauptung rechtfertigen würden, daß in früheren Zeiten mindestens eben so hohe, wenn nicht noch höhere Maximalstände eingetreten seien.

Bezüglich der mehr oder weniger häufigen Wiederholung der Hochwasserstände gibt Torrelli die Reihenfolge der Hochstände des Lago die Como (also mittelbar auch

*) Diese und einige andere hydrographische Daten sind entnommen aus einer leider nur in ungarischer Sprache publicirten Abhandlung des genialen Hydrotekten Herrich in Budapest, worin er sein Urtheil über das erwähnte Werk von Wex dem ungar. Ingenieurverein gegenüber ausspricht.

des Flusses Adda) für eine lange Reihe von Jahren an, woraus hervorgeht, daß die Zwischenzeit von einem Hochwasserstande zum nächsten in neuester Zeit sich verkürzte; so war vom Jahre 1792 bis zum August 1821 zwischen einem und dem nächsten Maximum ein Zeitraum von durchschnittlich 58 Monaten, zwischen 1821 und 1839 sank diese Zwischenzeit auf 44 Monate und von 1839—1863 auf nur 20 Monate herunter. Der österreichische Ingenieur- und Architektenverein gibt auf Grundlage eingehender Compilationen, welche dessen Specialcomité zur Beurtheilung der Arbeit von Wex zusammengestellt hat, ungeachtet er in den meisten übrigen Punkten den Behauptungen des Hofrathes Wex entgegentritt, doch bezüglich der Hochwasserstände zu, daß insbesondere in den Alpenländern die Heftigkeit der Wildbäche und die Frequenz der Muhren oder Schutt- und Sandüberschwemmungen besonders in Tirol und Kärnten in den letzten Decennien zugenommen habe und daß auch auf dem flachen Lande, dort wo die Flüsse bereits ihren ausgeprägten Charakter zeigen, die Hochwässer wenigstens an vielen Stellen die Bevölkerung von den Ufergegenden zurückdrängen und daß in Oesterreich vielfach nicht mehr füglich von einer Schiffbarkeit der Flüsse in dem Sinne, wie die Weststaaten Europas sie verstehen, gesprochen werden kann.

Ueberblicken wir nun die Reihe der über das thatsächliche Régime der Flüsse in verschiedenen Gegenden Europas angeführten Behauptungen und Nachweise, so läßt sich das Resultat so zusammenfassen: Ueber die Abnahme der bewegten Wassermenge haben wir überhaupt keine verläßlichen Daten; über die Abnahme der mittleren Wasserhöhen stehen solchen Beispielen, welche dieselbe bestätigen, andere entgegen, welche umgekehrt eine Zunahme zeigen würden, und diese Widersprüche werden größtentheils, ohne daß man die Richtigkeit der Daten zu bezweifeln braucht, auf locale Ursachen und Verhältnisse zurückzuführen sein, lassen aber keinesfalls ein allgemeines Gesetz der Abnahme erkennen; das tiefere Sinken der Minima nnd das höhere Ansteigen der Maxima aber kann wenigstens für eine große Anzahl von Flüssen, wenn auch nicht allgemein, als erwiesen betrachtet werden.

Gehen wir nun zu den Erklärungen über, welche man gemeiniglich für die ungünstigere Gestaltung des Régimes von Flüssen anzuführen pflegt. Es werden da hauptsächlich zwei Ursachen angeführt: Erstens die Entwaldung und zweitens unpassende Eingriffe von Hydrotekten in den Lauf der Gewässer als vermeintliche Correctionen. Diese letztere Seite der Sache berührt uns hier weniger und könnte nicht ohne detaillirte Nachweise und Kritiken, welche den Rahmen des Werkchens weit überschreiten würden, behandelt werden. Wir wollen nur, unserer Aufgabe getreu, die Beziehungen des Waldes zu den angedeuteten Verhältnissen des Régimes kurz in Betracht ziehen.

Die Gedankenfolge derjenigen, welche den Entwaldungen die ungünstigen Veränderungen zuschreiben, ist etwa folgende: „Die fortschreitende Cultur, welche in den letzten 50 Jahren zu den sonstigen Anforderungen der Menschheit an den Wald auch noch einen riesigen Bedarf an Holz für die Eisenbahnen und Telegraphen hinzugefügt hat, brachte notorisch eine bedeutende Verminderung der Waldbestände mit sich; in denselben Zeitraum aber fallen die ungünstigsten Veränderungen im Régime der Flüsse; folglich sind diese letzteren den Entwaldungen zuzuschreiben". Die Gegner dieser Schlußfolgerung, welch letztere man im Allgemeinen nicht als streng logisch bezeichnen kann — indem sie den Fehler begeht „post hoc, ergo propter hoc" —, verlegen sich darauf, nachzuweisen, „daß auch in früheren Jahrhunderten, von denen man annimmt, daß damals größere Entwaldungen nicht stattgefunden haben, das Régime ebenfalls vielfach ungünstig war" — was unseres Erachtens nicht viel concludenter ist als jene Schlußfolgerung, die man durch solche Beispiele widerlegen will. So z. B. wird in der Chronik der Seine von Maurice Champion, welche im Auftrage der französischen Regierung gelegentlich der Ueberschwemmungen von 1840—1846 verfaßt wurde, nachgewiesen, daß derlei Ueberschwemmungen nichts Neues seien, sondern seit vielen Jahrhunderten oft in noch unheilvollerer Weise aufgetreten seien. Die ältesten derartigen Daten reichen bis zum Jahre 583 zurück. Daraus soll nun geschlossen werden, daß die Wälder den Abfluß extremer Niederschläge nicht aufhalten, weil sonst in jenen längstvergangenen Zeiten, wo eine viel allgemeinere Bewaldung herrschte, eben jene Ueberschwemmungen nicht eingetreten sein könnten. Das ist jedoch keine zwingende Schlußfolgerung; denn, wenn man sich schon aufs Vermuthen verlegen will, kann man es auch für möglich halten, daß klimatische Ereignisse ohne Beziehung zum Walde den Ueberschwemmungen zum Grunde lagen; es ist ferner unbekannt, um wieviel und inwiefern die Bewaldung damals reichlicher war, ob es nicht Zwischenzeiten von Waldverwüstungen auch damals gegeben hat u. s. w.; vielleicht auch waren manche Flußstrecken noch nicht so tief wie heute ausgefurcht, so daß Wassermassen, die im heutigen Bette Platz haben, damals überlaufen mußten, während allerdings an anderen Orten eine Versandung oder Aufschotterung heutzutage besteht, welche daselbst das Wasser höher ansteigen macht als in früheren Zeiten, wo jene Schuttbänke nicht bestanden. Wir sehen schon aus diesem Beispiele, daß wir auf dem historischen Wege auch bei dieser Frage so wenig wie bei der Frage nach dem Einflusse der Wälder auf das Klima zu einem exacten Resultate gelangen.

Belgrand weist in seinem mehrfach erwähnten Werke über die Seine nach, daß in den noch jetzt sehr waldreichen

Departements Aisne, Yonne, Nièvre, Côte d'ôr, Aube, Haute-Maine auch die am meisten ausartenden Wildbäche und die am häufigsten austretenden Flüsse sind, während gerade jene Departements sehr regelmäßige Flüsse haben, wo beinahe gar keine Wälder sind oder diese höchstens $\frac{1}{10}$ des Culturbodens einnehmen, wie in den Departemens l'Eure, Eure et Loire, Nord, Oise, Pas de Calais, Seine inférieure. Belgrand will daraus schließen, daß es nicht auf die Wälder oder überhaupt auf die Vegetationsdecke, sondern auf die Natur des Gesteines und die Beschaffenheit des Terrains ankomme, ob das Régime eines Flusses günstig oder ungünstig sei. Dieser Schluß ist aber ebenfalls nicht richtiger als die schon früher erwähnten; denn auch hier steht die Einwendung offen, daß in den Departements, wo die Impermeabilität des Bodens (und wahrscheinlich auch die Steilheit des Terrains) ein ungünstiges Régime erzeugt, dieses noch ungünstiger wäre, wenn die Bewaldung nicht stattfände. Belgrand stellt ferner eine Vergleichung der beiden Bäche Grennétière, welche im bewaldeten Gebiete fließt, und Bouchat, deren Gebiet kahl ist, an, und zwar auf Grund von durch lange Zeit fortgesetzten zweimal täglich vorgenommenen Pegelmessungen. Das Resultat ist: Grennétière ist wildbachartig und gefährlich, Bouchat viel sanfter und ordentlicher; die Hochwässer beider Bäche erscheinen nach starken Regen fast gleichzeitig, aber Grennétière führt dann fast doppelt so viel Wasser als Bouchat; die niederen Wasserstände beider Bäche in der trockenen Jahreszeit sind nahezu einander gleich. Auch aus diesen Daten können wir wieder nur schließen, daß es Bodenverhältnisse gibt, welche für das Régime von Flüssen mehr entscheiden als der Wald, keineswegs aber, daß der Wald ohne jeden Einfluß auf jenes Régime sei.

Die angeführten Beispiele werden genügen, auch unsere

Leser zu dem Schlußsatze zu führen: daß die historische Methode, sich auf Citate und Chroniken zu berufen, eben so wenig wie eine einseitige — wenn auch naturwissenschaftliche — Behandlung des Gegenstandes zum Ziele führen kann, weil eben ein Complex mehrerer Bedingungen für die Erscheinungen im Régime der offenen Gerinne maßgebend ist und nur die exacte Erforschung aller dieser Bedingungen im Zusammenhange ein unangreifbares Resultat geben kann.

Wieweit nun heutzutage die Forschung uns diese Einsicht gestattet, dürfte in der voranstehenden Darstellung über die Herkunft, die Abfuhr, die Erhaltung und die Aenderungen der fließenden Gewässer gezeigt und daraus in kurzer Zusammenfassung als Resultat abzuleiten sein: Erstens, daß Wälder auf geneigtem Terrain mit Detritus bildendem Boden unzweifelhaft durch Verminderung der Detritusabfuhr nützen, was um so höher anzuschlagen ist, da viele Uebelstände, die man zunächst dem Wasser zuschreibt, eigentlich vom Verhalten des Detritus herrühren; zweitens, daß bis zu einem gewissen Grade, d. h. mit Ausschluß der ganz außerordentlichen Wolkenbrüche, die Wälder den Abfluß der Niederschläge verlangsamen, was übrigens nur dort von Nutzen ist, wo man nicht etwa umgekehrt eine Beschleunigung wünschen muß; drittens, daß die Wälder die rasche Verdampfung der durch sie fließenden Wasseradern und Bächlein im Sommerhalbjahre verhindern und daher den Flüssen gerade in den wasserarmen Zeiten nachhältigeren Tribut zuschicken als unter übrigens gleichen Umständen das offene Freiland.

III.

Folgerungen

für die

Forstgesetzgebung.

Die beiden vorhergehenden Abschnitte haben gezeigt, daß der Wald zwar nicht überall und allezeit, aber in gewissen Fällen günstige Wirkungen auf das Klima und die Wasserabfuhr engerer oder weiterer Kreise übt; und da Klima sowie Wasserabfuhr von Bedeutung für die öffentliche Wohlfahrt sind, wären schon diese Beziehungen des Waldes allein hinreichend, um legislative und staatspolizeiliche Maßregeln hervorzurufen. Der Wald hat aber noch mehrere derlei Beziehungen: es gibt Fälle, in denen nach dem Verschwinden des Waldes der Boden, auf dem dieser stand, weiterhin unnutzbar oder gänzlich weggeführt wird; manche Wälder sind unentbehrlich, um die Bildung von Lawinen und Steinschlägen zu verhindern oder einzuschränken; die nachhaltige Versorgung der Bewohner mit Brenn- und Nutzholz ist in manchen Gegenden vermöge ihrer Verkehrsverhältnisse ein Gegenstand öffentlicher Fürsorge; die sanitären Wirkungen des Waldes bilden eben in neuester Zeit den Gegenstand interessanter Forschungen.

Wo es also überhaupt eine Gesetzgebung zur Wahrung der öffentlichen Wohlfahrt oder der überwiegenden gemeinsamen Interessen Mehrerer gegen die Willkühr Einzelner gibt, dort hat man auch Anlaß zu gesetzlichen Bestimmungen in forstlicher Beziehung.

Diese sind um so wichtiger und um so mehr geboten, weil die langsame Wüchsigkeit des Waldes gegenüber dem raschen, meist in wenigen Monaten vollendeten Wuchse der

Feldfrüchte und Futtergräser es mit sich bringt, daß Fehler und Unterlassungen in forstlicher Beziehung oft für lange Jahresreihen, ja unter Umständen für immer, verhängnißvoll bleiben.

Die Grenzen, innerhalb deren die Gesetzgebung dem Walde gegenüber sich halten soll, sind seit langer Zeit der Gegenstand technischen und juristischen Streites; und daß dieser Streit mit einer gewissen über das Objective hinausgehenden Heftigkeit geführt wird, erklärt sich wohl großentheils aus den Eingriffen dieser Gesetzgebung in Details des Betriebes, die bei anderen Productionszweigen gänzlich dem Producenten anheimgestellt bleiben.

Wenn z. B. im öffentlichen Interesse ein gewisser Forst fortwährend als geschlossener Hochwald erhalten werden soll, kann er nur plänterweise benutzt werden; handelt es sich darum, daß der Boden eines Waldes niemals bloßgelegt werden soll, so folgt daraus, daß für den betreffenden Wald keine eingreifendere als eine Art von Femelschlag- oder allenfalls Hackwald-Wirthschaft in Anwendung kommen darf u. s. w. Da nun jene Bewirthschaftungsweise, welche im öffentlichen Interesse stattfinden soll, nicht immer diejenige ist, welche dem Waldbesitzer die höchste nachhältige Rente abwirft, involviren manche gesetzliche Normen die Gefahr einer Verminderung des Reinertrages und lassen empfindliche Eingriffe in die Interessen des Waldbesitzers besorgen. Diese Collision der Interessen des Einzelnen mit jenen der öffentlichen Wohlfahrt oder selbst nur des einen oder des anderen Nachbars haben nun zur Bildung zweier Parteien geführt, welche sich bis auf den heutigen Tag — ja heutzutage heftiger als je — bekämpfen. Die eine Partei strebt die vollständige Freigebung des Waldes an, dessen Bewirthschaftung dem Besitzer ebenso anheimgegeben werden soll, wie es bei Aeckern, Wiesen und Gärten der Fall ist, im Vertrauen darauf, daß das eigene Interesse der Waldherrn zu der richtiger Behandlung der Forste führen werde. Die andere Richtung geht dahin, allen noch bestehenden Wald als unantastbar vor jeder Umwandlung in eine andere Cultur zu bewahren. Wenngleich zwischen diesen beiden extremen Richtungen auch vermittelnde Modalitäten auftreten, dreht sich doch der Hauptsache nach der Streit immer um die Freigebung einerseits und die Erhaltung oder Bevormundung des Waldes andrerseits. Je rücksichtsloser man auf der einen Seite im Wege der Gesetzgebung über die Ansprüche der Besitzer auf eigene Verfügung und auf günstigsten Ertrag hinwegzugehen sich anschickt, desto heftiger lehnt sich das Interesse der Besitzer gegen derlei Eingriffe auf und wird von den Vertretern allgemeiner Rechtsgrundsätze unterstützt, nach denen das Verfügungsrecht des Eigenthümers nur in Fällen der nachweisbaren äußersten Nothwendigkeit und gegen möglichste Entschädigung im Interesse Anderer oder der Allgemeinheit eingeschränkt werden soll.

Durch die Einmischung des subjectiven Momentes der Geschäftsinteressen hat auch die fachliche, ja selbst die naturwissenschaftliche Behandlung der Frage eine Parteifärbung angenommen, und anstatt sich der objectiven Forschung über die Rolle des Waldes für die öffentliche Wohlfahrt zu widmen, erfindet man Schlagworte zur Bezeichnung der Parteien, wie z. B. „Freunde des Waldes" und „Feinde des Waldes", „Waldheuler" und „Waldschinder" u. s. w.

Da nun einerseits ein nachweisbarer Einfluß der Wälder — wenn auch nicht überall — auf die öffentliche Wohlfahrt, andererseits der Anspruch des Eigenthümers auf Verfügung über sein Gut besteht und immer bestehen wird, kann ein dauerhafter Zustand wohl nur dann erreicht werden, wenn man daran festhält: daß die Verfügung des Eigenthümers über seinen Wald nur in jenen Fällen eingeschränkt werden soll, in denen die Nothwendigkeit im Interesse Anderer oder der Allgemeinheit nachgewiesen ist. Es handelt sich also darum, vor Allem zu erkennen, in welchen Beziehungen und in welchen Fällen der Wald die öffentliche Wohlfahrt oder die Interessen bestimmter Nachbarn beinflusse.

In Beziehung auf Klima und Wasserführung haben die beiden vorangegangenen Abschnitte den Versuch gemacht, dasjenige hervorzuheben, was sich heutzutage in diesen Fragen mit einiger Sicherheit behaupten läßt; auch in den anderen Beziehungen fehlt es nicht an belehrenden Schriften; aber das gründliche Studium der einschlägigen Literatur zeigt leider, daß wir in vielen Punkten noch weit davon entfernt sind, die Rolle des Waldes in den zahlreichen, vielgestaltigen Fällen, die hier vorkommen können, hinreichend zu kennen und auf diese Kenntniß unangreifbare Richtersprüche zu gründen. So viel ist aber bereits klargestellt, daß in den meisten Beziehungen eine größere Anzahl von Fällen unterschieden werden muß, in denen der Wald oder eine bestimmte Bewirthschaftungsweise desselben bald nothwendig, bald entbehrlich ist, und daß die Wirkungssphäre des Waldes sehr verschiedene Dimensionen hat. Wir wollen einige solche Wirkungsarten von verschiedener Tragweite betrachten und sehen, was sich daraus in rechtlicher und staatspolizeilicher Beziehung folgern läßt.

Es ergibt sich z. B. aus der unbestreitbaren Thatsache, daß der Wald während mehrerer Monate des Sommerhalbjahres reichliche Mengen von Wasserdampf an die Luft abgibt, die nothwendige Folgerung, daß große Waldcomplexe während der Sommermonate bezüglich der atmosphärischen Vorgänge eine ähnliche Rolle spielen wie große Wasserausbreitungen, und daß Winde, die von solchen Complexen aus in sonst trockenen Gegenden wehen, diesen letzteren eine willkommmene Feuchtigkeit bringen, welche in dieser Weise nicht auftreten würde, wenn der Wald nicht vorhanden wäre. Da aber die Winde, je nach den stattfindenden Constellationen, ihre Eigenschaften in mehr oder minder entfernte Gegenden tragen, da also beispielsweise die aus den Wäldern Ostfrankreichs der Luft mitgetheilte Feuchtigkeit über Deutschland selbst bis nach Oesterreich, und ebenso die etwa im Südwesten Deutschlands der Luft mitgetheilten Wasserdünste bis nach Ungarn getragen werden können, erhält die Angelegenheit der mehr oder minder dichten Bewaldung der Länder einen internationalen Charakter, gerade so wie die Frage des Vogelschutzes, bezüglich deren es längst ausgemacht ist, daß wirksame Gesetze nur auf internationalem Wege zu Stande kommen können. Hierin liegt aber unverkennbar eine bedeutende Erschwerung, ja bis zu einem gewissen Grade die Unmöglichkeit sehr wirksamer Maßregeln. Wenn beispielsweise die Ungarn die Anforderung stellen würden, man solle in Süddeutschland den Waldstand vergrößern, damit die von dorther wehenden Westwinde in Ungarn weniger wasserarm ankommen, während man in Süddeutschland für den eigenen Bedarf in jeder Beziehung den Waldstand hinreichend findet, so mag sich jedermann vorstellen, wie sich die diesbezüglichen Verhandlungen gestalten würden. Abgesehen aber von dieser mehr formellen Seite der Sache, läßt sich eine solche Vermehrung des Waldstandes, vermöge deren etwa ganz Mitteleuropa die unläugbaren Annehmlichkeiten und Vortheile eines sogenannten „Waldklimas" genießen würde, schon mit Rücksicht auf die Ernährung der zunehmenden Bewohnerzahl nicht erzielen. Um nämlich eine solche Wirkung zu erreichen, müßten die Feldculturen gleichsam nur als Schneißen den Waldbestand durchziehen, ein ansehnlicher Theil der gegenwärtig bestehenden Wiesen und Aecker müßte verschwinden und die Ernährung der Bewohner müßte jenen Charakter annehmen, der vor mehreren tausend Jahren für eine dünne und sehr zerstreute Bevölkerung genügte, jetzt aber schon längst eine Unmöglichkeit geworden ist. Da nun im Gegentheile für die Erhaltung der Menschheit, um deren Willen ja die ganze Angelegenheit behandelt und die Legislation in Bewegung gesetzt wird, eine Ausdehnung des Acker- und Wiesenbaues unerläßlich ist, erübrigt wohl nichts anderes, als diesen ernährenden Culturen einen solchen Charakter zu geben, vermöge dessen sie auf das Klima wenigstens annähernd so wirken, wie die Wälder es thun würden. Es ist aus dem ersten Abschnitte bekannt, daß Kanalnetze, bewässerte Wiesen und Felder eine ähnliche klimatische Wirkung üben wie der Wald, und daß zwar ein großer Gegensatz zwischen Wald und gänzlich kahl gelegtem Stein- oder Erdboden, keineswegs aber in gleichem Grade zwischen Wäldern und sonstigen frisch vegetirenden Pflanzendecken besteht. Da, was die Verbesserung der Culturen und die Bewässerung betrifft, das Interesse der einzelnen Länder, Gemeinden und selbst Besitzer mit dem internationalen Interesse Hand in Hand geht, müßte das Augenmerk der Regierungen weit mehr auf diesen Punkt als auf die von manchen extremen Wald-Conservativen angestrebte allgemeine Ausbreitung des Waldstandes gerichtet werden.

Gehen wir über zu einigen Fällen von beschränkterer Tragweite, — immer unter der Voraussetzung, daß eine Forstgesetzgebung erst zu schaffen wäre, daß vorerst nur die allgemeinen Rechtsgrundsätze gelten und daß das Forstgesetz von diesen nicht mehr abweichen dürfe, als nach der Natur des Gegenstandes ganz unerläßlich ist.

In einem Lande, welches oft an Trockenheit leidet, sei eine Waldparzelle gegen das Ackerland eines angrenzenden Gutes so gelegen, daß nachweisbar die Feldculturen des letzteren der Austrocknung weniger unterliegen als diejenigen anderer vom Walde entfernterer Besitzer. Wird nun jener

Wald gerodet, so entgeht dem Nachbar ein Vortheil, — aber ein solcher, den er nur zufällig gegenüber anderen Besitzern genoß, und er kommt dann in die gleiche Lage, in der alle anderen schon seit unvordenklichen Zeiten waren. Hier liegt kein öffentliches, sondern ein rein privates Interesse vor; und wenn auf dem Walde nicht schon von früher eine nachweisbare Servitut zu Gunsten des Nachbars lastet, steht nach allgemeinen Rechtsgrundsätzen dem letzteren sowie der Behörde keine Einsprache gegen die Abholzung zu; es erübrigt nur ein privates Uebereinkommen, wobei wohl auch die Entschädigung des Waldbesitzers für das Aufgeben der Vortheile, die er sich von der Abholzung erwartet, eine Rolle spielen würde. Die äußerste noch zulässige Begünstigung des Nachbars würde darin bestehen, daß der Waldbesitzer verpflichtet werde, den Weg des Uebereinkommens zu betreten.

Analog könnte sich die Sache gestalten, wenn die Anrainer eines Baches, der aus einem Walde kommt, nachweisen können, daß dem Verschwinden des Waldes Aenderungen nachtheiliger Art in der Wasser- oder Detritusführung des Baches nachfolgen müßten. Die Anrainer haben den Schutz vor diesen Nachtheilen dem Waldbesitzer gegenüber nicht zu Recht erworben, sondern zufällig genossen; haben sie etwa bei der Erwerbung ihrer Güter darauf gerechnet, daß der Wald bleiben werde, so haben sie eben die Rechnung ohne Wirth gemacht und der Staat ist nicht berufen, diese irrige Rechnung dem Wirthe gegenüber zur Geltung zu bringen; es erübrigt auch hier wieder nur ein gegenseitiges Uebereinkommen, welches für beide Theile zu einem befriedigenden und dauerhaften Resultate wohl nur dann führen wird, wenn auf beiden Seiten Vortheile geboten werden. Dabei kann es sich herausstellen, daß nicht etwa nur die Erhaltung des Waldes, sondern auch andere Vorkehrungen, die dem Waldbesitzer mehr zusagen, den gewünschten Erfolg haben würden, — und dann fällt jeder Grund, den Wald zu Gunsten der Anrainer gewissermaßen in Bann zu legen, weg.

Ein Fall anderer Art wäre es, wenn mit der Rodung eines Waldes die nachweisbare Gefahr verbunden wäre, daß der Boden, auf dem der Wald stand, gänzlich unfruchtbar werden würde, ohne daß aber sonst Nachtheile für die Nachbarschaft entständen. In diesem Falle handelt es sich momentan nur um den Vortheil des Besitzers selbst. Wenn etwa im Hinblick auf die entferntere Zukunft, in der für die Ernährung der zunehmenden Bevölkerung die Nutzbarkeit jeder Parzelle von immer größerem Belang werden muß, die Repräsentation des Gebietes oder Landes vorbeugen zu sollen glaubt, damit jene Waldparzelle nicht gerodet werde, wäre es ihre Sache, den Waldbesitzer durch ein festes, exequirbares Uebereinkommen, dem er sich wie bei Expropriationen nicht entziehen dürfte, zu binden, wobei wieder möglicherweise herauskäme, daß eben so gut wie die Erhaltung des Waldes die Anlegung einer anderen Culturform, die dem Waldbesitzer mehr convenirt, dem Zwecke entsprechen würde. Wohlfeiler wäre allerdings ein drakonisches Gesetz, aber nicht gerechter, und darum nicht haltbarer*).

---

*) Wir folgen hier der bisher in der Gesetzgebung der meisten Staaten zum Ausdruck gekommenen Eigenthumstheorie auf römisch-rechtlicher Grundlage.

Es darf übrigens nicht unerwähnt bleiben, daß gegenüber dieser Rechtsanschauung, welche dem Eigenthümer principiell die ganz freie Verfügung über sein Eigenthum einräumt und dieses Recht als ein Axiom festhält, in neuer Zeit sich eine andere Richtung mehr und mehr Geltung zu verschaffen sucht. Diese Anschauung erkennt im Eigenthum, oder wenigstens in gewissen Arten desselben, darunter in erster Linie im Waldeigenthum, keineswegs ein unbedingtes, höchstens

Nach Allem, was wir nun zur Erörterung der sog. „großen Waldfrage“ vorausgeschickt haben, ergibt sich, wenn wir zunächst nur den idealen Standpunkt des Wünschenswerthen und die heutzutage geltende allgemeine Rechtsanschauung festhalten, daß die Gesetzgebung folgende Hauptprincipien zu beachten hätte:

1. Da die Wirkung und Bedeutung der Wälder eine außerordentlich verschiedene und unmöglich mit wenigen Worten zu charakterisiren ist, da folglich ein Theil der Wälder verschwinden kann, ohne daß die nähere oder weitere Umgebung derselben irgend einen Schaden erführe, während andere aus verschiedenen Rücksichten erhalten und in einer bestimmten Weise bewirthschaftet werden sollen, kann eine unnöthig vexatorische und daher auf die Dauer unhaltbare Beschränkung des Waldbesitzers nur dann vermieden werden, wenn auf sachlich sicherer Grundlage die Wälder nach der Art und dem Grade ihrer Bedeutung für die private oder öffentliche Wohlfahrt unterschieden werden.

2. Wo andere bestimmte Culturen oder Meliorationen eine ähnliche Wirkung üben wie der Wald, soll der Um-

---

durch Verträge u. s. w. privatrechtlich einzuschränkendes Verfügungs- oder Gebrauchsrecht, sondern vielmehr nur ein Recht zur **zweckmäßigen** durch die allgemeine Culturentwicklung bedingten Benutzung, und vindicirt dem Staate das unbedingte Recht, diese Benutzung jederzeit im Interesse der Gesammtentwicklung durch seine Gesetze zu regeln.

Kommt dieses Princip allgemein zum Durchbruch, dann gibt es allerdings der Culturgesetzgebung ein wesentlich anderes Gesicht; das gilt aber dann nicht nur für den Wald, sondern für alle Culturarten und für Eigenthum überhaupt; und da gegenwärtig und in den nächsten Decennien Gesetze auf dieser Art von Rechtsbasis für die anderen Culturen nicht bestehen und bestehen werden, mag begreiflicherweise der Waldeigenthümer nicht gerne den Anfang mit der Selbstaufopferung machen.

wandlung des Waldes in solche Culturen kein Hinderniß entgegengesetzt werden.

3. Wenn der Waldbesitzer lediglich im Interesse der näheren oder entfernteren Umgebung zu einer Beschränkung verhalten wird, welche nachweislich seine Rente vermindert, besonders wenn sie nicht schon ohnehin in der bisherigen Gesetzgebung begründet war, soll er einen Anspruch auf eine angemessene Entschädigung aus den betreffenden Interessentenkreisen haben, sei es in der Form von Steuerverminderung, Entschädigung in Grund und Boden, in baarem Capital oder Rente u. s. w. Da sich aber derlei Entschädigungsforderungen nur schwer ziffermäßig begründen lassen, werden sie oft zweckmäßig ersetzt werden durch Subventionen aus Gemeinde-, Bezirks- oder Landesmitteln, und es findet das in neuerer Zeit — zuweilen mehr wegen der mangelhaften Durchführung als des Principes wegen — angefeindete Subventionswesen dort, wo es an die Stelle einer Entschädigung für die der Gesammtheit oder weiteren Interessentenkreisen gebrachten Opfer tritt, auch vom Rechtsstandpunkte aus seine volle Begründung.

Je mehr eine Gesetzgebung auf diese drei Punkte Rücksicht nehmen wird, desto mehr wird sie Aussicht auf Bestand, auf allgemeine Billigung und Verminderung der Contraventionen haben, was, wie man glauben sollte, bei jedem Gesetze anzustreben wäre. Damit soll jedoch nicht gesagt sein, daß die hier angedeuteten Principien: der Unterscheidung, der Nachfolge entsprechender Culturen und der Entschädigung — nun ohneweiters mit allen ihren äußersten Consequenzen in die Gesetzgebung eingeführt werden könnten. Diese Principien können vielmehr noch für eine geraume Zeit nur etwa als Vergleichungspunkte dienen, ob eines oder das andere Gesetz sich dem idealen Standpunkte mehr oder weniger nähert, und blos in diesem Sinne sollen hier noch einige

Varianten, welche in den vorhandenen Gesetzen oder in den Verhandlungen darüber zu Tage treten, erörtert werden.

Manche Forstgesetze gehen von dem Grundsatze aus, daß aller noch bestehende Wald — dessen ja ohnehin nicht zuviel sei — erhalten, daher jeder Schlag, jede Blöße wieder aufgeforstet werden müsse. Dieses ist die bequemste Behandlung der Angelegenheit; um ein solches Gesetz durchzuführen, braucht man von der Natur des Waldes nicht viel zu verstehen, sich über den Fortschritt in forsttechnischen und nationalökonomischen Dingen nicht den Kopf zu zerbrechen, lediglich die Katastralmappen zu handhaben und Waldheger auszusenden. Es fehlt überdies die Richtigkeit der Grundlage, auf der diese Auffassung beruht; denn — wie im ersten Abschnitte Seite 175—180 nachgewiesen — nicht große continuirliche Wälder, sondern ein Wechsel von Wäldern mit Freiland bewirkt die günstigste Vertheilung der Luftfeuchtigkeit, sowohl local als im Allgemeinen. Die unterschiedslose Erhaltung aller Wälder verstößt also so stark wie möglich gegen alle drei oben aufgestellten Grundsätze einer haltbaren Gesetzgebung und man macht daher meistens die Erfahrung, daß solche Gesetze nicht befolgt werden und endlose Processe zur Folge haben.

Mehr vermittelnd ist die Gesetzgebung, wenn sie von dem Grundsatze ausgeht: „daß zwar in der Regel der Wald erhalten und bevormundet werden müsse, daß er aber entweder individuell oder gruppenweise auch freigegeben werden könne, wenn die Unschädlichkeit hievon nachgewiesen wird.“

Hier ist also wenigstens einigermaßen dem Principe der „Unterscheidung des Nothwendigen“ Rechnung getragen.

Noch näher dem idealen Standpunkte kommt das Princip: „daß der Wald in der Regel frei, d. h. seine Erhaltung oder Bewirthschaftung dem Ermessen des Eigenthümers ebenso wie bei anderen Culturen anheimzugeben, daß aber in bestimmten Fällen eine Beschränkung im öffentlichen Interesse aufzuerlegen sei". Wenn die Ausnahmsfälle auf sachlich richtiger Basis fest gesetzt und auf das Nothwendige beschränkt werden, dürfte ein nach solchen Principien verfaßtes Forstgesetz dasjenige, was heutzutage im Sinne der „Unterscheidung des Nothwendigen" erreichbar ist, repräsentiren. Daß es am praktischsten ist, nicht etwa die Verhandlung über jeden Wald von Fall zu Fall einzeln aufzunehmen, sondern ein- für allemal — oder wenigstens mit einer langen Wirkungsdauer — die vorhandenen Forste in Classen oder Gruppen einzutheilen und einzureihen, deren Eine alle freien Wälder enthält, während die anderen in verschiedener Weise beschränkt sein sollen, oder, um die Sache mehr concret zu bezeichnen: vor Allem jene Wälder vorweg auszuscheiden, welche aus verschiedenen Gründen nicht freigegeben werden können, versteht sich wohl von selbst.

Unserem zweiten Principe, „Substituirung anderer Culturen", trägt unseres Wissens keine der bisherigen Gesetzgebungen hinlänglich Rechnung, und doch ist es klar, daß man dem ersten Principe (der „Unterscheidung des Nothwendigen") nicht gerecht werden kann, wenn man dem Waldbesitzer nicht die Möglichkeit offen hält, durch anderweitige Cultureinrichtungen die Nachbarn oder das Land vor jenen Nachtheilen zu bewahren, die man von der Entforstung besorgt.

Was endlich das Princip der Entschädigung betrifft über welches sich je nach der Grundanschauung über den Eigenthumsbegriff wohl auch noch streiten läßt (vergl. Anmerkung Seite 278, 279), so sind die Gesetzgebungen meistens inconsequent; sie gestehen z. B. hie und da bei Bannlegungen eine Entschädigung zu, für andere Fälle der

Beschränkung oder Ausnahmsverpflichtung aber, die oft finanziell noch eingreifender für den Waldbesitzer sind, ist davon keine Rede. Wie nachtheilig die Vernachlässigung dieses Principes wirkt, wie sehr dabei der Zweck leidet, erfährt man bei mehreren Kategorien von forstlich wichtigen Maßregeln, so z. B. bei der gebotenen Wiederaufforstung alter Blößen u. s. w. Der Waldbesitzer wird z. B. durch den betreffenden Paragraph zu Herstellungen verpflichtet, deren Kosten oft mit dem Ertrage, der ihm im günstigsten Falle aus der aufgeforsteten Area einstmals zugehen kann, in gar keinem Verhältniß stehen, außerdem aber auch höher sind als der Strafbetrag, der auf die Unterlassung gesetzt ist. In solchen Fällen kommt es nicht selten vor, daß der Waldbesitzer zur Behörde geht und dort einfach von vornherein den Strafbetrag erlegt, „damit er nicht aufzuforsten brauche“; was aber noch drastischer ist: die Behörde läßt nicht selten diese Auffassung gelten! Das ist gerade so, als ob ein Gericht einem Menschen das Stehlen oder Todtschlagen zugestehen würde, falls er sich verpflichtet, die im Strafgesetz normirte Zeit ohne weiteres im Gefängniß abzusitzen. Woher kommt aber dieses widersinnige Gebahren von Verpflichteten und Behörden? Lediglich daher, weil beide das Gefühl der Unbilligkeit haben, welche darin liegt, daß der Waldbesitzer im Interesse Anderer ohne Entschädigung, ja mit ganz unverhältnißmäßigen Auslagen, cultiviren soll.

Es sind hier nur solche Grundsätze der Forstgesetzgebung besprochen worden, die aus dem Resultate der beiden ersten Abschnitte folgen, aus dem Satze nämlich: „daß nicht alle Wälder immer und überall dieselben Wirkungen für den eigenen Boden, für die nähere und weitere Umgebung üben“.

Wenn nun daraus consequent gefolgert wurde, daß auch

die Gesetzgebung die Unterschiede in der Natur und Wirkungsweise der verschiedenen Wälder berücksichtigen solle, hat dieses nach der ganzen Anlage und Tendenz unseres Werkchens nur den Zweck der Aufklärung und keineswegs den der Parteinahme für oder gegen eine der factisch bestehenden oder geplanten Gesetzgebungen. Und um diesen unseren Standpunkt schließlich noch deutlicher hervortreten zu lassen, soll nicht verschwiegen werden, daß, je idealer ein Forstgesetz angelegt ist, desto höhere Ansprüche an die Durchführungsorgane gestellt werden müssen, und daß umgekehrt dort, wo man auf solche Organe nicht rechnen kann, auch die Gesetzgebung sich auf einer niedrigeren Stufe halten muß. Um mit wirklich stichhältiger Begründung in Tausenden von Fällen zu entscheiden, ob und in welcher Weise dieser oder jener Wald, entweder für sich betrachtet oder als Bestandtheil des gesammten Waldstandes eines Landes, für engere oder weitere Kreise das Klima in einem bestimmten Grade beeinflusse; ob dieser Einfluß entbehrt oder auf anderem Wege ersetzt werden könne; ob nach der Geotektonik eines Gebietes ein bestimmter Forst zum Quellenreichthum der Gegend oder zum Régime der Bäche und Flüsse in ursächlicher Beziehung stehe u. s. w. — um, mit Einem Worte, die Rolle der Wälder überhaupt und jedes einzelnen Waldes insbesondere für den Haushalt der Natur und der Menschen richtig zu beurtheilen und darauf Entscheidungen von oft sehr einschneidender Wirksamkeit fällen zu können, — dazu gehört ein sehr tüchtig und fortschrittlich gebildetes Corps von Fachmännern. Kann man auf dieses nicht rechnen, so thut man besser daran, vorerst die Fachbildung und das forstliche Versuchswesen zu heben, den Waldstand aber möglichst zu schützen, damit nicht mancher Wald bereits verschwunden sei, wenn man hinterher nachweisen kann, daß er nothwendigerweise hätte erhalten werden sollen.

www.ingramcontent.com/pod-product-compliance
Lightning Source LLC
LaVergne TN
LVHW092108300926
849161LV00002B/78
* 9 7 8 3 4 8 6 7 2 3 8 3 0 *